江苏省优势学科哲学建设工程三期项目
国家社科基金重大项目（18VSJ014）结项成果

人与自然和谐共生：

从理论到行动

Harmonious Co-existence Between Man and Nature:
Putting Theory into Practice

曹孟勤　等著

人民出版社

前　言

2017年下半年“阐释党的十九大精神国家社科基金专项课题”开始招标，在课题指南中有一项目是“人与自然和谐共生”。由于忙于其他研究项目，最初我并没有关注这一招标课题。我院主管科学研究的张振副院长通知我有关申报国家课题事项，并建议我对此进行申报，认为其正好符合我的研究方向——生态哲学和生态伦理学。经过对该课题的认真思考，觉得人与自然和谐共生方略是习近平生态文明思想一种新的提法，为了更好地贯彻、落实、执行党的十九大报告所提出的这一精神，亟须向全党、全军、全国人民揭示和解释坚持人与自然和谐共生方略的基本道理，既要从哲学理论的高度表明坚持人与自然和谐共生方略是新时代中国共产党和中国人民的必然选择，是中国特色社会主义建设的必由之路，又要表明具体实施人与自然和谐共生方略的实践路径。根据这一判断，我便开始组织起既有专攻生态理论、又有专攻生态实践的研究团队，该团队主要成员在国内生态哲学、生态伦理学研究方面都有较深造诣和一定学术影响。经过研究团队主要成员反复协商，并请教我的博士生导师万俊人教授，最终确定申报题目为：“人与自然和谐共生的理论创新与中国行动方案”。

课题组成员一致认为，引领西方社会的曾经如日中天的工业文明现已陷入全面危机，全球性生态危机的发生就是其表现形态。尽管西方人寄希望于经济的可持续增长和技术的可持续发展，但事实是问题非但没有得到解决，反而还加剧了西方社会的矛盾。英国退出欧盟，美国特朗普政府提出美国优先，西方加强对中俄限制，国际战略对抗加剧，就是对其最好的注释。当今世界无论是在政治、经济方面，还是在社会发展、环境保护方面，正站在何去何从、是生存还是毁灭的十字路口上，迫切需要一种既有哲学世界观和方法论高度、又有实践应用效果的普遍性方略提供给世人，以便能够引导国际社会走出现代工业文明的困境，走出对抗和冲突，保证未来国际社会能够行进在绿色发展的正确道路上。就此而言，党的十九大报告提出的“人与自然和谐共生方略”，不仅具有指导中国特色社会主义建设价值，还正好回应了当今国际社会普遍关切的重大问题，对人类发展命运给出了积极应对之策，因而具有普遍的世界意义。因此，本课题通过“人与自然和谐共生的理论创新和中国行动方案”为题，从理论上深入揭示人与自然和谐共生方略所具有的普遍性意义，以及在改造自然界的活动方面所具有的普遍性实践要求，从哲学基本原理的高度证明人与自然和谐共生方略是生态文明时代的世界观和方法论，人与自然和谐共生与人类命运共同体具有内在统一性。在全球化背景下，中国的生态行动已经不再仅仅关乎中国命运，还关乎世界命运，中国生态行动已经属于世界行动，探讨人与自然和谐共生的中国行动方案对国际社会走出工业文明困境能够起到积极的示范作用。

根据这一设想，本课题分为四个子课题：子课题一，人与自然和谐共生思想是马克思主义生态理论的当代发展，由哈尔滨工业大学的解保军教授主持；子课题二，人与自然和谐共生的中国传统哲学资源及当代贡献，由南京师范大学的吴先伍教授主持；子课题三，人与自然和谐共生方略的中国行动方案，由南京信息工程大学徐海红教授主持；子课题四，人与自然和谐共生的实践要求，由东华理工大学华启和教授主持；最后是由我承担该研究的总论篇，人与自然和谐共生的世界意义。经过一月有余的努力，完成了申报书的论证工作，然后经过反复修改完善，最终提交了一个自认为比较满意的课题申报书。

经过两个多月的耐心等待，终于在2018年的春节前看到了公示的信息，尤其是正式立项确认之后，我和我的课题组成员都非常高兴。但是，兴奋之余心理压力也随之剧增，因为国家社科基金规划办要求本项研究，在理论和实践上都要有所创新和突破，产生具有重大理论价值和实践价值的一批成果，能够提供最少两项高质量的咨询报告，为国家相关决策提供参考依据。要完成这一任务或达成这一目标，对我们来说绝非易事。因为研究人与自然和谐共生思想的成果已开始逐渐增多，能够提出一些新的理论见解还是任务艰巨的；对于撰写咨询报告压力感到更大，课题组成员大都是以撰写理论文章为主，即使是研究生态行动和生态实践的老师，也都以发表论文为主，尤其是对于我来说，撰写有实践效果的咨询报告较为陌生。当然，有压力也就有动力，既然敢于申报国家重大课题项目，也就有信心能够完成这一项目。于是，课题组成员全力以赴开始投入到这项研究活动当中，力争取得较好的研究结果。

本研究课题于 2018 年 3 月 24 日举办开题论证会，聘请了清华大学哲学系卢风教授为专家组组长、聘请北京大学马克思主义学院郇庆治教授、苏州大学马克思主义学院方世南教授、井冈山大学校长曾建平教授、南京晓庄学院党委书记王国聘教授为专家组成员。江苏省哲学社会科学规划办主任尚庆飞教授、南京师范大学副校长付康生教授、南京师范大学人文社会科学研究院院长王永贵教授也出席了开题会议。在开题论证会上，与会专家就如何更好地完成这一课题出谋划策，提出了非常宝贵的专业性的合理化建议，同时也对本课题的研究思路和研究内容指出了某些不足之处，并建议加以修改和完善。最后，省规划办领导和学校领导也对本课题研究提出了希望和具体要求。

本课题对人与自然和谐共生方略最终确定以下三个研究主题：

首先阐明“是什么”，即从哲学世界观高度阐明人与自然和谐共生的本质和内涵是什么。本课题认为，人与自然和谐共生是对人与自然关系的科学表述，其摆正了人在宇宙中的位置，指认了人类社会发展的合理道路等，因而具有广泛的世界意义。自人类开始能够反思自己的生活与行为以来，人与自然的关系问题即人在宇宙中的位置问题，就始终成为历代人所关注的中心，并由此形成了哲学世界观和对待自然的一系列道德规范和实践方式。然而，在以往对人与自然关系的审视中和当代生态哲学对人与自然关系的建构中，始终存在着一个重大缺陷，那就是人与自然的“主奴关系”结构的存在。人要么屈从于自然并被自然所支配，像牲畜般匍匐于自然的脚下而任自然所宰割；人要么征服自然和控制自然，使自然向人类俯首称臣。党的十九大报告中提出的人与自然和谐共生的思想，彻底超越了西方社会哲学世界观始终缠绕的人与自然关系的“主奴结构”，建构起一种新型的人与自然平等正义的和谐关系。人与自然和谐共生思想揭示了一个普遍原理，人不是自然的奴隶，亦不是自然的主人，人与自然是一个不可分割的生命共同体。由此所确认的人与自然和谐共生的本质是人与自然在权利、地位上的平等，人与自然关系的辩证统一。在人与自然生命共同体中没有中心与边缘、没有主人与奴隶，人在自然世界之中，自然世界在人之中，人即是自然，自然即是人。人与自然和谐共生的思想，开启了一个人与自然关系的新时代。人与自然和谐共生思想终结了以往一切时代所固有的人与自然分裂、对立的二元论世界观，消解了人与自然的“主奴关系”结构，建立了一个人与自然一体的世界观，确立一个人与自然共生共荣的存在方式，以及人与自然和谐共生的现代化发展道路。

其次阐明“为什么”，即新时代中国特色社会主义为什么要坚持人与自然和谐共生的方略。第一，坚持人与自然和谐共生是中国特色社会主义生态文明建设、满足人民美好生活愿景的必然选择。自中国共产党领导中国人民站起来、中华人民共和国成立以来，始终把中国社会主义的繁荣富强、满足人们不断增长的物质需求和精神需求，放在社会主义建设的首位。改革开放前，中国走过了一段曲折的道路，过度注重政治建设，忽视了经济建设，使得国内物质产品相对来说比较贫乏。但在改革开放之后，经过四十多年的经济建设，中国迅速发展繁荣起来，中国的经济实力目前在国际社会已经名列前茅。然而，在改革开放的经济发展过程中，为了提高经济发展的速度和增长的效率，在最短的时间内解决中国“文化大革命”造成的物质匮乏问题，国家不得不以牺牲自然环境为代价。正是如此，在中国改革开放的经济发展中出现了不少环境污染问题，甚至在某些地区达到了非常严重的地步。这一方面是因为我们不得不遵循“先吃饱”，然后才能“再吃好”的需求满足法则，先让人们富起来，先让国家富起来的结果；另一方面是因为在中国大力招商引资的过程中，发达国家的企业主们也把大量的高能耗、重污染的企业乘机转移到中国。当中国基本解决了温饱问题之后，人们对环境质量的需求开始显现，并逐渐成为占主导地位的需求。因为环境质量本身就内在于生活之中，成为人们生活不可或缺的内容。呼吸新鲜空气、饮用干净的水，吃着卫生安全的食品，享受清洁美丽的自然环境，是富起来的中国人民的必然追求，也是提高生活质量和生活水平的必要保证。基于广大人民对美好生活和美好自然环境的需求，中国共产党及时发出了保护自然环境的动员令，并相应地制定了保护自然环境的政策和规章制度。如提出了资源节约型社会和环境友好型社会建设，提出了生态文明建设，树立并切实贯彻实施“创新、协调、绿色、开放、共享”的五大发展理念，在党的十九大报告中更进一步表明了加快生态文明体制改革，建设美丽中国的新思想，尤其是郑重提出了坚持人与自然和谐共生的基本方略。人与自然和谐共生是生态文明的基本内涵，是社会主义生态文明观的基本表现形态。实现人民所要求的美好生活必须坚持人与自然和谐共生，实现美丽中国的愿景必然要坚持人与自然和谐共生。

第二，坚持人与自然和谐共生是推动马克思主义中国化，推动马克思主义当代发展的必然选择。在党的十九大报告中，习近平总书记反复强调在当今要大力发展马克思主义，坚持社会主义生态文明观，建设具有强大凝聚力和引领力的社会主义意识形态。人与自然和谐共生思想的提出，是对马克思主义生态理论的贡献，丰富了马克思主义生态思想，推动了马克思主义生态理论的当代发展。当苏联解体之后，美国学者弗兰西斯·福山发出了《历史的终结及最后之人》的狂言，认为随着苏联的解体，共产主义与资本主义意识形态斗争的历史宣告结束了，马克思主义及马克思主义所确认的共产主义社会终结了，西方资本主义取得了最终的胜利，整个人类社会都将趋向于西方资本主义市场经济和民主政治。然而令福山没有想到的是，共产主义的历史和马克思主义并没有终结，中国共产党人高举马克思主义旗帜，提出中国特色社会主义建设理论，尤其是提出社会主义生态文明观和坚持人与自然和谐共生的新思想，使一度沉寂的马克思主义根据时代所面临的重大问题从理论和实践上再度得以复兴。

马克思在批判资本主义生产劳动的异化性质必然造成人与自然的对立，造成人对自然的掠夺和破坏时，指认了未来的共产主义社会“是人同自然界的完成了的统一，是自然界的真正复活，是人的实现了的自然主义和自然界的实现了的人道主义”。马克思还强调，自然界就它自身不是人的身体而言，是人的无机身体。由此可见，马克思的生态思想中内隐着人与自然和谐共生的内涵。不仅如此，马克思所认定的人与自然的关系是一个辩证统一的关系，一方面承认自然界的先在性，物质决定意识，自然界制约精神，另一方面也强调离开了人，自然界就是一个无，重视意识对物质、精神对自然界的反作用，从而实现了自然界的人化和人的自然化的辩证统一。恩格斯在《自然辩证法》中也告诫人们，我们不要过分陶醉于我们人类对自然界的胜利，对于每一次这样的胜利，自然界都对我们进行报复，每一次胜利，起初确实取得了我们预期的结果，但是往后和再往后却发生完全不同的、出乎意料的影响，常常把最初的结果又消除了。因此我们每走一步都要记住：我们统治自然界，绝不像征服者统治异族人那样，绝不是像站在自然界之外的人似的，——相反的，我们连同我们的肉、血和头脑都是属于自然界和存在于自然之中的。进而言之，人与自然和谐共生是马克思主义理论的一项重要内容，是科学社会主义建设的重要组成部分，只不过是马克思主义的生态思想在马克思恩格斯的经典著作中是隐性存在的。随着生态危机问题的加重，对资本主义的社会批判也必然转向对资本主义的生态批判方面，转向生态文明对工业文明的超越上。中国共产党根据生态危机的严重性和生态文明建设的必要性，适时提出人与自然和谐共生的方略，一方面是马克思主义内隐的人与自然和谐共生的生态理论得到彰显，另一方面是推动了马克思主义本身的当代发展。马克思主义不是僵死的教条，马克思主义旺盛的生命力就在于能够随着时代的发展而发展，随着时代的进步而进步。十九大提出的人与自然和谐共生方略是马克思主义生态理论的中国化，是马克思主义生态学思想在当代的创新发展，是中国共产党坚持马克思主义的必然选择。

第三，坚持人与自然和谐共生是弘扬中国优秀传统文化的必然选择。中华民族的优秀传统文化是中华民族的命脉，是中华民族精神的家园，是中华民族凝聚力和创造力的不竭源泉。当代中国生态文明建设只有扎根于中华民族文化的沃土之中，并继承弘扬中国优秀传统文化中的生态思想，才能被中华儿女所认同，才能有旺盛的可持续的发展力量。习近平总书记说：“我们要善于把弘扬优秀传统文化和发展现实文化有机统一起来，紧密结合起来，在继承中发展，在发展中继承。”中华民族优秀传统文化是一个历史的积累过程，尤其是在人与自然和谐共生方面，中国传统文化更是有着丰富多彩的优秀思想资源。“天人合一”是中国优秀传统文化中对人与自然关系统一性最经典的表述，儒道佛三家均沿着这一理路，分别展开自己思想的。传统儒家文化中孟子提出的“赞天地之化育”思想，张载强调的“民胞物与”思想，宋明理学中“仁者与万物一体”观念；道家老子的“道法自然”思想，庄子的“万物与我齐一”的论述；佛家的“缘起”理论，“无我”思想，不杀生观念等等，都包含着丰富的人与自然和谐共生的内涵。人与自然和谐统一共生是中国传统文化中最为优秀的思想资源之一。

当代中国特色社会主义生态文明建设，必然要站在中华民族的立场上并坚守中国优秀传统文化，汲取优秀传统文化的营养，这样才能保证动员和凝聚中华民族所有力量投身到生态文明建设的伟大事业中，并使中华民族的优秀传统文化在世界民族之林中发出独具特色的耀眼光芒。优秀传统文化具有传承性，否定中华民族优秀传统文化必然导致历史虚无主义，割断历史命脉。因此，弘扬中国优秀传统文化是每一代人不可推卸的历史责任，也是中国共产党人必然承担的历史使命。当代中国生态文明建设坚守中国文化立场，必然要继承和弘扬中国传统文化中那些优秀的生态思想，并根据新时代赋予新的含义和内容，从而保证中国生态文明建设的民族特色。越是民族的，越是国际的。诚如十九大报告中所说，“深入挖掘中华优秀传统文化蕴含的思想观念、人文精神、道德规范，结合时代要求继承创新，让中华文化展现出永久魅力和时代风采。”十九大报告中提出的新时代“坚持人与自然和谐共生”，就是对中国优秀传统生态文化的传承和创新发展，是弘扬中国优秀传统生态思想的必然选择，并使中国优秀传统文化中“天人合一”思想在当今时代展现出了诱人魅力。

最后，阐明“怎样做”，即坚持人与自然和谐共生方略应当制定什么样的行动方案，并提出什么样的实践要求。为什么新时代中国特色社会主义要坚持人与自然和谐共生的思想和方略，仅是从理论上提供了坚持人与自然和谐共生的正当性理由，但要真正做到人与自然和谐共生，彻底实现人与自然和谐共生的目标，还必须要落实到行动方面，体现在人们的日常生活中。为了将人与自然和谐共生方略落实到行动上，需要制定人与自然和谐共生的中国行动方案。中国行动方案可以涉及方方面面，如经济行动方案、政治行动方案、文化行动方案、科技行动方案、教育行动方案等等，但本课题所制定的行动方案主要是从历史唯物主义所确认的基本关系出发，即从生产力决定生产关系，经济基础决定上层建筑这一基本原理出发，其中最为主要的是确定新时代中国特色社会主义发展的基本动力。人与自然和谐共生的中国行动方案包括：（1）树立人与自然是生命共同体，树立人类必须尊重自然、顺应自然、保护自然，像对待生命一样对待生态环境的基本理念。理念是行动的先导，理念正确，行动才可能正确，理念先进，行动也才可能先进。（2）以绿水青山作为经济、社会发展的生产力，实现生产方式的彻底革命。习近平总书记关于绿水青山就是金山银山的思想，是将生态、绿色作为经济发展的动力，实现生态效益与经济效益的根本统一。生态文明优越于工业文明，根本在于生产力发展的优越性和先进性。社会主义的生产力是人与自然和谐共生的生产力，是绿色生产力，根本不同于工业文明中的黑色生产力，掠夺破坏自然的生产力。（3）实现人与自然和谐共生同人与人平等共享的统一。新时代的中国特色社会主义不仅要实现人与自然和谐共生，还有保证人人平等共享生态文明建设所带来的各种福祉。一个社会良序运行的状态，是经济效益、生态效益和社会效益统一，即经济增长、环境美丽和社会公平的统一。新时代中国特色社会主义不仅要促进经济持续增长，自然环境良好，还要保证社会的公平、公正，保证全体人民的共同富裕。（4）人与自然和谐共生引领世界发展。生态问题具有全球意义，中国作为负责任的大国，既要致力于解决本国的环境难题，也要关注全球生态安全，为世界提供解决生态问题的中国理念、智慧和行动方案，争取国际社会对中国生态文明建设的认同，引领世界的绿色发展。

在人与自然和谐共生中国行动方案的基础上，进一步设计人与自然和谐共生的实践要求。贯彻人与自然和谐共生的思想和方略关键在于落实到实践活动上，而实践活动能否取得积极的成效，关键在于地方政府对落实人与自然和谐共生思想和方略的体制建设与举措，对地方政府怎样更有效地落实人与自然和谐共生思想和方略提出体制性实践要求。（1）对地方政府推进人与自然和谐共生的体制建设进行调查研究，了解地方政府在这方面采取了哪些体制性举措，这些体制性举措有没有保证建立健全推进人与自然和谐共生的政策体系，取得的效果如何，还存在哪些问题，在总结经验教训的基础上有针对性地提出合理化的政策建议和实践要求。（2）对地方政府着力解决人与自然和谐共生的突出问题进行调查研究，了解地方政府在应对突出问题方面采取了哪些体制性措施，做出了哪些体制性承诺，取得了哪些效果，还存在什么问题，然后提出政策建议和实践要求。（3）对地方政府加大人与自然和谐共生的生态系统保护力度进行调查研究，了解地方政府在人与自然和谐共生的生态系统保护方面制定了哪些制度，提出了哪些政策，完善了哪些条例，这些制度措施是否有力度等，在此基础上提出政策性建议和实践要求。（4）对地方政府落实人与自然和谐共生的环境监管体制进行调查研究，了解地方政府设立了哪些监管机构，建立了哪些管理制度，确立了哪些责任制，对破坏人与自然和谐共生的行为有哪些惩治措施，有没有明显效果，在此基础上提出针对性的政策建议和实践要求。

本课题完成情况是：总共发表论文31篇。在CSSCI期刊发表20篇以上。其中在国家级权威报刊《光明日报》理论版发表2篇，《马克思主义与现实》发表2篇，《自然辩证法研究》发表3篇，《中国社会科学报》理论版发表3篇。在《齐鲁学刊》发表的论文“绿色发展的中国方案：从理念到行动”，被《高等学校文科学术文摘》2020年第1期转载；在《伦理学研究》发表的论文“论马克思哲学思想的正义意蕴”，被《中国社会科学文摘》观点摘登；在《中州学刊》发表的论文“关于人与自然和谐共生方略的哲学思考”，被《文摘报》2019年3月21日观点摘登。所发表的这些论文，现在看来还有一些不尽人意之处，但总是表达了自己的一些学术观点，有一定的新观念和新提法。所发表论文的主要思想和基本观点，最终都包含在用于结项的总报告中。

在进行理论研究的基础上，本课题研究成员还进行了广泛的社会调查研究。到江西抚州、河北邢台、甘肃定西、山东王杰村、山西岢岚县、右玉县、广东罗定、浙江台州、江苏镇江及盐城等地，调研走访了生态建设情况，填写问卷几千份，访谈了数百人，其中有政府工作人员、企业家、乡村书记、农民、学生、社区居民等。围绕着调查研究撰写了4篇咨询报告：（1）人与自然和谐共生的中国行动方案；（2）关于建立国家生态产品实验区的建议；（3）农村垃圾分类需要处理好三对基本关系；（4）我国农村垃圾分类中资金困境及对策。这4篇咨询报告已全部上报国家规划办《成果要报》，遗憾的是，由于我们对对策性研究经验不足，致使所提供的咨询报告未能被使用。

经过两年多的研究，本课题完成了总报告，并且顺利地通过了结项。从形式上看，虽然本课题组完成了人与自然和谐共生思想的国家课题研究，但似乎又感到尚未完成课题研究，因为还有许多问题待深入思考，许多内容待深化研究。当然，任何研究都是未完成式的，正是科学研究的未完成式，才引领并激励我们继续对人与自然和谐共生思想进一步深入探讨。

此次出版的《人与自然和谐共生：从理论到行动》一书是本课题的总报告，也是本课题研究的结项成果。该书按照结项报告的内容与形式分为五个篇章，正好对应总论篇和四个子课题。这五个篇章分别由首席专家和四个子课题负责人分别进行撰写，完成了一个对人与自然和谐共生思想的从理论到行动的研究体系。

能够取得这一成果，离不开方方面面给予的支持和帮助。在此，对于给予我们研究工作支持帮助的部门和同志表示衷心感谢，对参与该课题开题的专家表示深深的谢意。最后，我也要感谢本课题研究团队的所有成员，尤其是感谢四位子课题的负责人，是你们勤奋的研究工作，不辞劳苦的现场调研，才保证了本课题的顺利结项。

本结项成果仅仅是人与自然和谐共生思想研究中的一朵浪花，尽管它能够在大海中高高泛起，但也存在不完善之处和不尽人意之处，尤其是回过头来再次审视本课题的研究过程，总觉得还可以做得更好、更完善一些，有些思想和认识还可以更深入一些。对于没有写出令人满意的政策咨询建议报告，总是怀有一份歉疚之心。现在这部研究报告就要以著作的形式面世了，尽管研究团队的成员为此呕心沥血，付出了众多辛苦，但总是会受到自身知识储备、研究视域、研究能力的限制，难免会存在这样或那样的问题，敬请读者批评指正。

阐释研究党的十九大精神国家社科基金重大专项课题："人与自然和谐共生的理论创新和中国行动方案"（18VSJ014）首席专家：

曹孟勤

2021年4月于南京师范大学仙林校区

目　录

总论篇｜人与自然和谐共生的世界意义 / 曹孟勤

理论创新篇｜人与自然和谐共生思想是马克思主义生态理论的当代发展 /解保军

传统文化篇｜人与自然和谐共生的中国传统哲学资源及当代贡献 / 吴先伍

行动方案篇|人与自然和谐共生方略的中国行动方案 /徐海红

实践篇｜人与自然和谐共生的实践要求 /华启和

总论篇

人与自然和谐共生的世界意义

党的十九大报告提出，中国特色社会主义必须坚持人与自然和谐共生方略，建设美丽中国，为全球生态安全做出贡献。由此，人与自然和谐共生方略作为中国生态文明建设的基本理论和永续发展的千年大计摆在了中国人面前，并成为中国特色社会主义建设的重要指导方针。人与自然和谐共生方略虽然是中国共产党针对中国特色社会主义提出的，但人与自然和谐共生方略却表达着一种普遍性的世界意义，能够对国际社会的环境保护运动起到指导和引领作用。所谓世界意义，是说人与自然和谐共生方略超越了狭隘的民族利益和民族界限，从哲学高度揭示了人与自然关系的普遍本质和人类社会发展必然追求的终极目的，能够为国际社会解决环境问题提供普遍性理论原理，为全世界环境保护运动和绿色发展提供世界观和方法论导向，以及可行性路径，最终成为全球性的用于指导当代以及后代整个人类生产生活的普遍法则。当然，人与自然和谐共生方略要想走出国门，在国际社会产生重大影响，尤其是对国际社会生态文明建设和环境保护运动起到积极的示范作用，就必须得到国际社会的广泛认同和遵从。要得到国际社会的普遍认同和积极遵从，就需要从哲学基本原理出发，阐明人与自然和谐共生方略本身内在蕴含的普遍哲理和实践路径的普遍必然性指向。人与自然和谐共生思想抓住了人与自然关系的根本，只要在世界意义的阐释上达到了理论上的彻底性，就能够与国际社会深入对话，并被国际社会普遍接受。深入研究和阐明人与自然和谐共生方略内在蕴含的世界性意义，对于提升中国人的自信心和民族自豪感，增强中国环境保护理论在国际社会的认同感和话语权，同样具有重要的理论与现实意义。本篇内容将紧紧围绕世界观、社会发展道路，社会发展动力和社会公平正义等内容，阐明人与自然和谐共生方略所内在蕴含的普遍性本质和基本原理。

第一章　摆正了人在宇宙中的位置

人类自诞生并具有反思性自我意识以来，就开始探究自我在宇宙中的位置，设计自我与自然的关系。也就是说，人类自加工改造自然界的实践活动起，就一方面对外认识自然界，另一方面同时对内也反思自我。认识自然界与认识自我总是不可分离地密切结合在一起，就像卡西尔在《人论》中所做的描述那样，“在对宇宙的最早的神话学解释中，我们总是可以发现一个原始的人类学与一个原始的宇宙学比肩而立，世界的起源问题与人的起源问题难分难解地交织在一起。”① 指认人在宇宙中的位置，建构人与自然的合理关系，表达的是人对世界的根本看法，属于哲学世界观范畴。人类之所以需要世界观的建构，是因为人怎样看待这个世界，对这个世界有怎样的世界观，人就会怎样对待这个世界，就会怎样改造这个世界。人在宇宙中的位置不同，看待这个世界的根本观念不同，相应地就规定了人对待世界的态度、所承担的道德责任，以及改造自然界的方式也不尽相同。正是人在宇宙中的位置，或者说人对整个世界的根本看法对人的生活具有决定性作用，因而确认一种世界观，就成为历代人锲而不舍的追求和当务之急的任务。尽管不同国家、不同民族，以及在不同的时代，对人在宇宙中的位置有不同的指认，但每个国家、每个民族和每个时代都必定有自己对整个世界的根本看法，有

① ［德］恩斯特·卡西尔：《人论》，甘阳译，上海译文出版社 1985 年版，第 5 页。

自己普遍认可的人与自然关系。然而令人感到遗憾的是，从古代社会发展到现代社会，尽管人们都在竭尽所能探寻人在宇宙中的合理位置，但并没有为自己找到宇宙中的合理位置，建构起一种真正合理的人与自然关系。历史发展的道路总是艰难而曲折的，前人的错误性尝试必然为后人开辟正确的道路。当代中国共产党人提出了“坚持人与自然和谐共生”的方略，作为生态文明建设的指导性纲领，才使人在宇宙中的位置问题得到最终解决。

第一节　人与自然的“主奴关系”形态

从人类发展的历史维度来看，对人在宇宙中位置的设定有两种基本形态：一是将人摆置在自然宇宙之下，形成自然神圣、自然支配人的宇宙本体论的世界观，体现了一种自然中心主义立场；另一是将人摆置在自然宇宙之上，形成了控制自然、支配自然的以人为本体本位的世界观，呈现出了一种人类中心主义立场。然而，无论将人摆置在宇宙之下，还是将人摆置在宇宙之上，均属于人与自然分裂对立的二元论世界观，都是对人与自然关系的不平等式建构，属于黑格尔所称的“主奴关系”结构。因为唯有人与自然关系的分裂对立，才有人对自然的或者屈从，或者征服。所以，人类中心主义世界观和自然中心主义世界观都未找到人在宇宙中的恰当位置。

在前工业社会时期的传统社会，由于古代人不能从科学上理解大自然发生的风雨雷电、生老病死、福喜灾祸等种种现象，以及受到认识自然界和改造自然界能力的限制，致使古代人总感到自然界对人具有无上的威力，而人对自然界的各种现象则无能为力，根本无法进行干预。尤其是对大自然掌控万物生长的能力，以及大自然自身井井有条的运行秩序，古代人认为人类智慧是所无法觊觎的，其只能归于自然神秘和神圣。正是古代人对自然界威力的无可奈何，从而自觉或不自觉地将自然界凌驾于人类之上，心甘情愿地对自然界俯首称臣。如柯林伍德在谈到古希腊自然观时指证，“希腊自然科学是建立在自然界渗透或充满着心灵这个原理之上的。希腊思想家把自然中心灵的存在当作自然界规则或秩序的源泉，而正是后者的存在才使自然科学成为可能。他们把自然界看作是一个运动体的世界。运动体自身的运动，按照希腊人的观念，是由于活力或灵魂。但是他们相信，自身的运动是一回事，而秩序是另一回事。他们设想，心灵在他所有的表现形式（无论是人类事务还是别的）中，都是一个立法者，一个支配和调节的因素。他把秩序先加于自身再加于从属于它的所有事物，……由于自然界不仅是一个运动不息从而充满活力的世界，而且是有秩序有规则的世界，他们理所当然地就会说，自然界不仅是活的而且是有理智的；不仅是一个自身有灵魂或生命的巨大动物，而且是一个自身有心灵的理性动物。居住在地球表面及其邻近区域的动物，其生命和理智——他们争辩说——代表了这种充满活力和理性机体的一个特定部分。"① 柯林伍德表明，古希腊人把自然看作是一个立法者，支配者和调节者，包括人类在内的所有自然万物都被自然所控制，其存在方式、所作所为都是由大自然事先确定和指派的。既然自然界凌驾于人类之上，古代人必然形成自然崇拜，对大自然充满敬畏与崇敬。当代伦理学家汉斯·约纳斯对西方古人的世界观总结道："对于宇宙的虔敬，也是对于人作为其中之一部分的那个整体的崇敬。人要在一生的行为中保持与宇宙之适当关系，其中的一个方面就是要承认并服从自己作为一个部分的这种地位。这是基于更大的整体来解释他的存在，这个更大整体的完美在于它的所有部分的整合。在这个意义上，人的宇宙虔敬乃是让他自己的存在臣服于比他更完美者以及万善之源的要求。"②

指认人在宇宙中位置的理论形态属于哲学，每个时代对整个世界的根本看法就表现为这个时代的世界观。古希腊人的世界观属于宇宙本体论，无论是朴素唯物主义，还是朴素唯心主义都追问的是同一个问题，决定自然宇宙

① ［英］罗宾·柯林伍德：《自然的观念》，吴国盛、柯映红译，华夏出版社 1999 年版，第 4 页。

② ［德］汉斯·约纳斯：《诺斯替宗教》，张新樟译，上海三联书店 2006 年版，第226 页。

运行秩序的根本力量是什么？万事万物能够生成或毁灭的终极性根据是什么？在古希腊人看来，人们直观到的各种事物、或者说大自然呈现于人们眼前的各种事物都属于现象，现象是一种“杂多”，其本身不属于真实的存在，而仅仅是对真实存在的显现。真实存在东西是不可直观的，其属于现象背后且制约众多现象存在的本质，而本质是唯一的，因而本质是“一”。基于这样一种“一与多”的理解自然宇宙的思维方式，决定了古代人必然将整个世界分裂成为两个对立的存在，其中一个存在必然决定和支配另一个存在，即本质决定现象，“一”支配“多”。古希腊哲人经过“爱智慧”的思考普遍确信：自然宇宙本身是一个有生命、有灵魂的存在，她在为自身制定存在法则的同时，也为包括人类在内的所有自然万物制定生存法则，因而自然宇宙本身被视为本体，本原，视为永恒不变的唯一存在；自然万物作为从宇宙本身中生成出来的东西则是“有死者”、属于可变化的现象存在。本体统摄现象、规定现象和决定现象，现象则要依据本体而生、依据本体而在，用自身的生成变化显现本体的存在，开显本体的存在。泰勒斯的水，阿那克西美尼的气，赫拉克利特的火，德谟克利特的原子，巴门尼德的存在，柏拉图的理念，亚里士多德的实体，斯多葛学派的自然等等，都是作为决定世界存在的本体提出来的，它们代表自然宇宙的永恒普遍本质决定一切，万物由它而生并最终复归于它。人作为有死者，与自然万物的存在一样，被自然世界中的本体、本原所统摄、所主宰。如赫拉克利特强调万物都是根据“逻各斯”生成的，因此人们千万“不要听我的话，而要听从逻各斯，承认一切是一才是智慧。”① 黑格尔对此认为，赫拉克利特所说的“逻各斯”表达的是自然宇宙的普遍必然性和命运，听“逻各斯”的话，就是要求人要认识和理解自然宇宙的普遍必然性和事物存在的命运，并依照普遍必然性和命运而想一切事和做一切事。我国著名学者罗国杰和宋希仁先生也指证：“宇宙是由统一的普遍规律即‘逻各斯’主宰着，它既统治着自然界，又统治着人类社会生

---

① 汪子嵩等：《希腊哲学史》第1卷，人民出版社1988年版，第465页。

活，既作为必然性驾驭着自然秩序，同时又作为‘命运’支配着人的灵魂、行为以及人与人的关系。”① 柏拉图提出神创造了这个世界，而这个神实际上就是宇宙本身的运行秩序和法则，因此，“我们应当试图尽快从尘世逃离到诸神的居所，逃离就是尽可能变得接近神，接近神就是变得正直神圣和明智。”② 在柏拉图看来，人们通过灵魂中的智力和理念将自己与拥有崇高神性的自然宇宙联系在一起。晚期希腊哲学的斯多葛学派则明确提出“顺应自然而生活”，斯多葛学派所谓的“自然”，即是宇宙的灵魂、宇宙之神，又是宇宙的理性、智慧和美德，同时还是宇宙秩序和普遍法则，而人作为仅仅是分有宇宙之神火的一朵火花，其命运必然被宇宙秩序和宇宙法则所支配，因而只有顺应自然、合乎自然而生活才是道德合理的好生活。法国哲学家吕克·费希在研究古希腊人的“好生活”观念时，对自然宇宙的神圣力量左右古希腊人生活的观点进行了深入论证：“大部分古希腊思想家都将关于‘好生活’的问题与世界的总体秩序、宇宙整体相提并论，而不像我们今天这样往往只把该问题与主观性、个人满足感或者个体的自由意志相联系。柏拉图、亚里士多德乃至斯多葛等哲学家都理所当然地认为，美满生活以意识到自己从属于一个‘外在于’并‘高于’我们每个人的现实秩序为必须条件。”③ 如果说自然宇宙作为神圣存在属于“大宇宙”，而人作为能够接近神、能够近神而居的存在则属于“小宇宙”，那么“小宇宙”要遵循“大宇宙”的秩序和法则，就成为古希腊人的基本信念。

与古希腊人的哲学立场一样，中国古代人在其自身语境下对人与自然的关系也表达了相同的看法。中国古代人往往用“天”代表自然宇宙，“天”被赋予了主宰一切、统摄一切的本体论地位，所谓“天命不可违”讲的就是

---

① 罗国杰、宋希仁：《西方伦理思想史》上卷，中国人民大学出版社 1985 年版，第 72 页。

② ［法］吕克·费希：《什么是好生活》，黄迪娜等译，吉林出版集团 2010 年版，第 164—165 页。

③ ［法］吕克·费希：《什么是好生活》，黄迪娜等译，吉林出版集团 2010 年版，第 19 页。

这一道理。泱泱大国几千年，中国人始终萦绕在“天”之下而存在、而生活。古人所云的违背了“天命”，便会引起“天怒”“天愤”，遭到“天谴”等，便是对万能的本体论之“天”充满敬畏之心的写照。虽然中国古代人也提出“天人合一”的思想，但“天”的至高、至圣的地位是人无法撼动和企及的。如孔子提出“君子有三畏，畏天命、畏大人、畏圣人之言”，就将“天命”置于敬畏对象首位。在老子确认的“人法地、地法天、天法道、道法自然”的规则中，毫无疑问亦将“自然”视为万物之本、天地之根，凌驾于万物之上的“道”，人只能通过效法“道”、效法“自然”，才能赢得自己的合理性存在。

西方近现代产生的哲学颠覆了古希腊宇宙本体论传统，而一跃成为认识论。笛卡尔提出的“我思故我在”，则标志着近代认识论的正式诞生。哲学认识论主要探究人的思维能否正确把握自然世界、获得真理性知识问题。近现代哲学认识论的出现，转变了古代哲人将自然宇宙摆置于人之上的思维习惯，形成了将自然宇宙摆置于人之下的哲学思维模式。即：哲学认识论彻底实现了对自然宇宙的祛魅，完成了从神本主义到人本主义的转换，人由此脱颖而出成为大写的人，成为统治自然世界的主人。因为要发生认识，必须要有认识者和认识的对象，在这个世界上能够进行认识的存在物只能是别无选择的拥有理性的人，因而人作为认识者便无可置疑地成为认识的主体；被认识的对象则无疑是认识的客体，从自然科学维度来说，作为认识对象的只能是自然世界。由此一来，自然世界就从古代人的神秘圣坛上跌落下来，仅仅作为普通自然物、作为认识对象和客体而存在，而人作为认识主体则一跃成为支配自然世界的存在。从认识过程来说，认识主体规定着认识对象的显现并成为认识对象的存在根据，认识者认识什么，怎样进行认识，获得什么样的真理性知识，都要受到认识主体自身的影响。康德经过对纯粹理性的批判就非常明确地道出了认识论的本质，认识自然世界就是人为自然立法，由此确立了人是自然之立法者地位。这表明，哲学认识论内在蕴含着征服自然、担保人成为自然之主人的逻辑张力。为此，弗兰西斯·培根提出“知识就是力量”意在表明，当人认识了自然界并对自然界拥有知识时，就能够对自然行使权力，就可以重新恢复人类祖先在伊甸园中对自然万物拥有的统治，因为力量是权力的象征。笛卡尔提出“我思故我在”，通过普遍怀疑而最终达至不可怀疑的方式确立了人是能思维的认识主体，并号召人们通过“新方法”而实现对自然的统治。费尔巴哈则论证了人就是上帝，或者上帝就是人本身。“人怎样思维、怎样主张，他的上帝也就怎样思维和主张；人有多大的价值，他的上帝就也有这么大的价值，决不会再多一些。上帝之意识，就是人之自我意识；上帝之认识，就是人之自我认识。你可以从人的上帝认识人，反过来，也可以从人认识人的上帝；两者都是一样的。人认为上帝的，其实就是他自己的精神、灵魂，而人的精神、灵魂、心，其实就是他的上帝：上帝是人之公开的内心，是人之坦白的自我；宗教是人的隐秘的宝藏的庄严揭幕，是人最内在的思想的自白，是对自己的爱情秘密的公开供认。”①按照中世纪基督教神学观念，上帝才是这个世界的主宰，费尔巴哈对人是上帝的辩护和论证，无疑表明近现代人僭越了上帝的位置，成为凌驾于整个世界之上的存在。

哲学认识论是对自然科学能否真实把握客观现实世界的理论判断，其代表了近现代启蒙精神，即敢于运用你的理性。在这种启蒙精神影响下，作为具体认识自然界的自然科学得到了迅猛发展，它们对自然界攻城拔寨，不断揭露出自然界所精心守护的各种秘密，为人类战胜自然界立下了汗马功劳。存在主义哲学家海德格尔就将作为哲学认识论之实现载体的自然科学，视为是对自然世界的一种摆置，即人成为认识主体之际，自然世界就必然成为摆置在人面前并被人摆置的一幅图像。“从本质上看来，世界图像并非意指一幅关于世界的图像，而是指世界被把握为图像了。这时，存在者整体便以下述方式被看待，即：唯就存在者被具有表象和制造作用的人摆置而言，存在者才是存在着的。在出现世界图像的地方，实现着一种关于存在者整体的本

① ［德］费尔巴哈：《基督教的本质》，荣震华译，商务印书馆 1984 年版，第 42—43 页。

质性决断。存在者的存在是在存在者之被表象状态中被寻求和发现的。……现代的基本进程乃是对作为图像的实践的征服过程。这里，图像一词意味着：表象着的制作之构图。在这种制造中，人为一种地位而斗争，力求他能在其中成为那种给予一切存在者以尺度和准绳的存在者。"[①] 现象学哲学家舍勒则认为，现代自然科学从形而上学监护中解放出来，从而为一系列的技术能够把自然万物安排得更加适合人的目的奠定了基础，现代自然科学为了增加自己的客观性，排除了价值判断和价值决定，以维持科学研究对象本身的价值中立。然而，现代自然科学实际上是一门控制自然的控制学，自然科学"把世界设想为价值中立的，这是人为了一种价值而为自己确定的任务，这种价值就是主宰和支配事物的生命价值"。[②] 也就是说，自然科学貌似信守价值中立和客观性标准，其背后的价值追求不过是为征服自然的现代性世界观服务，并把征服自然的现代性世界观落实到改造自然界的实处。

古代宇宙本体论内在蕴含的逻辑是将人置于自然宇宙之下，强调人对自然宇宙的敬畏与屈从，近现代认识论所内在蕴含的逻辑是将人置于自然宇宙之上，主张自然世界应当向人类俯首称臣。尽管二者表面看来水火不相容，其本质上却存有共谋，即将人与自然的关系建构成为一种黑格尔所谓的"主奴式"等级秩序。这样一种不平等的人与自然关系秩序本身是不合理的，人与自然压迫与被压迫关系本身也是不和谐、非正义性的。当人匍匐于自然宇宙脚下并被自然宰制时，人类自我就不能获得自由和解放，人的自我价值不能得以张扬和展示，人类自身认识和掌握自然界的能力得不到正常性的发挥，只能委屈存活于自然世界之中而听天由命，不敢积极开发自然资源，并造成沉重的劳动负担。反之，当自然界完全被踩在脚下而屈从于人的权力意志时，人就会以自己的主观偏好为自然万物的尺度，疯狂向自然界索取，对自然界无法无天、胡作非为，根本不顾及恩格斯所说的自然界对人的报复能

① 孙周兴选编：《海德格尔选集》下，上海三联书店 1996 年版，第 899、904 页。

② 转引自威廉·莱斯：《自然的控制》，岳长龄、李建华译，重庆出版社 1993 年版，第 98 页。

力。就此而言，无论是人做自然世界的奴隶，还是做自然世界的主人，都没能摆正人在宇宙中的位置，没有把捉住人与自然关系的本真内涵，其结果不仅给人自身，也给自然界带来了不幸和灾难。

人作为自然界的主人，看似是对人的解放和自由，其实这是对人的解放和自由的一种误识。黑格尔在“主奴关系”辩证法中已经充分指证，奴隶从成为奴隶那一刻起，开始成为主人；主人从成为主人那一刻起，开始沦落为奴隶。因为对主人和奴隶关系的确认，关键是确认了主人和奴隶的二元对立，而主人和奴隶一旦形成绝对对立态势，双方都被对方所限制，双方都依赖对方而存在。主人和奴隶没有绝对的支配性和被支配性，双方都是有限的存在，根本不存在解放和自由。就此而言，人征服自然界，成为自然界的主人，是根本不可能的，生态危机的发生就宣告了征服自然之自由解放的破产。

第二节　人与自然关系的平等建构

自生态危机发生之后，全球掀起了环境保护运动，并形成了绿色发展理念，可持续发展理念。然而，保护自然环境，进行生态文明建设，根本前提是准确定位人在宇宙中的位置，摆正人与自然的关系。一种道德合理和生态正当的人与自然关系，才能够生成一种合理而正当的对待自然世界的态度和行动。党的十九大报告提出的人与自然和谐共生的方略，彻底超越了人与自然关系的“主奴式”结构，摆正了人在宇宙中的位置，建构起一种平等而正义的新型人与自然关系秩序，为人们对自然界形成合理的道德态度，承担保护自然环境的正义责任，采取恰当的实践行为奠定了哲学基础。

人与自然和谐共生思想的关键是“和谐”，唯有人与自然关系和谐，才能导致人与自然共生。人与自然关系和谐是基础，人与自然共生是现实结果。那么，什么是人与自然的和谐关系呢？从党的十九大报告来看，建立在平等主义地平线上的人与自然关系才是真正的和谐关系，即人与自然和谐关系是在人与自然平等基础上生成的和谐关系。所谓人与自然平等，是说人与自然拥有相同的存在地位和存在价值，人并不比自然多一些，也不比自然少一些；自然也不比人多一些，也不比人少一些。党的十九大报告提出的“人与自然是生命共同体”,① 是解读人与自然平等和谐关系的钥匙。人与自然是生命共同体，意味着人与自然构成了一个生命统一的整体，即人的生命在自然生命之中，自然生命在人的生命之中。从人在宇宙中的位置来说，人与自然是生命共同体，其内在意蕴指向是：人既不屈从在宇宙之下，也不凌驾于宇宙之上，而是人在宇宙之中，与自然宇宙融合为一个整体，就像一枚硬币的两个方面不可分割。人与自然只有彼此融入对方之中，即人在自然界之中，自然界在人之中，人与自然才能是一个整体，才构成一个生命共同体。人融入自然界之中，是说人的生命和本质通过实践活动对象化到现实自然界之中，自然界由此成为人本质的对象化、成为能够反观自照自身的对象性的人。自然界融入人之中，指认的是自然界的生命和本质对象化到人之中，人把自然界的普遍本质内化为自我意识，完成人的自然化，从而使人成为自然界的代表和象征，成为自然界普遍法则的表征者和执行者。人内在于自然界之中、自然界内在于人之中，人与自然在生命与本质上融合为一个整体，达成“人即自然、自然即人”的境界与状态，人与自然的主人与奴隶关系、中心与边缘关系、本质与现象、本体与显现的等级结构秩序不再成为可能，并理所当然被宣告为非法，由此生成的人与自然关系只能是、且必然是平等的关系。人与自然是生命共同体，表明人与自然拥有相同的价值地位和相同的存在权利，谁也不比谁多一些，谁也不比谁少一些，他们处于平等地位。人与自然建构起平等的关系秩序，人与自然的真正、真实的和谐关系才能得以呈现。唯有平等，才有真义性的和谐。那种支配与被支配、控制与被控制的

① 习近平：《决胜全面建成小康社会 夺取新时代中国特色社会主义伟大胜利——在中国共产党第十九次全国代表大会上的报告》，人民出版社 2017 年版，第 50 页。

“主奴关系”不可能有什么和谐。如果一定要把等级秩序说成和谐，那也是非本质性的和谐，非正义性的和谐、非正当性的和谐。

人与自然的平等和谐关系，亦符合当今生态学所揭示的生态事实。当今如日中天的生态学研究揭示了自然界存在的一种普遍现象，即在生命和生命之间，生命与周围环境之间存在着相互影响、相互作用、相互制约关系，它们通过物质、信息、能量的新陈代谢式交换构成了一个和谐的生态整体存在状态。在所有生命之间并不存在什么等级秩序，那种认为生命之间通过进化而存在一个高低等级秩序的观念，只不过是将人类社会不平等的等级观念置于生命系列当中罢了。生态概念本身在一定意义上就表达着自然万物之间的平等和谐，无论是微生物、植物，还是食草动物、食肉动物，都是生态系统中的一个不可或缺的链条或环节，它们要么是作为“生产者”而存在，要么是作为“消费者”而存在，要么是作为“还原者”而存在。自然界中的所有存在对生态系统来说都具有同等重要的价值，缺少哪一部分都会造成生态系统的崩溃和自然界大厦的坍塌。在生态学看来，人与自然的关系同样是一种生态关系，人类作为生态系统中的一个成员，与自然万物、与周围自然环境同样构成相互影响、相互制约的关系。尤其是人类作为自然世界中最晚出的成员，对自然界的依存性更强。自然界可以没有人类，但人类不能没有自然界。没有人类的自然界仍然可以生机盎然，但没有自然界的人类将面临毁灭。生态科学充分描绘出了自然界的生态景观，给出了自然万物之间的相互关联而构成平等和谐存在的基本事实，人与自然和谐共生的理念则是对这一生态事实的哲学概括，它充分表明了人与自然平等和谐的生态事实关系。

人与自然的平等和谐关系，不仅符合生态学事实，而且也符合辩证唯物主义哲学立场和当今世界哲学发展新趋势。在马克思的哲学视域里，人与自然不仅是对立的存在，更是统一的存在，人与自然本来就是一种相互影响、相互制约、相互依存的整体关系。如马克思强调“人创造环境，同样，环境也创造人。”① 虽然这里的环境不完全是指自然环境，但包含自然环境确是无疑的，其表明人与自然环境是相互创造而平等统一的。在马克思的哲学视域中，未来共产主义社会是“作为完成了的自然主义=人道主义，而作为完成了的人道主义=自然主义，”或者说“社会是人同自然界的完成了的本质的统一，是自然界的真正复活，是人的实现了的自然主义和自然界的实现了的人道主义。”② 这充分表明马克思反对人与自然的二元对立，坚持人与自然界的对立统一性和整体性，并认为脱离了人的自然界属于无，属于抽象性的自然界，“被抽象地理解的，自为的，被确定为与人分离开来的自然界，对人来说也是无。”③ 同样，脱离了自然界的人也属于无，属于抽象性的人，因为人靠自然界而生活，没有自然界就没有人的存在。辩证唯物主义关于人与自然关系的对立统一性和相互制约性观点，决定了人与自然相互之间必然处于平等地位。因为对立统一本身就意味着对立双方具有相互依存性，人离不开自然，人依存于自然世界之中；同样道理，自然也离不开人，因为离开了人，自然世界的所有存在及其价值就根本不能得到显现，甚至自然世界是存在还是不存在，根本上是不可知的。在辩证法创始人赫拉克利特那里，就强调和谐产生于对立的东西之中，“相反的力量造成和谐，就像弓与琴一样。”④ 正因为相反，才能相成；正因为对立，才能统一。相反发生相成、对立产生统一，而统一本身则意味着对立双方成为一个不可分割的整体，成为一种平等和谐的存在。例如“有”与“无”处于对立统一之中，有与无则是平等的关系，没有“有”就没有“无”，没有“无”同样也没有“有”；有既不能单向度地支配无，无也不能单向度地支配有，有只能在无中，无也只能在有中，其相互影响、相互制约而形成平等和谐的存在。因为对立统一的双方都依存于对方而存在，没有对方的存在，就没有自身的存在；没有自

---

① 《马克思恩格斯选集》第1卷，人民出版社1995年版，第92页。

② ［德］马克思：《1844年经济学哲学手稿》，人民出版社2000年版，第81、83页。

③ ［德］马克思：《1844年经济学哲学手稿》，人民出版社2000年版，第116页。

④ 苗力田主编：《古希腊哲学》，中国人民大学出版社1989年版，第41页。

身的存在，同样也没有对方的存在。正是在这一意义上讲，对立双方处于平等的地位，拥有相同的权利，谁也不比谁多，谁也不比谁少。

人与自然平等和谐思想不仅在马克思那里存在，还成为当今世界哲学研究的新趋向。现象学创始人胡塞尔指证，欧洲现代科学发生了严重危机，即科学的科学性，以及它为自己提出的任务和为实现这些任务而制定的方法论成为不可能的了，其将整个自然世界彻底数学化和物理学化了。因此，要消除现代科学的危机，实现科学的科学性，就必须回归“生活世界”。胡塞尔的“生活世界”概念是一种意向性，一种现象学直观，指人与自然界原初融合为一体的存在状态。由此可见，反对近现代哲学所造成的人与自然二元分离是当代新哲学的要求。在此基础上，存在主义哲学大师海德格尔强调“此在”与“存在”的共在。海德格尔的“此在”概念，指的是人，这个人不是一个普遍性的人，而是一个生活在“此”的人，即生活在一个具体时空范围内的人。海德格尔的“存在”概念则是与古希腊原初的“自然”含义等同，即“涌现”出来，存在起来。所谓“此在”与“存在”共在，即人与自然世界只有融为一体，才能使自己真正涌现出来。在海德格尔后期思想中，其“存在”概念发生某种含义的转变，“存在”概念指认的是天、地、人、神平等的共舞和共在。在当今的世界哲学中，人与自然平等和谐、人与自然是生命共同体，已经成为基本信念。

人与自然平等和谐关系，还是伦理学发展的最新愿景。随着全球性环境保护运动的高涨，伦理学本身发生了深刻的革命，由原来的仅仅局限于人与人关系范围内的人际伦理学扩展到人与自然关系方面，形成了环境伦理学或生态伦理学，自然万物和自然环境本身由此拥有了道德地位，成为道德关怀的对象。环境伦理学中的动物解放论、动物权利论，敬畏生命论和尊重自然的伦理学，以及大地伦理学、罗尔斯顿的环境价值论，深层生态学，尽管在这些理论中存在着各式各样的问题和尚需完善的不足，但他们都坚持人与动物、人与所有生命、人与自然万物之间存在着权利上或价值上的平等，并强调，如果不坚持这种基本道德理念，就会犯“物种歧视主义”的错误。《敬畏生命》的作者施韦泽认为，传统的伦理学是不完整的，属于有限的伦理学，因为它仅仅涉及人对人的行为；只有当人认为所有生命都是神圣并从道德上敬畏它们的时候，伦理学才最终走向无限，并成为无限的伦理。“善是保存和促进生命，恶是阻碍和毁灭生命。如果我们摆脱自己的偏见，抛弃我们对其他生命的疏远性，与我们周围的生命休戚与共，那么我们就是道德的。只有这样，我们才是真正的人；只有这样，我们才会有一种特殊的、不会失去的、不断发展的和方向明确的德性。”① 即使是当代人类中心主义环境伦理学，主张将人类的利益作为环境伦理的哲学基础，但它也不否认人与自然之间存在着平等关系。那种主张人是自然世界主人的现代性观念，已经被当今的人们所抛弃。人与自然平等和谐不仅是环境伦理学的基本理念，也成为当今的西方基督教绿色伦理学的基本信念。古斯塔夫森神学家所著的《人在世界中的位置及其责任》一书，在基督教神学界产生了较大影响，该著作的基本观点是，人与自然世界是一个整体，人与自然和谐整体秩序是整个世界的应有秩序，人的责任就是看管这种秩序、维护这种秩序。由此可见，人与自然平等和谐已经成为深入人心的伦理学基本理念和最新愿景，人与自然平等和谐秩序是当今负责任存在的人类必须维护的秩序。

第三节　平等和谐与共生共荣

人生活在自然世界之中，必然要像所有其他生命一样加工改造自然界，寻求过上生活富足、精神愉悦的美好生活。加工改造自然界是人的天命和不可剥夺的神圣权利，然而，不同时代的人，将自己摆置在世界中的位置不同，会形成不同的对待自然界的基本态度，不同的道德责任，以及不同的改造自然界方式，其结果必然会造成不同的生活方式和不同的生活状态。

---

① ［法］阿尔贝特·施韦泽：《敬畏生命》，陈泽环译，上海社会科学院出版社 2003 年版，第 19 页。

在古希腊城邦和中国传统社会，古人将自身摆置在宇宙之下，让自然世界宰制自己，从而形成了一种恐惧自然的道德态度，产生了只对神圣自然负责的道德责任和对自然界不敢有所作为的行为方式。山人在上山打猎之前，先要祭拜山神；渔民在出海打鱼之前，先要祭拜海神；农民在播种和丰收之时，都要祭拜土地神、谷神、雷公电母等，祈求风调雨顺。就像马克思和恩格斯所言："自然界起初是作为一种完全异己的、有无限威力的和不可制服的力量与人们对立的，人们同自然界的关系完全像动物同自然界的关系一样，人们就像牲畜一样慑服于自然界，因而，这是对自然界的一种纯粹的动物式的意识"。[①] 古代人在改造自然界的过程中，之所以没有发展出现代性的改造自然界的锐利工具和能力，除了受认识能力和生产能力低下限制外，更主要的是他们畏惧自然和不敢有所作为的消极心态，生怕引起大自然的愤怒而遭到"天"的谴责，结果丧失了发展自己认识能力和生产能力的动机和兴趣。古代人特别要求与"天"保持一致，与"大宇宙"保持一致，努力做到听从"逻各斯"的话，向往近神而居，其最后的结果只能是对大自然战战兢兢和充满敬畏，并抑制自己的生活需求，生怕僭越大自然为人类制定的生活秩序和法则。正是对大自然不敢有所作为、不敢越雷池一步，导致了古代人一种相对意义上的物质贫乏。在古代社会中自然世界虽然保持了较强的自为性状态，显得郁郁葱葱，不被污染，但人类却付出了牺牲自我意识的独立性和压抑享受幸福欲求的代价。

近代发生在西方的启蒙运动，彻底颠覆了古代人在宇宙中的位置，人一跃而成为自然界的主人，居身于宇宙之上。在这种人本主义世界观支配下，近现代人形成了征服自然道德态度，"知识就是力量"，"人为自然立法"成为启蒙精神和主流话语，并由此产生了只对人自身负责而对自然界不负责的道德责任。如近现代道德观认为，人是目的，唯有人才能够享受道德关怀。因为在这个世界上唯有人拥有理性，其自在地就成为整个世界发展的目的，

---

① 《马克思恩格斯选集》第 1 卷，人民出版社 1995 年版，第 81 页。

其他自然存在物仅仅是作为实现人之目的工具和手段而存在，人不可能对工具和手段产生任何道德关怀。与此相应，在启蒙精神鼓舞下，近现代人生成了完全按照自己主观偏好对自然世界胡作非为的行为方式，如现代人只追求自己在物质丰饶纵欲无度，追求最大多数人的最大幸福，为此战天斗地，无情地掠夺自然资源，并把大量废气、废水、废物排放给自然界，根本不顾及自然界的死活。美国前副总统阿尔·戈尔说道："我们的工业文明向我们做出了同样的许诺：对幸福和舒适的追求至高无上，拼命消费层出不穷的光亮新产品被视为这种追求的最佳成功之道。这种廉价满足的华丽许诺是如此诱人，使我们心甘情愿地忘却了自身的真实感受，不再谋求生活的真正目的和意义。"① 在现代社会中，人们的物质生活得到了极大的提高，物质产品丰富地会令古代人瞠目结舌，奢侈程度令古代人难以想象，但是，就在现代人为自己能够奢侈享乐而欢歌雀跃时，自然界却在流泪、流血，自然界却遭到了严重的破坏，生态危机成为当代人不得不吞咽的苦酒。"现代人体会不到自己是自然界的一分子，反而视自己为命中注定可以主宰即征服自然界的外在力量。现代人甚至大言不惭地说要与大自然搏斗，却忘记了如果他们战胜自然，转眼即已处在败方。"②

无论是古代人的恐惧自然界的道德态度和对自然界不敢有所作为的行为方式，还是现代人的征服自然界的道德态度和对自然界胡作非为的行为方式，都属于不正常、不合理的人类存在方式，理应遭到社会正义的拒绝和禁止。因此，建构人与自然的平等和谐关系，真正成就人类美好生活，就成为人类社会发展不得不做出的有理性的选择。人与自然平等和谐关系，将人摆置在与自然界生命一体、与自然万物平等存在的位置，就像中国古人庄子所言，"天地与我并生，万物与我齐一"，亦如宋明理学所道："仁者与天地万物一体。"当人与自然的关系在世界观高度不再分彼此和你我，关心自己亦

---

① ［美］阿尔·戈尔：《濒临失衡的地球》，陈嘉映译，中央编译出版社 1997 年版，第 191—192 页。

② ［英］舒马赫：《小的是美好的》，李华夏译，译林出版社 2007 年版，第 4 页。

关心自然，关心自然亦关心自己，其实践结果必然会合乎逻辑地带来人与自然的共生共荣。所谓人与自然的共生共荣，是指人与自然共同存在、共同繁荣、协同进化。人与自然共生中“生”的含义，从人本身方面来讲包括两个内容：一是人的生存，另一是人的诞生。人自身的生存依赖于自然界，自然界是人的生存基础，没有自然界存在与繁荣，就没有人类的存在和繁荣。因此，人自己要生存，必须也让自然界生存。人类毁灭自然界的存在就等于毁灭了自己的存在，人类使自然界残破，也必然让自己的存在变得残缺不全。“人类对大自然的伤害最终会伤及人类自身，这是无法抗拒的规律。”① 从人的诞生即人之为人的存在向度来说，马克思指认自然界是人本质的对象化，“只有当对象对人来说成为人的对象或者说成为对象性的人的时候，人才不致在自己的对象中丧失自身。”② 既然自然界的本质是对象性的人，表明自然界是人观审自身的一面镜子，通过这面镜子人就能够反观自身形象。人的本质存在于人自身内部，他必须通过改造自然界的实践活动将其外化到自然界，人才能够真正反观自照到自己的本质。自然界的美映现着人性之美，自然界的善映现着人性之善，自然界的真映现着人性之真。反之，自然界的丑反映着人性之丑，自然界的恶反映着人性之恶，自然界的假反映着人性之假。现实自然界是人性的象征，人让自然界的美丽繁荣，等同于人真正占有了自己的本质，成就了自身的崇高和美德。所以，无论是从人的存在视域，还是从人性的崇高角度，人都必须与自然共生共荣。人与自然共生共荣是对人与自然和谐共生方略中的“共生”的解读，唯有人与自然的平等和谐，才有人与自然的共生共荣。人与自然平等和谐是生态文明时代产生的新型世界观，人与自然共生共荣则是生态文明世界观的实践后果和外在形态。

为什么人与自然平等和谐关系能够带来人与自然的共生共荣呢？同以往的人与自然的“主奴关系”建构比较而言，人与自然平等和谐关系彰显了人

① 习近平：《决胜全面建成小康社会 夺取新时代中国特色社会主义伟大胜利——在中国共产党第十九次全国代表大会上的报告》，人民出版社 2017 年版，第 50 页。

② ［德］马克思：《1844 年经济学哲学手稿》，人民出版社 2000 年版，第 86 页。

与自然万物拥有相同存在权利、相同道德地位的伦理意义，其实践指向必然生成一种新型的、充分体现平等主义伦理精神的对待自然界的态度、道德责任和行为方式。首先，这种体现平等主义伦理精神的新型道德态度就是十九大报告提出的“人类必须尊重自然、顺应自然、保护自然”。[①] 人与自然平等和谐关系本身就内在蕴含着对自然的尊重，唯有人与自然平等，才有对自然的尊重。既然古代人恐惧自然和现代人统治自然都不是人类对待自然的应有道德态度，那么，人与自然和谐共生所倡导的尊重自然，顺应自然，保护自然就理所应当是人对自然界道德态度的正确选择。人与自然平等是尊重自然的内在根据，尊重自然则是人与自然平等的外在显现。其次，这种体现平等主义伦理精神的新型道德责任就是习近平总书记所说的，“像保护自己的眼睛一样保护生态环境，像对待生命一样对待生态环境。”[②] 人与自然融为一体，现实自然界就必然成为人本质的存在和象征，成为对象性的人，由此合乎逻辑的结论必然是：自然界的美象征着人性美，自然界的恶象征着人性恶，像对待自己的生命一样对待自然界就成为人不得不承担的道德责任。如果说人类只对自然界负道德责任而不对自己负道德责任，或者只对自己负道德责任而不对自然界负道德责任，都不是人类应有的道德责任，那么，既对自己负道德责任，又对自然界负道德责任，就是当代人道德责任的应当。最后，这种体现平等主义伦理精神的新型实践方式就是十九大报告所说的“坚定走生产发展、生活富裕、生态良好的文明发展道路”。[③] 人与自然的平等和谐关系，内在规定着人与自然互助、互利、互荣的相互依存性，人们在满

---

① 习近平：《决胜全面建成小康社会 夺取新时代中国特色社会主义伟大胜利——在中国共产党第十九次全国代表大会上的报告》，人民出版社 2017 年版，第 50 页。

② 中共中央文献研究室编：《习近平关于社会主义生态文明建设论述摘编》，中央文献出版社 2017 年版，第 8 页。

③ 习近平：《决胜全面建成小康社会 夺取新时代中国特色社会主义伟大胜利——在中国共产党第十九次全国代表大会上的报告》，人民出版社 2017 年版，第 24 页。

足自己不断增长的物质需求同时，又要“还自然以宁静、和谐、美丽”，①才能从根本上担保人类过上美好生活。如果说对自然界不敢有所作为和对自然界胡作非为是人类不合理的生产实践方式，那么对自然界既有所作为、又不胡作非为就是人类加工改造自然界实践活动的恰当方式。人类文明进步发展的最终趋势是自我完善，从必然王国走向自由王国，即不断反思和批判以往一切存在的不合理性，使人类文明越来越趋向合理和完善。当人们对待自然的道德态度、承担的道德责任、改造自然界的方式趋于合理之时，人与自然的共生共荣就会自然而然地呈现出来。人与自然和谐共生思想，作为当代人有理性的价值选择，显现着当代人决心要为自己在自然世界中的存在谋划一种合理而正当的位置，以一种合理而正当的道德态度和行为方式同自然世界打交道，真正成就人类对美好生活的愿景。

① 习近平：《决胜全面建成小康社会 夺取新时代中国特色社会主义伟大胜利——在中国共产党第十九次全国代表大会上的报告》，人民出版社 2017 年版，第 50 页。

第二章　谋划好人类社会发展道路

人类社会历史行进过程就是人类社会所走过的道路。人类社会行进在什么样的道路上，决定着这个社会的发展方向、存在性质和人们的生活状态。社会发展道路不同，社会发展状态和社会发展结果也不尽相同。当今，人类社会正处在全球化与反全球化，人类命运共同体建构与社会达尔文主义、某国优先的激烈斗争状态，也即人类社会正处于是生存、还是毁灭的十字路口上，何去何从，成为世人必须严肃考虑的问题。继续沿着工业文明追随奢侈生活的道路行进，把自然环境彻底毁灭，人类将面临灭顶之灾；为了保护自然环境而倒退到传统农业社会文明，又可能会使一部分人类生活贫乏，劳动负担沉重，好不容易创造出来的丰硕工业文明物质成果尽失；或者全人类联合起来，将生态存在和环境美化视为人类存在的命运，将生态保护与社会发展结合起来。中国特色社会主义生态文明建设对人类社会发展道路给出了自己的答案，那就是选择后者，既不走欲望泛滥的社会发展道路，亦不走欲望贫乏的社会发展道路，而是走人与自然和谐共生的现代化道路，建构人类生态命运共同体，全人类过生态化的美好生活。

第一节　现代性社会发展道路与生态危机

欧洲的文艺复兴运动揭开了西方近现代社会发展的序幕，使得西方社会由封建社会发展道路转型走向了现代化发展道路，由基督教神学的禁欲主义道路转型走向了纵欲主义道路。欧洲文艺复兴运动反对中世纪流行的禁欲主义生活，强调人根本不是神创造的，人是自然而然的存在，按照人的自然存在而生活才是一种好生活和善生活。人文主义者彼得拉克提出的“我不想变成上帝，或者居住在永恒中，或者把天地抱在怀抱里。属于人的那种光荣对我就够了。这是我所祈求的一切，我自己是凡人，我只要求凡人的幸福。”① 所谓“凡人的幸福”，就是追求感官欲望的满足和物质生活的富足，为此，积极倡导物欲的满足和感官的快乐，就自然而然地演化为西方现代性社会发展道路的遗传基因，并贯穿于西方现代性社会全过程。如霍布斯提出人是利己自私的动物，想方设法满足自己，“人对人像狼一样”。霍尔巴赫则认为，“人从本质上就是自己爱自己，愿意保存自己、设法使自己的生存幸福。”② 追求“凡人的幸福”，必然极其重视世俗生活，把“上帝之城”中基督徒对未来美好生活愿望化为当下感官欲望的满足，其与现代人本主义世界观相结合，由此生发出来一股滔天的享乐主义、快乐主义、物质主义洪流。满足最大多数人的最大幸福，创造尽可能多的物质财富，以保证人们在物质丰饶中纵欲无度，便成为西方现代性社会的滥觞。“西方社会世俗化的实质是：由对神圣性的追求转变为对世俗享乐的重视。”③ “把经济蛋糕做大，被不加批

① 《从文艺复兴到十九世纪资产阶级文学家艺术家有关人道主义人性论言论选辑》，商务印书馆 1971 年版，第 11 页。

② ［法］霍尔巴赫：《自然的体系》上卷，管士宾译，商务印书馆 1999 年版，第 273 页。

③ 卢风：《享乐与生存：现代人的生活方式与环境保护》，广东教育出版社 2000 年版，第 9 页。

判地视为等同于追求美好生活的有效目标。"① 然而，人的物欲是贪婪的，一个欲望满足之后会立即让位于一个新的欲望，现代性社会要想充分满足没有止境、永远饥渴的物质欲望，就只有持续不断地掠夺自然界，把自然资源源源不断地加工成为各种商品，以供应欲壑难填的巨大胃囊。就此而言，西方现代性社会的本质是反自然的，其发展道路是以牺牲自然环境为代价，让人活而不让自然活的存在方式，属于西方现代性社会的精神气质之一。

对于西方现代性社会走上享乐主义和反自然的发展道路，我们可以通过其起源和发展过程的分析，将这一精神气质揭示出来。对于西方现代性社会到底是怎样起源的，尽管众说纷纭，但马克斯·韦伯对此的研究无疑有重要的影响。他在《新教伦理与资本主义精神》一书中指证，宗教改革运动之后使得新教教徒形成了这样一种伦理观念，整个尘世的存在和生活都是为荣耀上帝服务的，被选召的基督徒在尘世中唯一的生活责任就是尽可能地服从上帝的圣诫，增加上帝的荣耀。在世俗生活中荣耀上帝，对新教教徒来说，无疑是追求和积累财富并理性地使用财富，这是随着职业降临给基督徒的一种神圣义务，是听从上帝召唤从而获得上帝恩宠的最好证明。"一种职业是否有用，也就是能否博得上帝的青睐，主要的衡量尺度是道德标准，换句话说，必须根据它为社会所提供的财富多寡来衡量。"② 新教伦理把勤奋工作并积极创造财富和谋取利润视为一种"天职"，发财致富被看作是上帝对信徒的祝福，这就使得新教教徒积极追求积累财富获得了目的合理性与道德正当性证明。然而宗教又总是提倡禁欲主义的，新教伦理在鼓励人们谋求财富的同时，又将禁欲作为基本戒律灌输给信徒，从而造成发财致富愿望与禁欲主义戒律巧妙地结合起来。"仅当财富诱使人无所事事、沉溺于罪恶的人生享乐之时，它在道德上方是邪恶的；仅当人为了日后的穷奢极欲，高枕无忧

---

① ［美］德尼·古莱：《发展伦理学》，高铦等译，社会科学文献出版社 2003 年版，第 7 页。

② ［德］马克斯·韦伯：《新教伦理与资本主义精神》，丁晓、陈维纲等译，陕西师范大学出版社 2006 年版，第 93 页。

的生活而追逐财富时，它才是不正当的。”① 新教伦理训诫新教教徒既尽天职而积极地创造财富，又在禁欲主义约束下避免奢侈和浪费，使得财富迅速得到积累，资本主义道路由此得以产生。韦伯确认，资本主义就起源于宗教改革后新教教徒积极创造财富并为上帝节约每一个便士的新教伦理精神。“清教徒的职业观以及它对禁欲主义的赞扬必然会直接影响到资本主义生活方式的发展”。②

然而，马克斯·韦伯的这一思想却遭到了与其同一时代的另一个德国学者维尔纳·桑巴特的激烈批评。维尔纳·桑巴特在《奢侈与资本主义》一书中提出了与韦伯大相径庭的观点，认为资本主义道路不是起源于新教徒的节俭和禁欲，而是起源于人们对奢侈生活的普遍追求。“正如我们所看到的，奢侈，它本身是非法情爱的一个嫡出的孩子，是它生出了资本主义。”③ 桑巴特运用大量材料证明，当时上流社会的人们为了能够表现出上流社会的特征，以及一些想进入上流社会并获得上流社会认可的人们，努力用奢侈性的消费行为、大量挥霍物品来装饰自己，争取出人头地。从来还没有一个时代像今天这样恣意挥霍物品，豪华地浪费，吃惊的铺张排场，生活的纸醉金迷。正是教皇的奢侈，王室的奢侈，由许多资产者或商人组成的贵族的奢侈，骑士和暴发户的奢侈，女人的奢侈，家庭的奢侈，城市的奢侈，以及在显示物品辉煌方面的相互竞争，产生了发展经济的强大动力，造就了大批工厂的出现和资本主义的诞生。桑巴特总结说：“不管从哪方面说，有一点是公认的：奢侈促进了当时将要形成的经济形式，即资本主义经济的发展。”④

---

① ［德］马克斯·韦伯：《新教伦理与资本主义精神》，丁晓、陈维纲等译，陕西师范大学出版社 2006 年版，第 93 页。

② ［德］马克斯·韦伯：《新教伦理与资本主义精神》，丁晓、陈维纲等译，陕西师范大学出版社 2006 年版，第 93 页。

③ ［德］维尔纳·桑巴特：《奢侈与资本主义》，王燕平、侯小河译，上海人民出版社 2000 年版，第 215 页。

④ ［德］维尔纳·桑巴特：《奢侈与资本主义》，王燕平、侯小河译，上海人民出版社 2000 年版，第 150 页。

当代社会学家丹尼尔·贝尔在《资本主义文化矛盾》中综合了韦伯和桑巴特的观点，认为在资本主义发展初期，苦行禁欲和贪婪攫取这一对冲动力是同时存在的，并被锁合在一起。前者代表了资产阶级精打细算、谨慎持家的伦理精神，后者体现着经济和技术领域的那种浮士德式骚动的激情，是一种声称“边疆没有边际”，并以彻底改造和占有自然界为己任的欲望冲动。然而随着资本主义的发展，贪婪攫取欲望彻底战胜了苦行禁欲，使苦行禁欲的新教伦理精神对资本主义经济冲动力的道德监护权彻底消失殆尽和耗尽了能量，资本主义彻底拥抱了被基督教视为魔鬼的物欲。“在资本主义发展早期，清教的约束和新教伦理遏制了经济冲动力的任意行事。当时人们工作是因为负有天职义务，或为了遵守群体的契约。破坏新教伦理的不是现代主义，而是资本主义自己。造成新教伦理最严重伤害的武器是分期付款制度，或直接信用。从前，人们靠着存钱才可购买。可信用卡让人当场立即兑现自己的欲求。”① 资本主义在发展进程中彻底摧毁了新教伦理信念，使得“贪婪攫取欲望”，“经济冲动力的任意行事”，“自我的无限扩张”成为资本主义社会生活的主要目的，经济主义、享乐主义、物质主义、快乐主义、消费主义便横行于资本主义社会。“当新教伦理被资产阶级社会抛弃之后，剩下的便只是享乐主义了。”② 也就是说，资本主义道路发展的正当性已经由享乐主义所取代，追求感官快乐、追求挥霍无度、纸醉金迷的生活便成为资本主义发展目的。

如果说桑巴特所谓的奢侈在当时主要局限于上流社会，是有钱人的生活方式，那么随着资本主义生产的过剩而进入以消费为主的消费社会，奢侈便不再属于上流社会的专利，而成为社会大众所追求的普通消费行为，物品的极大丰裕使整个西方现代性社会从上到下都处于癫狂的奢侈状态。波德里亚

① ［美］丹尼尔·贝尔：《资本主义文化矛盾》，赵一凡等译，三联书店 1989 年版，第 67 页。

② ［美］丹尼尔·贝尔：《资本主义文化矛盾》，赵一凡等译，三联书店 1989 年版，第 67 页。

通过《消费社会》一书对此进行了详尽的说明。波德里亚指认，现代西方社会已经是一个消费社会，其以生产出无数丰盛的物品使人人都成为大量消费的消费者为本质，通过人人都可以大量消费物品，以消除无产者和享有特权者之间的矛盾，实现人与人之间在需求和满足面前的平等，在物与财富的使用价值面前的平等，使社会上的所有人都能够实现奢侈消费、享受权贵生活的梦想。消费社会的特征是"生产主人公"的传奇到处让位于"消费主人公"，富裕的人们不再像过去那样受到人的包围，而是受到物品的包围，被"消费"所控制，消费成为人的本质。消费即幸福，"我消费故我存在"。电视、报纸和杂志所宣扬的具有榜样性质的公众人物以及他们值得炫耀的品质，无不是花天酒地，骄奢淫逸的生活。"他们就是这样履行着一个极为确切的社会功能：奢侈的、无益的、无度的消费功能。"① 波德里亚进一步指出，消费社会的消费目的不是为了享有物品，而是为了浪费物品。特别是豪华的浪费，时尚的浪费，被大众媒介反复向社会推广并被社会大众普遍接受。结果胡乱丢弃财富，不断地且又迅速地更换所使用的商品成为个人乃至整个社会的时尚行为。因为只有持续不断地浪费物品，才能维持生产秩序的持续存在，只有大量浪费才能造成大量生产。就此而言，消费社会所产生的一切商品，不是根据其使用价值和使用时间而存在，而是根据商品的死亡来确定其存在的价值。"消费社会需要商品来存在，但更确切地说，需要摧毁它们。……商品只有在破坏中才显得过多，而且在消失中才证明财富。无论是以强烈的象征形式，还是以系统的、惯例的破坏形式，破坏都注定要成为后工业社会决定性的功能之一。"② 浪费就是奢侈，奢侈就是浪费，只有大量地浪费物品才能显现出奢侈，只有奢侈地将物品大量地浪费掉，才能使企业把这些被浪费的物品又源源不断地生产出来。大量生产、大量消费、大量

---

① ［法］波德里亚：《消费社会》，刘成福、全志刚译，南京大学出版社 2000 年版，第 28 页。

② ［法］波德里亚：《消费社会》，刘成福、全志刚译，南京大学出版社 2000 年版，第 30 页。

浪费，便成为西方现代性社会生活的基本内容。

通过上述分析可见，享乐主义、奢侈和浪费是资本主义社会存在的基本精神气质，在生活目的上追求高档和豪华，炫耀自己的财富和富有，讲排场和阔气，浪费性地不断更新所使用的物品，是现代性社会发展道路的基本模式。资本主义工业体系和现代科学技术都只不过是现代性社会发展道路的具体体现。无论是资本主义工业生产和经济运行、商品丰裕和市场繁荣，还是现代科学技术的革命和创新，完全依靠享乐主义、奢侈和浪费为其注入活力。正是这种奢侈和浪费使得整个现代性社会感染了一种奢侈病，人们为舒适享乐而存在，为奢侈浪费而生活，人的社会地位和价值完全依赖对物品的消费能力而确定。“豪华商品的消费是表示财富的象征，那就会受到人们的敬仰，相反，没能以合适的数量和质量去进行消费就成为一种自卑和缺陷的标志。”① 现代性社会极度奢侈和浪费的享乐主义生活方式，必然以丰饶的物质产品为保证，以对自然资源的消耗为代价，这给自然环境造成了沉重的负担。“虽然地球拥有可以满足所有人基本需求的充足的资源，但对于满足所有人的贪欲来说太微不足道了。”② 一方面大量的自然资源被无情和过渡地浪费掉，另一方面大量的生产、生活的废弃品被抛弃给自然环境，结果导致自然环境再也无力承受穷奢极欲的现代人对其的折磨，最终不得不以生态危机的形式对现代人类展开报复。由此可见，西方现代性社会发展道路追求奢侈和浪费的享乐主义生活方式是生态危机发生的根源。“在工业国家，燃料燃烧释放出大约 3/4 的导致酸雨的硫化物和氮氢化物。世界上绝大多数的有害化学废气都是由工业化国家的工厂生产的。他们的军用设备已经制造了世界核弹头的 99%以上；他们的原子工厂已经产生世界放射性废料的 96%以上，并且他们的空调机、烟雾辐射和释放了几乎 90%的破坏保护地球臭氧层

① ［美］罗伯特·弗兰克：《奢侈病：无节制挥霍时代的金钱与幸福》，蔡曙光、张杰译，中国友谊出版公司 2002 年版，第 24 页。

② ［美］格雷姆·泰勒：《地球危机》，赵娟娟译，海南出版社 2010 年版，第 57 页。

中的氟氯烃。"①

现代性社会将奢侈和浪费的享乐主义生活方式作为发展道路，这固然与人的贪欲和"资本的逻辑"有关，但也与人们对自然宇宙认识的误解有关。近现代以来从哥白尼的"日心说"到牛顿力学，自然科学突破了地球是一个封闭的球体的传统观念，建立起一个空间和运动都是无限的新宇宙观；布鲁诺在支持哥白尼的学说中也改变了"无限"概念的传统含义，凸现了自然宇宙的广袤无际性和实在的不可穷尽的丰富性。在自然科学提出"地球是无限的"这种新宇宙观的背景下，近现代经济学家在建构市场经济理论时几乎都忽略了自然的极限性，认为地球上存在着一个可以满足人类欲望的无限空间，自然资源对人类来说是取之不尽、用之不竭的，自然资源的"稀少性"只是人类的一种假设和想象，在实际市场经济运行中完全可以对其忽略不计。既然宇宙是无限的，自然资源是无限的，那么它就可以无限地满足和保障现代人对奢侈和浪费的追求欲望。所以，现代性社会之所以鼓励奢侈、主张挥霍浪费，完全是因为它将自己的存在建立在自然资源是无限的这一假设基础上。然而，当代自然科学研究发现，自然资源无限的观念是错误的，地球上的自然资源根本不是无限的，而是完全处在有限状态中，尤其是不可再生性自然资源，被人类消耗尽了就不会再产生了。基于此认识，"罗马俱乐部"提出了"增长的极限"并警告人们：在地球这样一个有限的封闭空间中，如果任由人口和经济的自由发展，总有一天会耗尽地球上的资源，人口和经济在到达增长的极限之后，由此就会陷入不可遏止的衰退状态。罗马俱乐部在关于人类困境的报告中指出："如果在世界人口、工业化、污染、粮食的生产和资源消耗方面现在的趋势继续下去，这个行星上增长的极限有朝一日将在今后100年中发生。最可能的结果将是人口和工业生产力有相当突

---

① ［美］艾伦·杜宁：《多少算够——消费社会与地球未来》，毕聿译，吉林人民出版社1997年版，第29页。

然的和不可控制的衰退。”① 之所以如此，原因就在于一个非常简单的事实：地球是有限的，地球空间是有限的，地球上的自然资源是有限的，地球自然环境吸收和净化污染的能力也是有限的。自然资源是有限的，自然空间是有限的，而且自然资源和自然空间的这种有限性又是不可改变的，由此就决定了以奢侈和浪费为本质的现代性社会发展道路是不可持续的和不合理的，是悖逆于地球上自然空间和自然资源有限性这一事实的。以奢侈和浪费为本质的现代性社会要求有一个无限开放的空间，然而地球却是一个封闭的有限的体系，二者在运行原理上是冲突和矛盾的。有限的自然资源根本不可能承载、也绝不允许像现代性社会那样奢侈和浪费的生活。众所周知，现代发达国家的人口仅占全世界人口的20%，而他们消耗的自然资源却占全世界消耗自然资源的80%。如果在经济全球化的推动下，发展中国家也趋向于发达国家并达到发达国家的生活水平，或者像诺贝尔经济学奖获得者阿马蒂亚·森所宣称的那样，发展中国家只要引入现代性国家的自由主义的经济和制度，就能解决贫穷问题而过上富裕生活，即占全世界80%的发展中国家的人口也能够像发达国家人口那样在物质丰饶中纵欲无度，那么地球上的自然资源就会很快消耗殆尽。当今世界发生的水资源危机、土地资源危机、森林资源危机、生物资源危机和能源危机，无不警示人类：为所欲为地向自然界贪婪地索取、恣意地掠夺既是不合理的，也是不现实的，奢侈和浪费性的现代性社会发展道路应该到此终结了，否则，人类社会将与地球一道陷入崩溃的境地。

第二节　美好生活的道德准则

自生态危机发生之后，如何消除生态危机成为世人一个普遍的话题。不

① ［美］丹尼斯·米都斯等：《增长的极限：罗马俱乐部关于人类困境的报告》，李宝恒译，吉林人民出版社1997年版，英文版序第17页。

少西方学者提出，要消除生态危机就必须抑制现代性社会的奢侈性消费行为，或者实现经济的零增长，或者实现地方自治，回归到传统乡村社会，过上小国寡民且自产自销的生活。他们批评现代性社会所崇尚的进步观为神话，认为社会发展不是越来越进步，而是越来越倒退，一个时代越发展越不如前一个时代，因而要求现代性社会回转到传统乡村社会，走一条清心寡欲的社会发展道路。不可否认，现代性社会发展道路是物欲泛滥的道路，但是，倒退到传统乡村生活而走一条禁欲式的发展道路，显然带有乌托邦性质。生活欲求不足和生活满足不足，也是对人性的摧残。欧洲的中世纪属于农业文明的封建社会，其在基督教神学支配下，走了一条禁欲主义发展道路，结果经济发展基本处于停滞状态，人民生活极端贫乏。C. M. 奇波拉在《欧洲经济史》第一卷中世纪时期的著作中就表明："这本书的内容从公元八九世纪贫困的欧洲开始。当时人烟稀少。高的生育率被高的死亡率所抵消。到处是暴乱、迷信和无知。经济活动退到极低水平和原始形式。"① 至于所谓实现经济零增长的观点，其内在蕴含着不公平。发达国家的零增长，仍然能够维持较高的生活水准，而发展中国家的零增长则可能导致人民生活的贫困。

由此可见，走享乐主义、奢侈浪费的社会发展道路，与倒退到传统乡村社会而走清心寡欲的发展道路，属于社会发展道路的两个极端模式。这两种极端在亚里士多德看来，都属于恶，都属于不正确的发展道路。因为亚里士多德的美德伦理学认为，两个极端为恶，只有两个极端之间的中道才为善。"要在应该的时间，应该的情况，对应该的对象，为应该的目的，按应该的方式，这就是要在中间，这是最好的，它属于德性。在行为中同样存在过度、不及和中间。德性是关于感受和行为的，在这里过度和不及产生失误而中间就会得到成功并受到称赞。……德性就是中道，是对中间的命中。……

① ［意］C. M. 奇波拉：《欧洲经济史》第1卷，中世纪时期，徐璇译，商务印书馆1988年版，第5页。

由此可以断言，过度和不及都属于恶，中道才是德性。”① 为此，亚里士多德指认了节制、节俭是放纵、奢侈与吝啬之间的中道，因而节制、节俭是善，放纵、奢侈和吝啬作为两个极端则为恶。亚里士多德首先表明，正常的欲望是出于自然而然的，例如对食物的欲求是自然而然的，且为一切人所共有。超过了正常欲望的应有限度，放纵自己而奢侈性的大吃大喝，浪费性的使用生活物品，就成为恶。“放纵是快乐上的过度，并且是个贬义词。”② 吝啬是忽略或过度限制自己的正常生活需要，对应该满足的需求不满足，珍惜财富超过了应有的限度，属于守财奴性格。吝啬不仅是对自己舍不得消费，对他人也同样过度苛刻。节制则是在理性指导下欲求应当的欲求东西，不欲求不应当欲望的东西。也就是对欲望既不限制，也不放纵；既不使欲望不足，也不使欲望泛滥。“对于那些能导致健康或幸运的、令人快乐的东西，他适度追求，并且以应该的方式。”③ 亚里士多德是一个自然目的论者，认为自然万物都趋向自己的存在目的，因而目的是可欲的，对所有存在物来说都是善。善是众多的，但有些善在亚里士多德看来是手段善，有些善是目的善，至善则是最完满的善，最终目的的善。至善是因自身目的而追求的善，因其自身目的而追求的东西比为其他目的而追求的东西更为完满。“只有那由自身而被选择，而永不为他物的目的才是最完满的。”④ 对人类来说，最完满的至善则是幸福，即人类所追求的终极目的是幸福，幸福才是至善。“我们现在主张自足就是无待而有，它使生活变得愉快，不感匮乏。这就是我们所说的幸福。它是一切事物中的最高选择。……幸福是完满和自足的，

① ［古希腊］亚里士多德：《尼各马科伦理学》，苗力田译，中国社会科学出版社 1999 年版，第 36—37 页。

② ［古希腊］亚里士多德：《尼各马科伦理学》，苗力田译，中国社会科学出版社 1999 年版，第 69 页。

③ ［古希腊］亚里士多德：《尼各马科伦理学》，苗力田译，中国社会科学出版社 1999 年版，第 69 页。

④ ［古希腊］亚里士多德：《尼各马科伦理学》，苗力田译，中国社会科学出版社 1999 年版，第 12 页。

它是行为的目的。”[1] 在亚里士多德看来，幸福或幸福生活包括最基本的两个方面：“生活优裕”和“行为优良”。所谓生活优裕，是说幸福生活需要物质财富的满足，需要自身的快乐，即“幸福也要以外在的善为补充”。[2] 所谓行为优良，是指“幸福是合乎德性的实现活动”。亚里士多德所说的德性的实现活动，是明智的选择中道，而放弃两个极端即过度和不及。由此可见，幸福生活不仅需要一定物质财富的保证，还需要道德性地使用这些财富，即节制、节俭地使用财富，以保证人的美德的实现和人性的完善。

万俊人教授在其经济伦理学著作中赞赏亚里士多德的“中道”思想，他说“亚里士多德曾经把节俭当作一种基本的生活美德，并把‘理财术’作为人们致达这一生活美德有效而经济的技术手段。在亚里士多德的美德图式中，‘节俭’恰恰是‘吝啬’与‘奢侈’的中间或‘中道’。‘中道’之所以被西方人（其实不只是西方人）视为‘黄金律’或‘黄金规则’，不是由于‘节俭’本身具有特别重要的价值，而是由于遵循这一美德的生活，将使人们的生活产生重大的（黄金般的）价值意义。这种价值意义不单体现为道德精神的，而且也体现为物质利益或物质财富的。”[3] 在万俊人教授看来，吝啬是有意压抑正常需求的超理性的经济行为。“在商品经济社会中，吝啬的生活态度和生活方式既不利于正常而充分的人际交往和社会伦理生活，也不符合基本的经济理性要求。……如果吝啬的生活态度方式成为一种普世化的生活态度，那么，社会经济的正常增长和市场的繁荣就不可想象。总之，任何压抑人的正常生活需要生活消费的态度与方式，都是非经济理性的，无道德正当性的。”[4] 与吝啬这种极端的生活态度和生活方式相对应，奢侈则是另一种极端的生活态度和生活方式，其实质是放纵和享乐，同样是对消费

---

① ［古希腊］亚里士多德：《尼各马科伦理学》，苗力田译，中国社会科学出版社 1999 年版，第 12—13 页。

② ［古希腊］亚里士多德：《尼各马科伦理学》，苗力田译，中国社会科学出版社 1999 年版，第 17 页。

③ 万俊人：《道德之维：现代经济伦理导论》，广东人民出版社 2000 年版，第 290 页。

④ 万俊人：《道德之维：现代经济伦理导论》，广东人民出版社 2000 年版，第 291 页。

权利的滥用。“奢侈意味着生活目的的异化：消费不是为了满足人的正常生活需要，而是为了满足不可满足的欲望。奢侈行为本身既不符合经济理想原则——它不仅不可能产生（直接地或间接地）任何生产效率，更不用说最大化的经济效率，反而造成社会资源的巨大浪费，因而也不符合经济伦理的正当合理性原则——它不仅造成社会资源的巨大浪费，而且滋生一种贪得无厌的极度享乐主义。”① 因此，无论是吝啬的生活态度和生活方式，还是奢侈的生活态度和生活方式都理应遭到道德理性的拒绝和社会正义的禁止，并选择作为吝啬与奢侈之中间、中道的节俭的生活态度和生活方式。万俊人教授认为，“节俭”之所以是一种善的生活态度和生活方式，是因为“节俭的目的不是节俭或节约生活，而是节制欲望，约束不必要的或超生活需求的浪费行为，使生活消费不偏离生活的目的本身。”② 也就是说，节俭作为生活美德是人对生活目的的明智选择，它在保证满足人们的正常需要的同时，杜绝不必要的浪费，限制人们对生活的奢侈性消费冲动。

美国学者德尼·古莱在《发展伦理学》中指认，一种合乎道德的发展道路必须是实现人类对美好生活的愿景，即不可逆地、持续性地改变人们的生活，使人们生活状态越来越美好。由此古莱确认，走实现美好生活的发展道路，“有三种价值观是所有个人和社会都在追求的目标：最大限度的生存、尊重和自由。”③ 要实现美好生活的第一个目标——最大限度的生存，社会就应当珍惜生命，并为社会成员提供更多、更好地满足生存的物品，消除生活贫困和物资匮乏。实现美好生活的第二个目标——尊重，即尊重自己和他人，满足人们认同、尊严、尊敬、荣誉、承认的感受。然而，受尊重在现代性社会中往往与物质繁荣和富足相关，因此，社会应当以某种方式产生或改善人民的物质生活条件，以达到人人所想望的尊重。美好生活的第三个目

① 万俊人：《道德之维：现代经济伦理导论》，广东人民出版社 2000 年版，第 293 页。

② 万俊人：《道德之维：现代经济伦理导论》，广东人民出版社 2000 年版，第 294 页。

③ ［美］德尼·古莱：《发展伦理学》，高铦等译，社会科学文献出版社 2003 年版，第 49 页。

标——自由，是指个人追求美好生活、实现自我，在不妨碍他人的情况下较少受到行为的限制。在确定何种发展以及发展什么才是道德合理的基础上，古莱又提出了发展伦理的两个战略原则。第一个战略原则是拥有足够多的物品以改善人民的生存和生活，即为了求得丰裕生活，必须首先保证物品的"足够"。古莱对物品"足够"的看法是："'过度'贫困阻碍人类生活——悲惨是巨大苦难，疾病、冷漠和逃避现实损害了人性。所以，拥有'足够'至少意味着能充分满足人的基本生物需求以便他们能把部分精力用于生存以外的事务。"① 古莱特别指出，现代性工业文明走的是一条贪婪的发展道路，其已经远远地超出了"足够"的含义和要求，其后果必然是分裂或撕裂了这个世界，造成了人与人之间、国家与国家之间的贫富差距，富人、富国更加富有，穷人、穷国更加贫穷。面对整个世界贫富差距的加大，古莱强调，不发达人民应当优先需要拥有"足够"货品以改善生存，对世界上贫穷国家不应当强制它们节俭，除非发达国家接受某种程度的自愿节俭。第二个战略原则是"为了达到发展，必须具有全球团结。"② 因为发展不是某个人、某个国家的发展，而是所有人和所有社会的整体提升，发展的好处必须惠及所有社会和所有个人。因此，为了实现人类的共同发展，人类必须团结起来，人类命运是统一的。当然，古莱并没有忘记发展伦理学还应当包含与自然环境的关系，认为没有自然环境的生态智慧就不可能有健全的发展伦理，"发展伦理必须参与环境政策的制订，而环境伦理必须参与发展政策的制订。"③

---

① ［美］德尼·古莱：《发展伦理学》，高铦等译，社会科学文献出版社 2003 年版，第 65 页。

② ［美］德尼·古莱：《发展伦理学》，高铦等译，社会科学文献出版社 2003 年版，第 63 页。

③ ［美］德尼·古莱：《发展伦理学》，高铦等译，社会科学文献出版社 2003 年版，第 142 页。

第三节 人与自然和谐共生的现代化

习近平总书记在中国共产党第十九次全国代表大会上的报告指明，“我们建设的现代化是人与自然和谐共生的现代化”。[①] 人与自然和谐共生的现代化是社会的一种新型发展道路，是一种新型发展观念，其首先表明，中国人需要继续行进在现代化的道路上，去实现人类的普遍幸福和人类的普遍解放。当亚里士多德将幸福规定为人的终极目的和至善时，意味着享受幸福生活是人的一项基本权利，诚如德谟克利特所言，人生没有宴饮，就像漫漫长途没有旅店一样是人的不幸和悲哀。马克思和恩格斯也把人类的普遍幸福看作是人类解放不可或缺的内容。没有丰富的物质财富、没有人的幸福生活，就没有人的自由和解放，幸福生活完全内在于人的自由和解放之中。人类要谋求自身的幸福，社会要不断向前发展，这是人类走向自由解放的必由之路。“既要创造更多物质财富和精神财富以满足人民日益增长的美好生活需要，也要提供更多优质生态产品以满足人们日益增长的优美生态环境需要”，[②] 由此就成为中国共产党人建设生态文明和美丽中国必然选择的目标，也成为中国特色社会主义坚定走现代化道路的指针。我们必须清醒地看到，全世界大多数人还没有摆脱贫困，中国还有一部分人仍然处于贫困之中，人类的普遍幸福并没有实现，人类还需要进行现代化建设。现代性社会发展道路充分肯定人类拥有追求幸福的基本权利，并努力达成人类幸福生活的目的，就此而言，现代性还是一项未竟的事业（哈贝马斯语），需要人类继续努力达成现代化的目标。当然，走现代化道路且尽可能满足人们日益增长的幸福生活需要，必须克服西方现代性社会造成的只让人享乐而却让自然死亡

---

① 习近平：《决胜全面建成小康社会 夺取新时代中国特色社会主义伟大胜利——在中国共产党第十九次全国代表大会上的报告》，人民出版社 2017 年版，第 50 页。

② 习近平：《决胜全面建成小康社会 夺取新时代中国特色社会主义伟大胜利——在中国共产党第十九次全国代表大会上的报告》，人民出版社 2017 年版，第 50 页。

的弊端，彻底转变人们在物质丰饶中纵欲无度而给自然万物带来无穷苦难的享乐主义生活态度和生活方式，建构环境友好型和资源节约型社会，因为只让人享乐奢侈而却让自然死亡的生活方式是极其危险的，人让自然死亡的最终结果是自然也让人死亡。西方现代性社会奢侈享乐的发展道路已经走到了它的尽头，需要对其进行批判与救赎。

但是，对西方现代性社会发展道路的批判与救赎，要求人类社会倒退到传统乡村社会过上一种欲望不足的贫困生活，实际上是误解了现代性社会生活的本质。西方现代性社会物欲泛滥发展道路的产生所针对的是中世纪封建社会禁欲主义的发展道路，中世纪社会在基督教主宰下而盛行的禁欲主义，将人的正常需要完全置于被压抑、被剥夺的境地，现实的世俗生活完全被贬低为一种根本不值得过且需要彻底抛弃的恶生活。在物质普遍贫乏的情况下，人类幸福生活根本无从谈起，疾病、瘟疫、过重劳动、生活艰辛，成为人们的沉重负担。中世纪基督教教会剥夺了人的享受幸福的权利，因而遭到了近现代社会的强烈反抗，西方现代性社会最终战胜了中世纪并取代了中世纪，本身就表明了享受幸福生活具有社会正当性和道德合理性，是人类存在与生活的一种应当。因此，批判西方现代性社会的穷奢极欲的生活模式，不是要复归禁欲主义，不是要倒退到欲望不足的传统社会，而是要改变只让人生存，而不让自然万物生存的道德态度和生活方式。那种以剥夺人的幸福、牺牲人的利益为旨归的环境保护主义是根本不可取的，也是违背人性的。

人与自然和谐共生的现代化发展道路，其次要表明，人与自然和谐共生的现代化是一条全新的道路，它既不同于西方现代性社会只要人活而不让自然活的道路，也不同于为保护自然而保护自然，只要自然活而不让人活（就剥夺或减少人享受幸福生活的权利而言）的道路，而是以人与自然共生共荣为基本内涵，走一条人亦要幸福快乐生活，也让自然生机盎然存在的道路。人要达成幸福快乐生活的目的，就必须反对禁欲主义，反对过度限制和压抑自己正常的生活需要，要创造更多的物质财富和生态产品，以满足人们对美好生活的需要和优美环境的需要；人要享受自然万物的生机盎然，就必须反对奢侈和浪费，约束不必要的和反常的生活需求，使生活消费和享受幸福限制在合理范围之内，不偏离幸福生活目的本身。“必须坚持节约优先、保护优先、自然恢复为主的方针，形成资源节约和保护环境的空间格局、产业结构、生产方式、生活方式，还自然以宁静、和谐、美丽。”① 长期以来，人们总是将人与自然关系对立起来，要么将自然界看的神圣不可侵犯，在自然面前唯唯诺诺、战战兢兢而不敢有所作为，以牺牲自己的物质幸福来赢得对自然的遵从；要么将自然界贬低为纯粹的上手工具，强调人与自然之间属于弱肉强食的生存竞争关系，唯有将自然万物彻底打败、彻底征服，才能担保人的纵情享乐。然而历史事实证明，人类敬畏自然、屈从自然并未给自己创造出享受物质财富的幸福生活；人类支配自然、剥夺自然，也只不过是饮鸩止渴而已。因此，人们只有彻底消解与自然的对立，维持与自然平等和谐，才能真正担保人与自然的共生共荣，做到既充分享受物质财富，又还自然以宁静、和谐、美丽。不可否认，人类享受幸福生活确实需要消费自然资源，发展经济与保护自然之间确实存在着一定矛盾，但人对自然资源的依赖和消费，并不意味着人与自然万物之间就完全处于不是你死就是我活的战争状态，把弱肉强食的生物竞争法则引入到人与自然关系上完全是一种错误。生态学研究已经表明，人与自然万物之间还存在着生存合作关系，人与自然万物之间的依存共生关系要远远大于人与自然之间的对立和竞争，整个地球环境本身是一个自然万物有机的合作系统。就此而言，人与自然和谐共生现代化就是破解人与自然之间矛盾、寻求人与自然之间协同进化的和解之道。既要保证人的幸福生活实现，又要担保自然万物欣欣向荣，真正达成人与自然共生共荣之目的，唯一选择的道路只能是人与自然和谐共生的现代化，即“实行最严格的生态环境保护制度，形成绿色发展方式和生活方式，坚定走生产发展、生活富裕、生态良好的文明发展道路，建设美丽中国，为人民创

---

① 习近平：《决胜全面建成小康社会 夺取新时代中国特色社会主义伟大胜利——在中国共产党第十九次全国代表大会上的报告》，人民出版社2017年版，第50页。

造良好生产生活环境，为全球生态安全作出贡献。”①

人与自然和谐共生的现代化发展道路，最后要表明，协调好经济发展与环境保护的关系，走经济发展与环境保护相统一的道路，既要绿水青山，又要金山银山，绿水青山就是金山银山。在生态文明建设过程中，有一些人总是将环境保护与经济发展对立起来，认为保护自然环境就会限制经济的发展，而要经济发展就会破坏自然环境。这种观点其实是片面的，在这里首先需要澄清的是经济发展的性质问题，即发展什么样的经济？如果所发展的经济是黑色经济，以掠夺自然资源和破坏自然环境为代价，那么这种经济确实是与环境保护相对立的。“如果经济发展了，但生态破坏了、环境恶化了，大家整天生活在雾霾中，吃不到安全的食品，喝不到洁净的水，呼吸不到新鲜的空气，居住不到宜居的环境，那样的小康，那样的现代化不是人民希望的。”② 如果所发展的经济是绿色经济，生态经济，以保护自然环境为抓手发展经济，用绿水青山换来金山银山，那么这种经济发展与环境保护就不存在矛盾。认为环境保护与发展经济是矛盾的观点，实际上仍然束缚于工业文明思维观念之中。从这一意义上讲，走人与自然和谐共生的现代化道路，还需更新发展理念，推动形成绿色发展方式和生活方式，实现经济社会发展和生态环境保护的协同共进。“生态环境保护的成败，归根结底取决于经济结构和经济发展方式。经济发展不应是对资源和生态环境的竭泽而渔，生态环境保护也不应是舍弃经济发展的缘木求鱼，而是要坚持在发展中保护，在保护中发展，实现经济发展与人口、资源、环境相协调，不断提高资源利用水平，加快构建绿色生产体系，大力增强社会节约意识、环保意识、生态意识。”③ 发展经济的根本是满足人民过上美好生活的需求。对美好生活本身

---

① 习近平：《决胜全面建成小康社会 夺取新时代中国特色社会主义伟大胜利——在中国共产党第十九次全国代表大会上的报告》，人民出版社 2017 年版，第 24 页。

② 中共中央文献研究室编：《习近平关于社会主义生态文明建设论述摘编》，中央文献出版社 2017 年版，第 36 页。

③ 中共中央文献研究室编：《习近平关于社会主义生态文明建设论述摘编》，中央文献出版社 2017 年版，第 19 页。

来说，人们不仅需要吃好、住好和穿好，还需要清洁的水、新鲜的空气、卫生的食品，优美的自然环境。这意味着，良好的自然环境自身就内在于美好生活中，成为美好生活不可或缺的部分。就此而言，保护自然环境就成为经济发展的基本内容，不再与经济发展相矛盾。当习近平总书记提出“绿水青山就是金山银山”时就已经深刻表明，保护自然环境能够促进经济发展，保护自然环境是经济发展的动力。当然，保护自然环境的经济发展，就不再是现代性社会的经济发展道路和经济发展形态，而成为一种新的生态经济发展道路和生态经济形态。

第三章　厘清了先进生产力

按照马克思的理解，社会发展的基本动力是生产力，新的时代之所以能够战胜旧的时代，新的社会制度之所以能够战胜旧的社会制度，就在于新时代、新社会制度拥有比旧时代、旧社会制度更为先进的生产力。先进的生产力创造先进的社会形态和先进的社会发展道路。生态文明的提出和建设，是对工业文明的批判和超越，意味着一个不同于工业文明的新时代的来临。生态文明要彻底战胜工业文明，就必须要有比工业文明更为先进的生产力。如果说工业文明生产力是破坏自然环境的黑色生产力，那么，生态文明自身所拥有的先进生产力就是保护自然环境的绿色生产力。党的十九大报告中提出的人与自然和谐共生现代化不仅指明了未来社会发展的合理道路，还蕴含着行进在这一合理发展道路上的内在推动力，对先进生产力即对绿色生产力的诉求。人与自然和谐共生思想，转变为社会发展动力，就体现为习近平总书记提出的“绿水青山就是金山银山”这一思想之中。绿水青山就是金山银山，创新了经济增长的新模式，提供了社会发展的新动力和先进生产力。

第一节　工业文明的黑色生产力

马克思确立的历史唯物主义基本原理是：“人们在自己生活的社会生产

中发生一定的、必然的、不以他们的意志为转移的关系，即同他们的物质生产力的一定发展阶段相适应的生产关系。这些生产关系的总和构成社会的经济结构，即有法律的和政治的上层建筑竖立其上并有一定的社会意识形态与之相适应的现实基础。物质生活的生产方式制约着整个社会生活、政治生活和精神生活的过程。……社会的物质生产力发展到一定阶段，便同它们一直在其中运动的现存的生产关系或财产关系发生矛盾。于是这些关系便由生产力的发展形式变成生产力的桎梏。那时社会革命的时代就到来了。随着经济基础的变更，全部庞大的上层建筑也或慢或快地发生变革。”① 马克思的这一基本原理表明，人类社会的发展和形态的更替，依赖于生产力自身的发展，即生产力是人类社会发展的基本动力，其能够自我开辟发展的道路。生产力决定生产关系，经济基础决定上层建筑，表明生产力是社会发展最根本的动力。生产力实际上就是人类加工改造自然界的能力，生产力作为一种力量、动力推动着人类社会不断向前发展和形态更替。马克思在《共产党宣言》中曾明确表明，资本主义社会能够战胜封建主义社会，并按照自己的面貌为自己开创一个全新的世界，是因为资本主义创造了一种新的、更为先进的生产力量。“资产阶级在它的不到一百年的阶级统治中所创造的生产力，比过去一切世代创造的全部生产力还要多、还要大。自然力的征服，机器的采用，化学在工业和农业中的应用，轮船的行驶，铁路的通行，电报的使用，整个大陆的开垦，河川的通航，仿佛用法术从地下呼唤出来的大量人口，——过去哪一个世纪料想到在社会劳动里蕴藏有这样的生产力呢?”②

资本主义生产力之所以能够先进于封建制度的生产力，就在于它能够利用机械化和高科技，大规模地开发自然资源，不仅将人从沉重的劳动负担中解放出来，还创造了远比以往一切社会丰盛的物质财富，充分满足了人们物质需要。然而，也正是由于资本主义生产力以前所未有的能力剥夺占有自然

① 《马克思恩格斯选集》第2卷，人民出版社1995年版，第32—33页。

② 《马克思恩格斯选集》第1卷，人民出版社1995年版，第277页。

资源为内涵，从而造成了资本主义生产力与自然环境的尖锐矛盾，以及资本主义生产力发展的限度。

第一，资本主义生产力追求经济的无限增长，试图以做大蛋糕的方式来缓和或消解劳资之间的矛盾和贫富差距。西方经典经济学教科书几乎无不以此为目的，教导人们如何运用经济手段大力增加社会的物质财富。功利主义伦理学甚至把“最大多数人的最大幸福”作为现代社会的基本道德原则。但是，追求经济无限增长的基本前提是自然资源的无限性和自然环境的无限性，唯有无限的自然资源才能给经济无止境增长提供源源不断的物质资料，只有无限的自然环境才能够容纳无限多的人类废弃物。然而，我们面临的基本生态事实是：地球上的自然资源是有限的，地球上的自然空间也是有限的。有限的自然资源和有限的自然空间不可能为无限掠夺自然的资本主义生产力提供无限增殖的空间，资本主义生产力无限扩张要求与地球自然环境有限性处于尖锐冲突之中，资本主义发展模式完全处于地球生态系统之外。

第二，资本主义生产力只是以追求利润或交换价值为根本目的，以刺激人的无限需求为生产力的内在发展动力，在“资本的逻辑”支配下，其必然不断地掠夺自然资源。资本主义生产力在市场经济中以“资本”的形式呈现出来，资本主义生产力的不断发展，就表现为“资本”的不断增殖。在马克思看来，“资本”的生活本能和世俗的使命就在于增殖自己，只有不断地、累进式地获取剩余价值才能够维持自己的生命。“资本只有一种生活本能，这就是增殖自身，获取剩余价值，用自己的不变部分即生产资料吮吸尽可能多的剩余劳动。资本是死劳动，它像吸血鬼一样，只有吮吸活劳动才有生命，吮吸的活劳动越多，它的生命就越旺盛。”① 然而，“资本”要完成自己的增殖使命，就必须将自身化为货币，去建厂房，购买机器和原材料、雇佣工人，最后生产出某种商品。资本家将商品拿到市场去出售，再换回货币。在市场上所换回的货币一定大于或高于最初投资的货币，于是“资本”就获

① ［德］马克思：《资本论》第1卷，人民出版社1975年版，第260页。

得了利润，完成了自身的增殖。这就是马克思在《资本论》中所揭示的“货币—商品—增殖的货币”的循环过程。如果“资本”不能完成这一自身增殖过程，其就失去了存在的价值。“资本的逻辑”意味着“资本”不断增殖的必然性，而要实现这一必然性的增殖，“资本”就必须持续不断地消耗自然资源，把各种自然物持续不断地加工成为商品。当商品数量超过人们的需求之后，资本家们就不断地制造“虚假需求”（马尔库塞语），通过各种能够打动人的心灵的广告刺激人们的欲求，要求人们以最快的速度消费掉或浪费掉所购买的商品。由此可见，“资本的逻辑”本身，或者说资本主义生产力内在蕴含着对自然环境的掠夺和破坏。就像福斯特所认定的那样，资本主义是生态危机的深刻根源。“资本主义经济把追求利润增长作为首要目的，所以要不惜任何代价追求经济增长，包括剥削和牺牲世界上绝大多数人的利益。这种迅速增长通常意味着迅速消耗能源和材料，同时向环境倾倒越来越多的废物，导致环境急剧恶化。”①

第三，资本主义生产力把自然界完全当作工具价值来看待，根本不顾及自然界的死活。诚如马克思所言，“在资本主义制度下自然界才真正是人的对象，真正是有用物；它不再被认为是自为的力量；而对自然界的独立规律的理论认识本身不过表现为狡猾，其目的是使自然界（不管是作为消费品，还是作为生产资料）服从于人的需要。”② 既然资本主义经济活动只是使自然界服从于人的需要，根本不考虑自然界本身的存在，那么资本主义经济活动就完全脱离了生态系统的承受能力和限度，将生产力发展置于自然生态系统之外并与自然生态系统相对立，由此成为一种异化的劳动，异化的生产力。人类生活在自然生态系统之内并受这一自然生态系统的限制，但资本主义满足人的需要的经济活动却在自然生态系统之外且不受自然生态系统限制。对这种怪异现象只有一种合理解释，即资本主义生产力肯定不是合理的

---

① ［美］约翰·贝拉米·福斯特：《生态危机与资本主义》，耿建新、宋兴无译，上海译文出版社 2006 年版，第 2—3 页。

② 《马克思恩格斯选集》第 2 卷，人民出版社 2012 年版，第 715 页。

生产力，其发展必然有一定限度且不可持续，并遭到地球生态系统的反对。也就是说，这种生产力越是大力发展，越是能够自我增殖，给自然环境带来的伤害就会越大，人与自然之间的冲突就越尖锐。正是资本主义生产力与自然生态系统相分离、并且反对自然生态系统，其破坏自然环境进而威胁人自身的存在就成为一种必然逻辑。因此，克服资本主义生产力并战胜资本主义生产力，就成为人类进步和新文明的内在要求。

第二节　生产力的质与量

超越资本主义生产力必须提供比资本主义生产力更为先进的生产力。如马克思就认为，社会主义必将战胜资本主义，不仅在于社会发展的趋势必然如此，还在于社会主义比资本主义能够拥有更为先进的生产力，即新的生产力彻底超过了生产力的资产阶级利用形式，不再对自然界的存在产生破坏性的危害。所谓先进生产力的先进性，长期以来人们对此存在一个基本认识误区，认为先进生产力就是力量和能力更为发达的生产力，社会主义生产力先进于资本主义生产力，就是社会主义拥有比资本主义在力量和能力上更为巨大的生产力，能够创造出比资本主义生产力还要多的产品，能够比资本主义生产力对自然界更加有征服力。殊不知，这是对先进生产力一种纯粹的"量"的理解，完全忽视了先进生产力自身的"质"的规定性。正是由于对社会主义生产力先进性认识的重大失误，导致一些西方学者认定，马克思所谓的共产主义社会与自然生态系统存在不相容性，发达的生产力意味着比资本主义生产力更多地剥夺自然界。《生产之镜》的作者波德里亚甚至认为，马克思的生产力概念仍然属于资本主义生产力范畴。鉴于此，我们必须对社会主义生产力的先进性做出根本性的解释。

社会主义生产力先进于资本主义生产力，首先在于它从"质"的方面完全不同于资本主义生产力。如果说资本主义生产力属于黑色生产力，那么社会主义生产力的先进性则属于绿色生产力；如果说资本主义生产力是破坏自然环境、剥夺自然资源的生产力，有一定发展限度的生产力，那么社会主义先进生产力则是保护自然环境，维护自然和谐美丽、有无限发展空间的生产力。马克思早在青年时期对资本主义异化劳动批判中就已经表明，资本主义异化劳动导致了自然界死亡，即自然界成为人的异己存在，成为缺乏显示人本质的死一般物，沦落为满足人的物欲的赤裸裸的工具。“异化劳动使人自己的身体，同样使在他之外的自然界，使他的精神本质，他的人的本质同人相异化。”① 自然界与人相异化表现为，自然界仅仅作为人所拥有的吃喝之物、作为资本而存在。“私有制使我们变得如此愚蠢而片面，以致一个对象，只有当它为我们拥有的时候，就是说，当它对我们来说作为资本而存在。或者它被我们直接占有，被我们吃、喝、穿住等的时候，简言之，在它被我们使用的时候，才是我们的。”② 正是如此，无论是贫穷的人还是富人，对自然物见到的仅仅是使用价值。“忧心忡忡的、贫穷的人对最美丽的景色都没有什么感觉；经营矿物的商人只看到矿物的商业价值，而看不到矿物的美和独特性。”③ 由此可见，资本主义生产力造成了自然界之死，属于黑色的生产力。

马克思认为，扬弃异化劳动而生成的社会主义新型生产力，在本质上克服了人与自然的异化和分裂，实现了人与自然界的本质统一。“这种共产主义，作为完成了的自然主义=人道主义，而作为完成了的人道主义=自然主义，它是人和自然界之间，人和人之间的矛盾的真正解决”。④ 社会主义生产力根本不同于资本主义生产力还在于，它使人类的生产活动能够“再生产整个自然界”，使自然界得以真正的复活，即自然界彻底失去了工具价值的效用性，而成为对人本身存在的证明。“当物按人的方式同人发生关系时，

① ［德］马克思：《1844年经济学哲学手稿》，人民出版社2000年版，第58页。
② ［德］马克思：《1844年经济学哲学手稿》，人民出版社2000年版，第85页。
③ ［德］马克思：《1844年经济学哲学手稿》，人民出版社2000年版，第87页。
④ ［德］马克思：《1844年经济学哲学手稿》，人民出版社2000年版，第81页。

我才能在实践上按人的方式同物发生关系。因此，需要和享受失去了自己的利己主义性质，而自然界失去了自己的纯粹的有用性，因为效用成了人的效用。"①

由此我们可以看出，马克思关于生产力思想的一个新地平，那就是人类的真正的生产活动不是掠夺自然界，而是保护自然界，让自然界欣欣向荣。马克思所谓的"自然界的真正复活"，就是指将资本主义生产力作用下死亡的自然界，在共产主义生产力中变得生机盎然和郁郁葱葱。因此，保护自然环境就必然成为社会主义先进生产力的基本内涵。马克思晚年在《资本论》中将社会主义先进生产力的绿色本质规定为："劳动首先是人和自然之间的过程，是人以自身的活动来中介、调整和控制人和自然之间的物质变换过程。"② 人与自然之间的物质变换过程，是指人与自然之间完成物质交换、物质循环的过程，即：人从自然环境中提取自然资源以养育人自身，同时将自身的能量和生产生活废弃物作为养分排放给自然界，以被自然界所还原和所吸收，从而到达养育自然环境，维护自然界的自为存在的目的。正是在人对自然界的吸收与排放的过程中，人与自然界之间完成了物质循环。人与自然界之间完成物质变换，就能够维持人与自然界之间的协同进化和共同发展。马克思关于人与自然之间物质变换的思想，为循环经济和经济的可持续发展奠定了基础。对马克思自然概念有着深入研究的施密特指认，马克思将劳动规定为人与自然之间的物质变换，"就给人和自然的关系引进了全新的理解"，③ 就连对马克思表示过不满的玉野井芳郎也认为："能把生产和消费的关系置于人与自然之间物质变换基础之上的，在斯密以后的全部经济学史中，只有马克思一个。"④ 由此可见，马克思所表明的社会主义生产力的先

① ［德］马克思：《1844年经济学哲学手稿》，人民出版社2000年版，第86页。

② ［德］马克思：《资本论》第1卷，人民出版社1975年版，第201—202页。

③ A. 施密特：《马克思的自然概念》，欧力同、吴仲昉译，商务印书馆1988年版，第78页。

④ 转引自韩立新：《环境价值论》，云南出版社2005年版，第242页。

进性，首先是生产力的绿色性。如果忽视了与资本主义生产力这一质的差别性，就难免陷入波德里亚的指责中，无法与资本主义黑色生产力区别开来。

第三节　绿色生产力的先进性

马克思关于社会主义先进生产力的绿色内涵是隐喻的，中国共产党十九大报告则将这一隐喻的内涵彻底彰显出来，并鲜明地大写在中国特色社会主义旗帜上。中国特色社会主义道路必须坚持“人与自然和谐共生方略”，社会主义生态文明建设的根本理念是“绿水青山就是金山银山”，“保护生态环境就是保护生产力，改善生态环境就是发展生产力”，“倡导绿色、低碳、循环、可持续的生产生活方式”，“加快生态文明建设，加强资源节约和生态环境保护，做强做大绿色经济”，“我们要走绿色发展道路，让资源节约、环境友好成为主流的生产生活方式”,[①] 等等。通过习近平总书记关于生态文明建设的一系列论述，我们可以清晰地看出，中国特色社会主义生产力是绿色的生产力，是改善生态环境和保护生态环境的生产力。社会主义的根本任务之一是解放生产力、大力发展生产力，而解放生产力和发展生产力的首要任务是实现生产力本身的质变和飞跃。如果没有生产力从黑色到绿色的质变，就没有所谓的先进性。当然，社会主义生产力的质变是在资本主义生产力发展的基础上实现的，没有生产力发展的一定基础，就不可能带来生产力的质变。“推动形成绿色发展方式和生活方式，是发展观的一场深刻革命”。[②] 中国特色社会主义发展道路坚持“人与自然和谐共生方略”，其之所以代表先进的生产力，或者说是对先进生产力的一种合理表述和确认，是因为人与自然和谐共生意味着，社会主义生产力既要满足人民不断增长的物质

---

① 关于习近平总书记的一系列论述参见中共中央文献研究室编：《习近平关于社会主义生态文明建设论述摘编》，中央文献出版社 2017 年版，第 1—40 页。

② 中共中央文献研究室编：《习近平关于社会主义生态文明建设论述摘编》，中央文献出版社 2017 年版，第 36 页。

需求和生态需要，又要满足自然环境本身繁荣昌盛的存在需要，从而彻底克服了资本主义生产力只满足人的物质需求，而不顾及自然界死活的缺陷。自然环境本身内在于人的美好生活之中，随着人们生活水平的不断提高，人们越来越需要优美的自然环境，干净的水、清新的空气，安全的食品。绿草茵茵，鸟语花香，天蓝水清，越来越成为美好生活的普遍标准。就此而言，绿色发展就成为人们追求幸福生活的必然选择，成为先进生产力的基本内容。

在此我们必须清醒地意识到，绿色生产力作为先进生产力并不等同于传统农业社会的生产力。农业社会的生产力主要是模仿自然，不可否认其具有绿色性，其能够完成人与自然之间的物质变换。如农家生活的一切废弃物、甚至城市生活的一切废弃物，都能够作为肥料归还于土地。但是，我们也必须看到，农业社会的生产力相对应于资本主义生产力来说，还是效率低下的，其造成了沉重的劳动负担，粮食作物的产量也是不高的。社会主义生产力的绿色性是在资本主义生产力基础上发展起来的，经历了对农业生产力的否定之否定，其所具有先进性和科学技术发展程度，都远远高于农业生产力的巨大力量。也就是说，社会主义生产力之所以先进，既在于能够大规模地改造自然界、改变自然环境，又在于能够大规模地保护自然环境，维护自然界本身的和谐美丽。

生产力的先进性意味着人的更大程度的解放和自由，从人与自然关系维度来说，人的解放和自由是指人从对自然的盲目性中解放出来，自觉运用对自然必然性的认识对待自然世界。然而，资本主义生产力将自身的发展凌驾于自然生态系统之上，这不是人对自然世界的自觉意识和行为，而是对自然世界的盲目和反动。尽管资本主义生产力借助自然科学达到了对某类自然物或某类自然现象的精致认识，但这种认识是对自然世界的原子式认识，碎片化的认识，即把整个有机自然界还原为分子、原子和电子，把活活的生命还原为细胞，把自然界割裂为一个个碎片，然后加以测量、计算和实验。可是，当人的手从人的身体中割断下来，就不再是真正的人手。同样道理，当把一个个自然物从整个生态系统中割裂出来，从与自然万物的复杂生态关系中割裂出来，就不再是真正的自然物。因此，资本主义生产力尽管对自然万物拥有强大的现代科学力量，但对有机自然世界的整体性、对自然万物之间的复杂生态关系却表现为无知和盲目，其只见树木不见森林。恩格斯把自然科学的这种研究方式称为形而上学思维。"真正的自然科学只是从 15 世纪下半叶才开始的，从这时起它就获得了日益迅速的进展。把自然界分解为各个部分，把各种自然过程和自然现象分成一定的门类，对有机体的内部按其多种多样的解剖形态进行研究，这是最近 400 年来在认识自然界方面获得巨大进展的基本条件。但是，这种做法也给我们留下了一种习惯：把自然界中的各种事物和各种过程孤立起来，撇开宏大的总的联系去进行考察，因此，就不是从运动的状态，而是从静止的状态去考察；不是把它们看作本质上变化的东西，而是看作永恒不变的东西；不是从活的状态，而是从死的状态去考察。这种考察方法被培根和洛克从自然科学中移植到哲学中以后，就造成了最近几个世纪所特有的局限性，即形而上学的思维方式。"① 资本主义生产力对自然世界越是运用现代自然科学的这种形而上学思维的研究成果，结果越是败坏了地球上的生态系统，在自然界对人的报复中使人越来越不自由。如果说人的自由和解放来源于人对自然必然性的认识和掌握，就像恩格斯所认为的那样："自由不在于幻想中摆脱自然规律而独立，而在于认识这些规律"，② 那么对自然界有机整体性规律的盲目就必然使人陷于不自由当中。因此，人对自然的完全解放和自由不是运用机械论的形而上学思维方式认识自然，而应当是运用生态学规律认识自然，只有在人与自然和谐共生的生态统一中才能赢得人自身的解放和自由。黑格尔曾表明，"自由的真义在于没有绝对的外物与我相对立"，③ 人与自然和谐共生则是克服了人与自然的对立，达成了人与自然的和谐统一，达成了人与自然的生态性存在，因而才能真正将人从自然中解放出来而赢得自由。人的这种与自然和谐共生而生成的

---

① 《马克思恩格斯选集》第 3 卷，人民出版社 1995 年版，第 734 页。

② 《马克思恩格斯选集》第 3 卷，人民出版社 1995 年版，第 455 页。

③ 黑格尔：《小逻辑》，贺麟译，商务印书馆 1980 年版，第 115 页。

自由表现为人自由亦让自然有自由，让自然万物按照自己的生存目的竟自由。如果仅让人解放和自由，而没有自然万物的解放和自由，那么，人也就否定了自己对自然的解放和自由，因为人的解放和自由孕育在自然万物的解放和自由之中，自然万物的解放和自由是人的解放和自由的象征。正是只有人与自然和谐共生，才能实现了人的真正解放和自由，由此也就表明，以人与自然和谐共生作为基本内涵的生产力具有先进性。

习近平总书记在党的十九大报告中指出，坚持人与自然和谐共生方略，必须树立“绿水青山就是金山银山”的基本理念，“我们既要绿水青山，也要金山银山。宁要绿水青山，不要金山银山，而且绿水青山就是金山银山”，①这又进一步向世界表明，中国特色社会主义生产力的先进性还在于以生态效益优先，从生态效益中赢取经济效益，做到生态效益与经济效益的完美结合与统一。“正确处理好生态环境保护和发展的关系，也就是我说的绿水青山就是金山银山的关系，是实现可持续发展的内在要求，也是我们推进现代化建设的重大原则。”②“绿水青山就是金山银山”开辟了一种全新的、人与自然双赢的经济增长模式，其远比以经济效益优先而造成生态效益丧失的资本主义生产力要先进的多。在现代经济理性思维制约下，人们总是将经济增长与环境保护对立起来，要么追求经济增长而放弃环境保护，要么追求环境保护而放弃经济增长，鱼与熊掌总是不可兼得。然而，“绿水青山就是金山银山”的经济增长模式就是要打破这种魔咒，从绿水青山中生成出金山银山，用绿水青山换来金山银山，充分实现生态效益对经济发展的引领作用。“保护生态环境，要更加注重促进形成绿色生产方式和消费方式。保住绿水青山要抓源头，形成内生动力机制。要坚定不移走绿色低碳循环发展之路，构建绿色产业体系和空间格局，引导形成绿色生产方式和生活方式，

---

① 中共中央文献研究室编：《习近平关于社会主义生态文明建设论述摘编》，中央文献出版社 2017 年版，第 21 页。

② 中共中央文献研究室编：《习近平关于社会主义生态文明建设论述摘编》，中央文献出版社 2017 年版，第 22 页。

促进人与自然和谐共生。”① 所谓“绿水青山”并不是指自然而然的自然状态，而是指人类主动改善、维护自然环境的结果，其代表的是人们广泛创造的各式各样生态产品和人们努力维护或营造的美丽自然环境。随着人类生活水平的普遍提高，人们对生态产品和美丽自然环境的需求越来越强烈，享受生态产品和美丽自然环境越来越成为美好生活的标志。就此而言，用绿水青山引领经济的发展，做到生态效益与经济效益的统一，既合乎人们日益增长的对生态产品和美丽环境的需求，又合乎自然环境本身欣欣向荣的自为生态性，其不仅能够带来金山银山的经济效益，而且还具有广泛而永续的社会发展空间。“绿水青山就是金山银山”，以及“保护生态环境就是保护生产力，改善生态环境就是发展生产力”，深刻表明了社会主义绿色生产力的本质，以及绿色生产力的先进性，这对确立全球性的经济增长新模式来说，具有普遍的世界意义。

① 中共中央文献研究室编：《习近平关于社会主义生态文明建设论述摘编》，中央文献出版社 2017 年版，第 31—32 页。

第四章　彰显了社会正义秩序

人与自然和谐共生方略虽然是对人与自然关系的本质性和规范性确认，但由于任何一种人与自然的关系都内在蕴含着某种社会诉求，都是在某种社会关系中实现的，因而人与自然和谐共生方略也不例外，亦需要澄明其所要求的、作为必要条件担保其实现的社会关系。在马克思哲学视域中，人与自然的关系总是同人与人的社会关系不可分割地结合在一起并形成相互制约关系，一方面生产力决定生产关系，人与自然的关系决定人与人的社会关系；另一方面生产关系也反过来对生产力发生制约作用，即人们只有结成一定的社会关系，才有对自然的生产，才有对自然的关系。人与自然关系中介着人与人的社会关系，人与人的社会关系同样中介着人与自然的关系。如果说人与自然和谐共生的关系属于伦理学，那么人与人的关系则必然属于政治学，人与自然和谐共生关系同人与人社会关系具有同一性，意味着一种良好且正义的人与自然和谐共生关系秩序，需要一种良善的社会正义秩序来保障。

第一节　自然概念的意识形态功能

关于自然本身是什么？人们总是将其视为一种事实性判断，认为是对自然本身本质性的把握。殊不知，将自然本身理解为是什么，始终是一种为统治阶级服务并为统治阶级之统治的合法性做道德辩护的意识形态。我们知道，自然概念指认的是整个自然世界，自然世界之整体，然而康德却认为，自然作为自然世界之整体本身是不可知的。康德指认，人们只能够认识自然界产生的种种现象，却不可能认识自然界本身，因为所认识的种种自然现象不可能通达自然界整体本身，众多个别自然现象的集合并不等于自然界本身的整体性。尽管许多人很反感康德的不可知论，但康德却揭示出一个根本性问题：自然界本身究竟是什么，我们不可能知道，我们能够知道的仅仅是我们对自然的解释。就此而言，自然是什么？无论人们给出怎样的答案，都意味着自然是被人的理性建构出来的，是被人的理念所规定的，是人对自然的一种理性想象。就像康德所论证的那样，知性借助先天范畴整理、统一杂乱无章的感性，对自然本身产生的各种现象形成知识，可是知性本身只能局限于现象界，并不能进入本体界而对自然整体形成认识。人要想达到对绝对大全的整体认识，唯有借助理性超出现象界才行。也就是理性运用“理念”来统一知性的知识，希望通过这种统一而达到无条件的绝对完整的知识。康德认为，理性企图达到的理念有三个：一是精神现象的最高统一体“灵魂”，二是物理现象的最高统一体“世界”，三是以上两者的统一体“上帝”。由此可知，自然作为“世界”的理念是理性综合构造的结果，是理性构想的结果，是人对自然界整体性的一种信仰。既然自然概念的内涵是被人道说出来的，自然本身是被理念所建构的，那么，在不同的历史语境中其必然有不同的内容，有不同的规定性。这意味着，自然概念的本质规定性总是迎合时代需要而出现的，并服务于这个时代。自然概念服务于时代的需要，为这个时代构建出一种能够影响人们价值观念的理念，即是发挥了意识形态的功能。自然概念从古至今未有一个统一的内涵，而是不同时代对自然含义有不同的规定，在古希腊人那里，自然被理解为神圣性的存在；在近现代人眼里，自然则是死一般的自然物的总和。自然概念随着历史语境的不同而内涵不断发生变化，表明自然概念的含义总是打上时代烙印，并被历史时代所规定。自然概念的内涵具有时代印记和时代性意义，为这个时代发挥积极的思想意识功能，因而其必定属于意识形态。

如前所述，古希腊人所形成的世界观是一种宇宙本体论，大自然充满神圣性并凌驾于人之上。古希腊人之所以如此指认自然本身拥有高于一切的价值，并建构起一种不平等的人与自然关系，其目的是为城邦社会中不平等的人与人关系服务的，或者说为一部分人支配另一部分人奠定道德合法性基础。既然人与自然的关系天然具有不平等性，那么人与人之间关系的不平等也必定是天然合理的。古希腊哲学家柏拉图在"理想国"中确认，代表自然宇宙灵魂和秩序的"善理念"为整个世界的最高主宰，其应用到社会治理当中就表现为一种社会等级结构的必然性。"善理念"进入到个人的身体之后转化为灵魂，灵魂分为三个部分，即理性、意志和情欲。不同的人由于灵魂中三个部分所起的作用不同，因而人在社会中的地位也就不同。"爱智慧"（哲学）的人的灵魂是理性占主导地位，即理性支配意志和情欲，其有能力洞见到"善理念"，领悟自然运行的法则，因而只有哲学家才能够成为国家的统治者，成为城邦的王，以保证把自然宇宙秩序置于社会秩序运行过程中。武士因灵魂中意志占据主导地位，因而他最适合于保卫国家，其社会地位居于哲学王之下。在灵魂中情欲占据主导位置的是生产者，他最适合于为国家制作物品，因而其位置处于社会位置最底端。柏拉图强调，三者各守其位、各安其分、各尽其责、和谐一致，社会便会呈现出一种良好的正义秩序。由此可见，柏拉图正是通过人与自然的不平等，论证了人与人之间不平等的合理性。亚里士多德在其所著的《政治学》中把城邦社会的奴隶制完全自然化，认为城邦奴隶制度是最合乎自然的制度，"有些人在诞生时就注定将是被统治者，另外一些人则注定将是统治者"。奴隶生来就比常人低劣，缺乏理性，不能统治自己而只能由他人来统治。"凡是赋有理智而遇事能操持远见的，往往成为统治的主人；凡是具有体力而能担任由他人凭远见所安排的劳务的，也就自然地成为被统治者，而处于奴隶从属的地位。"① 在亚

① ［古希腊］亚里士多德：《政治学》，吴寿彭译，商务印书馆 1965 年版，第 5 页。

里士多德视域里，奴隶根本不是人，而只是会说话的工具。因此，亚里士多德也是借助于人与自然关系的不平等来为奴隶制的不平等辩护的。“前资本主义社会几乎普遍具有一个共同的特征，即以各种‘自然主义的’范畴作为社会组织，等级差别，工作分配，维护统治等的基础。换言之，为角色和权力分配提供辩护的原则是根据这样一个断定，即它们符合‘自然秩序’。自然的统治被认为是永恒的和不可改变的，因此反对变革是社会权威的首要目标，而且，自然的与善的是等同的，因此任何对既定条件的背离只能给整个社会带来灾难。等级、官职和财富的传承，按照家族的或王权的联系（为社会组织提供基础的那些‘自然的’或生物的关系）通过世袭来进行。这是一种通常的方式，在这种方式中遵循假设的自然秩序被永久化为很长的时期。当然这一基本框架有许多不同的变种，它们与不同类型的文化结构以及社会关系的复杂性的不同层次有关，但是它们的共同之处是这样一个事实，即自然概念对人的道德和政治意识有一种法规力量。自然秩序为社会秩序提供一定的准则这种观念，是功能意识形态的一种最早的表现形式。”①

无独有偶，在中国传统社会中，古代人用中国文化语境表达了相同的思想。生活在中国传统社会中的人始终萦绕在“天”之下，无论是在儒家思想家那里，还是在道家思想家那里，“天”都拥有至高无上的道德地位，“天”唯此为大，人的生老病死、福乐灾祸，所作所为都要由“天命”所预先决定。“人在做天在看”“头上三尺有神灵”，就表达了神圣之“天”凌驾于人之上的伦理意蕴。人如果违背了“天意”，就会引起“天怒”、遭到“天谴”或“天罚”。由此可见，中国传统社会所建构的人与自然关系仍然是将自然摆置于人之上，自然的价值和地位远远高于人。中国传统社会不平等的人与自然关系，就像古希腊城邦社会一样，是为不平等的人与人关系奠基的，为封建传统社会的专制统治提供道德合法性根据。中国传统社会中的最高统治

① ［加］威廉·莱斯：《自然的控制》，岳长龄、李建华译，重庆出版社1993年版，第158页。

者都是皇帝，所有皇帝都自称自己是“天子”，即“天”的儿子。也就是说，皇帝作为天的儿子被“天”派到人世间专门管理百姓的，于是，皇帝作为人世间的最高主宰而统治百姓就具有了天然的道德合法性。即使是一个乳臭未干的小皇帝坐在龙椅上，哪怕是威风凛凛的大将军和足智多谋的宰相，都要向其俯首称臣，百姓更是要向其顶礼膜拜、三呼万岁。董仲舒提出的“天不变道亦不变”的思想，就充分表达了“人道”统治原则必然合乎“天道”秩序，天道是永恒不变等级制，按照天意而建立的封建社会的等级之“道”亦是永恒不变的。“天”对于人的权威性化为“天子”统治万民之合法性的本体论基础。

历史的脚步迈进近现代社会门槛之后，经过启蒙精神的洗礼和哲学认识论的奠基，“自然”变得不再神圣，从圣坛上跌落下来沦为死一般的物，沦为自然物的总和。19 世纪英国哲学家密尔在《论自然》中对“自然”的定义是：“自然一词有两个主要的含义：它或者是指事物及其所有属性的集合所构成的整个系统，或者是指未受到人类干预按其本来应是的样子所是的事物。”① 科林伍德则指证：西方近代形成的自然观“不承认自然界、不承认被物理科学所研究的世界是一个有机体，并且断言它既没有理智也没有生命，因而它就没能力理性地操纵自身运动，更不可能自我运动。它所展现的以及物理学家所研究的运动是外界施与的，它们的秩序所遵循的‘自然律’也是外界强加的。自然界不再是一个有机体，而是一架机器：一架按其字面本来意义上的机器，一个被在它之外的理智设计好放在一起，并被驱动着朝向一个明确目标去的物体各部分的排列。”② 当“自然”被启蒙精神所祛魅、从神坛上跌落下来成为自然之物，或转变成为一架机器时，人便自然而然地成为自然物的主人，成为操控这架机器的主人。笛卡尔的“我思故我在”，康德的“人为自然立法”，作为启蒙精神都无疑地表达了人是自然界之主人

① J. S. Mill：Three Essays on Religion，New York，1874，p. 64.

② ［英］科林伍德：《自然的观念》，吴国盛、柯映红译，华夏出版社 1999 年版，第6 页。

的含义。就像费尔巴哈所指认的那样，人成为了上帝，人就是上帝。“上帝之意识，就是人之自我意识；上帝之认识，就是人之自我认识。你可以从人的上帝认识人，反过来，也可以从人认识人的上帝；两者都是一样的。人认为上帝的，其实就是他自己的精神、灵魂；而人的精神、灵魂、心，其实就是他的上帝；上帝是人之公开的内心，是人之坦白的自我；宗教是人的隐秘的宝藏的庄严揭幕，是人最内在的思想的自白，是对自己爱情秘密的公开承认。”① 然而，当近现代启蒙精神指认自然为“物”之时，以及其所建构起来的人统治自然界的不平等关系，仍然是为人与人不平等关系服务的，同样具有意识形态功能。如前所述，近现代所开辟的社会发展道路是充分满足人的物欲和感官快乐，实现最大多数人的最大幸福，要达成这一目的，自然本身必须走下神坛而变为自然物。自然唯有成为自然之物，才能够被近现代人开发利用，源源不断地被加工成为商品而提供给人们享用。自然能够成为物，自然就能够成为商品，就能够提供商品。有了商品就必然有商品交换，而商品交换的结果则是利润的生成，资本自我的增殖。所以，自然被指认为自然物，仍然是服务于资本主义意识形态需要的。

自然沦落为自然之物，才有人对自然的征服和控制。然而，人对自然征服和控制的背后却是对他人的征服和控制。就像生态学马克思主义者莱斯所说的那样，控制自然是当代最有影响的意识形态之一。莱斯表明，控制自然根本不是人类的伟大事业，而是维护统治集团利益的手段，控制自然的目的完全是为了控制人。“如果控制自然的观念有任何意义的话，那就是通过这些手段，即通过具有优越的技术能力——一些人企图统治和控制他人。”② 在莱斯看来，“人对自然的征服”或“人对自然的统治”这类说法是极其荒谬的，因为实现这项事业的“主体”是根本不存在的，这里的“人”是一种抽象，因为在资本主义社会中，人的普遍性存在还尚未出现，人与人之间

① ［德］费尔巴哈：《基督教的本质》，荣震华译，商务印书馆1984年版，第42—43页。

② ［加］威廉·莱斯：《自然的控制》，岳长龄、李建华译，重庆出版社1993年版，第109页。

处于分裂对立之中。就这一意义而言，控制自然就只能表达这样一个事实："有一个事实最好地说明了生存斗争和控制自然之间的联系，这个事实是，对人的劳动的可能剥削的强度直接依赖于控制外部自然所达到的程度。这里决定性的一步是工业社会的到来：机器和工厂系统极大地扩大了劳动生产力，从而扩大了对它剥削的可能限度。因此对外部自然控制的加强显示出它在提高劳动生产力中的社会效用，这种劳动生产力的提高是在工业系统中科学知识的技术应用的结果。"①

社会生态学创始人布克金则提出了与莱斯相反的观点，认为是人与人之间的不平等才导致了人与自然之间的不平等，人对自然的支配根源于人对人的支配。布克金指证，在人类诞生之初，人类社会是一个有机社会，人与人之间没有任何等级差别，人与自然关系也非常和谐。但随着社会的发展，社会的等级制出现了，如男人优先于女人并支配女人，老人优先于年轻人并支配年轻人。"有机体社会开始发展出不太传统的差异和分层形式。它们的原始统一性开始解体。生活的社会——政治或'公共的'空间在扩大，而共同体中老人和男性获得日益突出的地位"。② 布克金认定"等级制"先于阶级的对立，比阶级对立更为广泛。"等级制泛指文化、传统和心理上的屈从于命令制度，而不仅限于经济与政治体制，对于后者的描述，阶级和国家等术语要更适合一些。"③ 正是人与人之间出现了不平等关系，出现了男人对女人的支配，老人对年轻人的支配，才导致了人对自然的支配与统治。"人类注定要支配自然的观念……产生于一个更广泛的社会发展过程：不断增加的

---

① ［加］威廉·莱斯：《自然的控制》，岳长龄、李建华译，重庆出版社 1993 年版，第 138—139 页。

② ［美］默里·布克金：《自由生态学：等级制的出现与消解》，郇庆治译，山东大学出版社 2012 年版，1982 年版导言第 5 页。

③ ［美］默里·布克金：《自由生态学：等级制的出现与消解》，郇庆治译，山东大学出版社 2012 年版，1982 年版导言第 3 页。

人对人的支配。"[①] 也就是说，人对自然支配的观念只不过是人对人支配观念的应用，人们把人类社会的等级制和不平等思想运用到了自然界，认为自然界本身也是不平等的，存在着低等动物和高等动物之分。布克金根据自己的这一理念提出，对自然环境的破坏并不是由所有人造成的，而是由支配人的人造成的，把抽象的人类集合概念说成是生态危机的原因，无疑掩盖了"资本"对自然界的掠夺，掩盖了发达国家对发展中国家的剥削。由此布克金得出基本结论是：解决人对自然的支配必须首先废除等级制，废除人对人的支配。

虽然布克金的观点不同于莱斯的观点，但他们却有异曲同工之妙。他们表明，人与自然关系的不平等必然导致人与人关系的不平等，人与人关系的不平等同样也会造成人与自然关系的不平等。之所以如此，这是因为人与自然关系同人与人关系都发生在人的劳动过程中，是劳动活动必然产生的一体两面。众所周知，人是劳动的存在物，人通过加工改造自然界的劳动活动创造了自己的人之为人的存在，即劳动创造了人，创造了人类历史，创造了自然世界。马克思说："通过实践创造对象世界，改造无机界，人证明自己是有意识的类存在物"。[②] 恩格斯表明，"劳动……是一切人类生活的第一个基本条件，而且达到了这样的程度，以致我们在某种意义上不得不说，劳动创造了人本身。"[③] 人在劳动过程中必然形成两种关系：一是人与自然的关系，另一是人与人的关系。劳动是人对自然界的加工改造，其直接导致人对自然的关系。又由于劳动是人的结群劳动，人们只有结成一定的关系才有对自然界的劳动和生产，因而必然会形成人与人的关系。"人们在生产中不仅仅影响自然界，而且也互相影响。他们只有以一定的方式共同活动和互相交换其活动，才能进行生产。为了进行生产，人们相互之间便发生一定的联系和关

① ［美］默里·布克金：《自由生态学：等级制的出现与消解》，郇庆治译，山东大学出版社 2012 年版，1982 年版，第 29 页。

② ［德］马克思：《1844 年经济学哲学手稿》，人民出版社 2000 年版，第 57 页。

③ 《马克思恩格斯选集》第 4 卷，人民出版社 1995 年版，第 373—374 页。

系；只有在这些社会联系和社会关系的范围内，才会有他们对自然界的影响，才会有生产。”① 既然人与自然的关系同人与人的关系都是在生产劳动过程中发生的，那么，它们必然会直接地发生相互影响和相互制约，即人与自然的关系影响制约人与人的关系，人与人的关系也必然反过来影响和制约人与自然的关系。一种不平等的人与自然关系必然导致一种不平等的人与人的关系，一种不平等的人与人的关系也必然会造成一种不平等的人与自然关系。

第二节　人与自然和谐共生同人与人平等共享

人与自然和谐共生是对人在宇宙中位置的确认，是对世界观的表达。人与自然和谐共生确立了人在自然世界之中，自然世界在人之中的人与自然世界一体的本体论关系。在人与自然的这种本体论的整体性关系中，人与自然界处于同等地位并构成一种平等关系。人与自然和谐共生对人与自然的这种平等关系建构，实质是表达了人与自然关系的一种公平正义观念，或者说是对人与自然关系秩序的正义安排，因为“正义总是意味着某种平等。”② 如果说对自然界的根本看法，即世界观表达的是一种事实判断，但这一事实判断本身也必然蕴含着价值判断，世界观与价值观具有统一性。就像古希腊哲人所确认的那样，本体本身不仅是真，也代表着善，本体本身是真与善的统一。对自然界的根本看法，亦是对人与自然关系的建构与确认，这一建构与确认并非仅仅表达的是一个事实判断，其中还蕴含着价值安排，即对人与自然双方的各自地位进行价值排序。当传统社会中将自然凌驾于人之上，形成宇宙本体论时，或者近现代社会将人凌驾于自然之上，形成人本主义时，无

① 《马克思恩格斯选集》第1卷，人民出版社1995年版，第344页。

② 何怀宏：《公平的正义：解读罗尔斯〈正义论〉》，山东人民出版社2002年版，第22页。

不是表明了人与自然关系一种不平等、不公正的价值排序。人与自然和谐共生思想反对人与自然关系的不平等建构，承认人与自然拥有同等的价值地位和存在权利，意味着其对人与自然关系进行了公平正义的价值安排，建构起人与自然关系平等性的公平正义秩序。

人与自然和谐共生思想指认了人与自然的公平正义关系，根据人与自然关系同人与人的关系具有相互制约性法则，人与自然和谐共生的这种内在公平正义气质，必然要求一种公平正义的人与人关系与其相对应，以保证人与自然和谐共生能够最终实现。人与自然关系的不平等、不公正对应的是人与人关系的不平等、不公正，那么，人与自然关系的平等公正必然对应于人与人关系的平等公正。人与自然和谐共生理念赋予地球上的所有存在物作为生命共同体的成员，都拥有一种平等的存在权利和平等的存在价值，除非人的平等权利受到其他自然物的威胁，不得不以自卫的方式伤害该自然物，以保护自己的平等权利。既然人与所有自然存在物都是平等的存在，人与自然关系是一种平等正义关系，其必然要求人与人之间关系的平等和正义。人与自然之间平等必然内在蕴含着人与人之间的平等，其逻辑在于，人与自然平等意味着地球上所有存在物在权利与价值上都处于平等地位，人本身包含在所有存在物之中，因而人与人之间平等是地球上所有存在物都平等的应有内容。如果人与所有存在物都平等存在，而唯独人与人之间却不能平等存在，这在逻辑上是说不通的。另外，人与自然关系的平等性，表明自然物不再是被某些人用来控制他人的手段，消解了产生人与人不平等关系的基本要素，为人与人平等关系奠定了基础。在人与自然和谐共生条件下，自然成为人们共同关爱的对象，成为人们共同使用的对象，人们对自然界拥有共同且平等的权利，由此必然导致人与人之间关系的平等。人人关爱自然，这本身就意味着、或内在蕴含着人与人之间关系的平等。马克思早就指出，当作为完成了的自然主义等于人道主义，而作为完成了的人道主义等于自然主义之时，人与自然之间的矛盾，人与人之间的矛盾就会得到真正的解决。人与自然关系的平等公正建构，是人类平等观念的最终完成，人对异于自己的存在物都能够普遍地一视同仁，说明人的伦理观念的普遍成熟和人性的普遍崇高，必然会对自己的同类也能够一视同仁。

人与自然之间的平等关系必然要求人与人之间建构平等关系，是因为人与人之间平等公正关系担保着人与自然之间的平等公正关系。马克思提出劳动是人与自然之间物质变换的过程，从理论上来说，人与自然之间物质变换本身内在蕴含着人与自然的公平正义关系，但在资本主义社会中由于劳动的个人占有，不仅导致了人与自然之间的不平等和不公正，亦导致了人与人之间的不平等和不公正，结果发生了人与自然之间物质变换的中断，即人与自然之间的物质变换出现了无法弥补的裂缝，使从土地中出来的东西再也不能够回到土地中去。马克思由此确认，只有联合起来的生产者共同控制物质变换，才能真正实现人与自然之间的物质变换，即实现人与自然之间的公平正义关系，并促使人类从自然王国走向自由王国。马克思的这一论述所呈现出来的清晰逻辑线索是，人与人之间关系的平等公正、人们共同占有劳动，才能真正保证平等公正的人与自然关系。

人与自然之间平等要求人与人关系平等而更为深入的内涵是，人们要建构一种正义的社会制度来保证人与自然之间的平等权利，来保证人与人之间平等地享有人与自然之间的平等权利和平等价值，保证人与人之间平等地共享人与自然平等所带来的生态文明建设的成果。人与自然和谐共生不仅是一种人与自然和谐相处的生态学和尊重自然的伦理学，还是一种政治学，具有广泛的政治意义和政治诉求。人与自然和谐共生不仅是人对待自然的一种道德态度和应当树立的文明理念，更是人的一种体现生态智慧和生态文明的实践行动。这种实践行动是人人参与的行动，是一个人都不能少的行动，因为只有每个人都自觉行动起来，投身到生态文明建设的实践活动中，才能够从根本上实现人与自然的和谐共生。人与自然和谐共生的实践行动必然带来美丽的自然环境和丰富的生态产品，使人进入到一种环境美丽、鸟语花香、食品安全、饮水清洁、空气新鲜的美好生活状态。但是，如果这种通过人人努力而达成的美好生活状态，社会制度却不能保证做到人人共享，那无论如何也不能说这是一种良序正义的社会。人人自觉参与的生态文明建设的实践活动，就应该人人共享生态文明建设的实践成果，人与自然和谐共生同人与人平等共享是本质统一的。习近平总书记提出的共享发展理念就深刻表达了这一思想，即促进社会公平正义，保证人民平等参与、平等发展权利，共享改革发展成果，坚定不移走共同富裕的道路，使发展成果更多更公平惠及全体人民。

人与自然和谐共生方略不仅要求人们建构一种平等正义的社会秩序，来维持人与自然和谐共生关系的实现，还内在要求人们在国际社会层面建构一种“人类命运共同体”，以担保人与自然和谐共生方略在全球生态治理体系中的完成。习近平总书记指出：“这个世界，各国相互联系、相互依存的程度空前加深，人类生活在同一个地球村里，生活在历史和现实交汇的同一个时空里，越来越成为你中有我，我中有你的命运共同体。”① 生态危机不是某局部领域的自然环境破坏，而是全球性的生态环境面临问题；对生态危机的消除也不是某一个国家能够完成，而必须建立全球性应对、治理机制。人类只有一个地球，各国共同处于一个世界之中，面对全球性生态危机，任何一个国家都无法独善其身。正是生态危机的全球性、以及生态危机治理的世界性，由此就决定了生态危机治理是全人类的共同命运，是世界性的共同行动。工业文明已经耗尽了它的道德能量，“公有地悲剧”成为资本主义不可以摆脱的宿命，因此，解决生态危机问题已经成为人类的共同命运，人类必须建构一种新的世界秩序，建构人类命运共同体，以生态文明方式应对工业文明的创伤和当今世界面临的普遍性问题，即：只有各国联合起来结成人类命运共同体进行共同治理，才有可能取得生态治理的成功。诚如习近平总书记所说：“保护生态环境，应对气候变化，维护能源资源安全，是全球面临

---

① 中共中央宣传部：《习近平新时代中国特色社会主义思想三十讲》，学习出版社 2018 年版，第 286 页。

的共同挑战”①，任何一个国家都无法将其置身事外。实现人与自然和谐共生，还需要世界永久和平，各国共同繁荣，因为战争和贫穷不可能带来清洁美丽的世界，不可能带来人与自然的祥和。就此而言，构建“人类命运共同体”也是为世界提供长治久安的和平环境，各国走共同繁荣道路的必然选择。当然，建立人类命运共同体，构筑绿色发展的世界性生态体系，全球应对生态危机，还必须坚持环境正义，遵循联合国提出的共同而有区别的承担环境保护责任的原则，多消耗了自然资源和多污染了自然环境的国家，就应当多承担环境保护的责任。

① 中共中央文献研究室编：《习近平关于社会主义生态文明建设论述摘编》，中央文献出版社 2017 年版，第 127 页。

理论创新篇

人与自然和谐共生思想是马克思主义生态理论的当代发展

习近平总书记《在纪念马克思诞辰200周年大会上的讲话》中指出，“学习马克思，就要学习和实践马克思主义关于人与自然关系的思想。”这是中国共产党人在学习马克思主义的理论方面，第一次具体明确地提出了要学习和实践马克思主义人与自然关系的思想。这一方面说明马克思主义关于人与自然关系的思想十分重要，另一方面表明，该理论对中国特色社会主义生态文明建设具有重要的理论指导意义。

马克思主义人与自然关系理论是马克思主义生态理论的重要组成部分，其内容博大精深，为中国特色社会主义生态文明建设提供了充足的理论滋养和现实指导。当然，我们要看到，马克思主义人与自然关系理论不是抽象的、迟滞的，而是随着社会实践的需要而变化的，不同的时代主题和实践探索，势必呼唤着人与自然关系理论的新建树、新范式。在马克思主义哲学变革中，马克思恩格斯阐发人与自然关系理论的出发点主要是阐发实践唯物主义的人化自然观，批判费尔巴哈旧唯物主义的抽象自然观和黑格尔的唯心主义自然观，为未来社会描绘“人类同自然的和解和人类自身的和解”的美好愿景。党的十九大报告提出的“人与自然和谐共生”的新思想，是在中国迈进中国特色社会主义新时代，努力建设社会主义生态文明的大背景下提出的，该思想中蕴含的生态修复和环境保护的理论祈向是明确的，具有高度的可操作性，把人们对人与自然关系的认识提升到生态文明的新高度。“人与自然和谐共生”新思想的提出既是马克思主义人与自然关系理论在中国发展的逻辑必然，也是中国共产党人在生态文明建设实践探索中的理论创新。我们要从多角度、多层面入手，充分论证、说明，党的十九大提出的“人与自然和谐共生”的新思想是马克思主义人与自然关系理论在当代中国的新发展，新表述，“人与自然和谐共生”新思想是马克思主义人与自然关系理论中国化的最新理论成果。

第五章 “人与自然和谐共生”新理念探微

党的十九大报告在社会主义生态文明建设的理论创新和实践探索方面可谓是硕果累累，成就喜人，是中国共产党理论创新和理论自信的生动体现。在人与自然关系的研究方面，报告阐发了一系列新思想、新理念和新命题："人与自然是生命共同体""我们要建设的现代化是人与自然和谐共生的现代化""坚持人与自然和谐共生""提供更多优质生态产品以满足人民日益增长的优美生态环境需要"等等。人们从上述理论创新中可以清晰地看到，"人与自然和谐共生"无疑是内蕴其间的重要范畴和价值共识，是我们理解和掌握社会主义生态文明一系列新思想、新理念的"理论钥匙"和"思维纽结"。所以，党的十九大报告把"坚持人与自然和谐共生"确定为构成新时代坚持和发展中国特色社会主义的基本方略之一，要求全党同志和全国人民必须全面贯彻执行。

中国共产党阐述的"人与自然和谐共生"的新理念，非常具有开拓创新意义，它表明：在关于人与自然关系的理论研究方面，中国共产党超越了西方传统理论，把人与自然关系的理论探索推向了一个新高度，达到了一个新境界，体现出马克思主义生态思想在当代中国的新发展，是马克思主义人与自然关系理论中国化的最新成果。该理论"接地气"，见实效，极大助推了中国特色社会主义生态文明建设事业，增强了中国在世界生态文明建设方面的话语权，为全球生态安全提供了中国智慧和中国方案。

第一节 从“中心主义论”向“和谐共生论”的嬗变

人与自然关系问题是哲学基本问题在自然观上的具体体现，正确看待处理人与自然的关系关乎生态文明建设的基础理论问题。哲学观点和理论范式的不同，导致了人们在看待人与自然关系上的认识分野，从而影响着人们观察、解决生态环境问题的理论选择和实践路径。

通过梳理、检视人与自然关系的理论范式和思想资源，一条清晰的“中心主义”的致思路径被抽象出来：无论是人类中心主义的价值认同，还是自然中心主义的理论辩护，二者最终都是从“殊途”的理论偏爱转向了“同归”的思维诉求，它们都折射出垂注“中心”，以“中心”为要并倚重、偏爱“中心”，而忽视、贬损“边缘”的理论惯性。

从人类中心主义的视野望去，大自然中人无疑是宇宙的“中心”、地球的主宰。人与自然相比处于主体地位。对于自然界来讲，其存在的唯一理由和价值就是充当人的手段和工具，自然界的作用和价值就是“一切为了人，为了一切人，为了人的一切”而存在。这样的认识是古希腊哲学命题“人是万物的尺度”在自然观上的展现，人成为自然万物存在或不存在的尺度和理由，人类统摄、主宰自然是科技理性主义的胜利。在这种理念的袭扰下，气象万千、生机勃勃的自然界沦落为畸形的边缘性、工具性的存在物。人们可以看到，大自然的衰败和生态环境危机的频现，原因是复杂的、多元的，但人类中心主义的理论谵妄和实践举措是难辞其咎的。

人们为了匡正人类中心主义对自然界的傲慢与偏见，矫正对自然界颐指气使的霸凌行为，纠正理性主义过度膨胀的恶习，理论界又提出了自然中心主义观点。自然中心主义无疑是相对于人类中心主义而言的，无论是以动物解放论、动物权利论、生态中心论还是生物中心论等诸多学派的理论诉求出现，其主要观点和致思路径是基本一致的。自然中心主义高调主张自然界的自身价值、内在价值，呼吁扩大、延伸人类社会普遍认同的伦理关怀的对象，倡导爱及众生，珍惜万物，力求为自然界竖起一块伦理盾牌，防止人类的任意践踏。“人为自然界立法”是人类中心主义的“好声音”，而自然中心主义则强调用自然界为人立法，以自然法则约束人类的行为。

但在理论的演进中，人们遗憾地看到，原本为纠正人类中心主义舛错而出场的自然中心主义观点也存在着矫枉过正，极端激进的不足，难免在理论和实践的双向探索中露出缺憾，陷入困境。自然中心主义的弊端在于大大降低了人的主体地位，忽视了人的存在价值，在一定程度上抑制了人的主观能动性和主体创造性，人完全呈现为一种受他律制约的存在，这与人的本质和能够自律的道德品质格格不入。自然中心主义使本真自由的人重新受制于自然界的外在必然性，重新拜倒在大自然面前，这是自然界对人的遮蔽和奴役。

综上所述，我们可以看到，人类中心主义和自然中心主义，两种理论主张的“中心”虽各有所表，但内蕴理论深处的“中心主义”情怀是一致的。所谓“中心”是相对于“边缘”来讲的，并以“边缘”为衬托。一旦“中心”出现，环绕“中心”的他者势必沦为“边缘”。同理可知，人与自然关系上的“中心”一旦形成，无论“中心”是什么，都势必出现“中心”对“边缘”的控制和压榨，导致对“人”或“自然”双重遮蔽、双重打压的状态。

所以，“中心主义”理念过于极端偏执，是激进绝对主义理性信仰的表达。这样的理论旨归，显然不能成为从整体上协调人与自然关系的基础理论和哲学依据。所以，为了消弭“中心”理念的局限和困窘，人们必须调整人与自然的关系，实现从“中心主义论”向“和谐共生论”的理论嬗变。

扬弃“中心主义”理念的生态哲学，倡导的是“和谐共生”的理论向度和价值追求，“共生论”超越“中心论”，和谐取代冲突。克服了“中心主义”理念僭越导致的主奴关系。肯定人的主体地位，也充分肯定自然的价值和尊严，“和谐共生”理念追求的是物我共荣、天人同泰。

第二节 人与自然和谐共生的理论合理性

“人与自然和谐共生”新理念是生态哲学的核心范式，与生态文明的主流价值观高度契合，是生态文明建设坚实的理论支撑。在人与自然关系问题上，“和谐”是手段和方法，而“共生”才是目的和追求。“和谐”表现为人与自然协调和睦、生态平衡；“共生”表现为人与自然美美与共，共生同在。

“人与自然和谐共生”新理念具有多方面的合理性：

哲学合理性。在理解人与自然关系的合理性方面，马克思关于人与自然的对象性关系理论是我们理解“人与自然和谐共生”新理念的哲学基础。在马克思看来，人与自然不是孤立的，更不是绝对对峙冲突的，而是相互依赖、相互影响的，呈现出对象性关系。所谓对象性关系，是指人与自然互为对象、通过一方的生存境况和状态来体现另一方的价值、目的和本质力量的一种普遍而必然的关系。马克思强调人是“类”存在物，不是孤独的他在或异在。人当然是自然存在物，自然界是其无机的身体。同时，自然界作为人的欲望的对象是“不依赖于他的对象而存在于他之外的；但这些对象是他的需要的对象；是表现和确证他的本质力量所不可缺少的、重要的对象。”① 在马克思的语境中，现实的人与自然关系是共在同生的，彼此互为依托，协同进化。因为“一个存在物如果在自身之外没有自己的自然界，就不是自然存在物，就不能参加自然界的生活。一个存在物如果在自身之外没有对象，就不是对象性的存在物，一个存在物……没有对象性的关系，它的存在就不是对象性的存在。非对象性的存在物是非存在物。”② 由此可见，真实存在

① 《马克思恩格斯全集》第42卷，人民出版社1979年版，第167—168页。
② 《马克思恩格斯全集》第42卷，人民出版社1979年版，第168页。

着的人与自然关系，一定是以对象性的方式呈现着，以“类”、以“生命共同体”的方式存在着，人与自然相互影响、相互作用。

科学合理性。生态哲学是建立在生态科学和系统科学基础上的。进入21世纪，自然界普遍存在的万物“共生”现象和“共生理论”受到了人们的高度重视，人们认识到：万物“共生”的自然现象具有重要的生态学意义。1879德国植物学家德巴利提出了广义的不同生物之间普遍存在着“共生”现象的概念，指认的是许多不同的生物共同生活在一起的现象和状况。“共生”概念含义广泛，讲的是不同物种之间的相互联系，包括了寄生、捕食和互惠共生等所有生物物种的一切相互联系的类型。简言之，“共生”概念就是强调具有差异的所有生物在生存过程中的普遍的有机联系。

达尔文物竞天择、适者生存的进化论，凸显了生物进化中的对抗和竞争，轻视了不同生物种群之间的共生互助和协同进化。现在，生态哲学提出“和谐共生”新理念是对达尔文生物进化论的重要补充。自然界存在着的生存法则是：不同的生态系统是互帮互助、不可分离、协同生存、互利互惠的，也就是说，自然界是“和谐共生”的。现在，越来越多的人接受了生态学的一条规律：竞争是生物进化的常态，但不是唯一的。为了生存，自然界更需要团结共生，“抱团取暖”以适应残酷冷峻的自然环境。由于生存是生物进化的首要选择，所以，自然界万物间势必会形成同生共在、协助同进、影响制约的伴生共生关系。而互惠互利、合作共赢是生物进化中最基本、最稳定、最主导的状态。

当今共生理论有了新的拓展，共生是自然界和人类社会的普遍现象，共生是协作、平衡；和谐是手段、方式。互惠共生是自然界和人类社会生存发展的底线要求和基本法则。人与自然之间之所以存在着和谐共生的关系，是因为二者之间存在着重要的相关性。一是同源关系，在进化上人类与自然界的生命物种有着同源性，人类是由共同的生命祖先在漫长的进化过程中演变而来的，人类存在着与其他生命类似的遗传基因。二是生态关系，人类与其他生命存在着千丝万缕的联系，假如人类脱离、疏远了一切生命形式共同形成的生物圈，就不可能长期存活下去。尽管人类是大自然的“产品”，“人杰地灵”，但同样是自然进化的产物，同样是必须依赖于其他生命才能生存的物种，同样是属于由所有生物的生态联系组成的生命共同体中的一员。正是有了生态学共生理论的顶撑，我们才更加相信“人与自然是生命共同体”，才要“坚持人与自然和谐共生”。

文化合理性。在中国古代生态哲学的丰厚沃土里，人们也可以找到“人与自然和谐共生”新理念的理论渊源。“和谐共生”理念在中国文化传统中有着坚实的思想基础。构成中国古代生态哲学主要内容的儒家和道家生态智慧，奠定了“和谐共生”新理念的价值初衷。

“生生不息”和“天人合一”的理念是儒家生态哲学的基本主张。“天人合一”的主基调是要表明人与自然是一个生态整体，天、地、人三者不离不弃，互惠共生。儒家“贵生”“崇生”。在《周易》看来，“天地之大德曰生”，“生生之谓易”。中国文化视“生生”和“共生”具有很大的生存价值。为了万物合一和共生，人们必须弘扬“仁”与“和”的文化道统。孟子讲过“君子之于物也，爱之而弗仁，于民也，仁之而弗亲，亲亲而仁民，仁民而爱物。”这清晰地表明，儒家“仁爱”的思想脉络是从“亲亲”，到“亲民”再到“亲物”，“和为贵”“万物各得其和以生”是其核心理念。著名哲学家张载阐发了“民胞物与”和“仁者以天地万物为一体”的理念，对人与自然关系的认识达到一个新的境界，体现出儒家文化博大厚重的人道主义襟怀。这些理念是对人与自然间根源关系和依赖情感最深切的体认和阐发。人与人的关系是同胞手足关系，人与自然的关系是对象伙伴关系。人既是社会共同体的成员，也是自然共同体的成员。所以，我们既要以同胞手足关系待人，爱人如己，又要以对象伙伴关系待物，兼爱万物。人与自然要和谐共生就必须既爱人又爱物。

“道法自然”和“万物一体”是道家生态哲学追求的价值理念。“万物一体”表明万物是平等的生命共同体成员，生命在共同体中绵延。老子用“人法地、地法天、天法道，道法自然”的理念深刻揭示了人与自然的和谐共生关系。庄子提出“齐物”观点，其思想核心就是“天地与我并生，万物与我齐一。”一方面指出人与万物同源平等，另一方面强调人与万物和谐共处。

中国古代生态哲学的内容主体是儒家和道家的思想。儒家以“人”为立足点，强调体恤关爱自然；道家以“自然”为出发点，主张敬畏顺应自然。这些思想的要义都是倡导人与自然的和谐共生。

第三节 人与自然和谐共生的实践必要性

党的十九大报告在生态实践上提出了一系列新要求。例如，人类必须尊重自然、顺应自然、保护自然，防止在开发利用自然上走弯路，坚持自然恢复为主的方针，还自然以宁静、和谐、美丽，打赢蓝天保卫战，加快水污染防治，强化土壤污染管控和修复，加强农业面源污染防治等，生态实践上的需要呼唤着构建新型的人与自然关系。

曾几何时，我们错误地看待人与自然的关系，误认为“人定胜天”的能力是无限的，自然资源和生态环境的承受能力也是无限的。所以，我们热衷于“与天奋斗，与地奋斗”，导致人与自然关系空前紧张。人与自然矛盾日益尖锐的现实迫使我们重新厘定人与自然的关系，坚定走人与自然和谐共生的道路。

党的十九大提出的“人与自然和谐共生”新理念，跨越了人类中心主义和自然中心主义的理论误区，终结了人与自然关系的主奴结构，为构建新型的人与自然关系指明了方向，为建构“人与自然是生命共同体”奠定了坚实的理论基础。

关于人与自然和谐共生的实践必要性，在后面会有专门研究，为了避免重复，在此就不再展开这一论述。

第六章 “人与自然和谐共生”新理念的马克思主义生态思想渊源

随着中国特色社会主义生态文明建设理论与实践的推进，我们党对人与自然关系的认识达到了一个新高度。党的十九大报告提出的“人与自然是生命共同体”“我们要建设的现代化是人与自然和谐共生的现代化”“坚持人与自然和谐共生”等新理念，就是其中最大的亮点。特别是“人与自然和谐共生”新理念的提出，表明我们党具备了深刻的生态思想，既超越了西方传统生态理论，又形成了具有中国特色的人与自然关系新理论。

阐述党的新理论、新观点是我们理论工作者义不容辞的责任与义务。我们的研究目标就是努力挖掘、阐发“人与自然和谐共生”新理念的马克思主义生态思想渊源和理论基础，夯实该理念的哲学根基。

第一节 和谐共生的哲学前提：人与自然对象性关系理论

在质疑与批判的基础上，马克思完成了自己的哲学革命。新哲学在人与自然关系问题上的最大发展，就是完成了自然观上的哲学变革。这一点西方马克思主义理论家深谙此道。施密特在《马克思的自然概念》一书中明确指出："马克思的自然观与其他各种自然观的区别，首先在于它的社会历史的特征。"① 可以说，施密特对马克思自然观的把脉是精准的，理解了马克思自然观的精髓与要义。正如施密特所言，马克思的自然观强调的是"自然的人化"与"人化的自然"的辩证统一，人与自然是生命共同体，须臾不可分割。现实的自然具有明显的"人化"痕迹，并不是天纯的自然；同理，人也是真实的、现实的人，生活在大自然的怀抱中，因而是"现实的人、有形体的、站在稳定的地球上呼吸着一切自然力的人"② 照此看来，人被自然中介和自然被人中介是进化的同一个过程，这就是描述人与自然关系的"相互中介理论"或"双向中介理论"。

马克思在《1844年经济学哲学手稿》（以下简称《手稿》）中，用了大量篇幅深刻阐发了人与自然之间客观存在着的对象性关系理论。在马克思的哲学视野里，人是作为自然界的对象性存在而存在的，人既是受动的存在物，也是能动的存在物。"说一个东西是对象性的、自然的、感性的，就是说，在这个对象之外有对象、自然界、感觉；或者说，它本身对于第三者说来是对象、自然界、感觉，这都是同一个意思。"③ 在这里，马克思要阐发的思想，就是人与自然都是双方的对象性存在，对象性存在的关系才是人与自然之间真实的、现实的关系。

何为对象性关系？在马克思看来，对象性关系是万物间普遍具有的互为对象、同在共存，各自彰显和确证对方的存在方式、状况、力量和价值的一种真实而现实的关系。一方面，人是大地之子，依赖自然界生存与发展，"人只有凭借现实的、感性的对象才能表现自己的生命"；另一方面，"被抽象地孤立地理解的、被固定为与人分离的自然界，对人说来也是无。"④ 所

① ［德］密特：《马克思的自然概念》，欧力同等译，商务印书馆1988年版，序言第2页。

② 《马克思恩格斯全集》第42卷，人民出版社1979年版，第167页。

③ 《马克思恩格斯全集》第42卷，人民出版社1979年版，第168页。

④ 《马克思恩格斯全集》第42卷，人民出版社1979年版，第178页。

以，马克思在批判与超越旧哲学自然观的基础上，从现实的人与自然出发，深刻而全面地揭示了人与自然之间的对象性关系理论。

马克思的人与自然的对象性关系理论深刻而厚重，其中一个值得人们挖掘和阐发，并从生态学视角赋予新意的思想，就是“人是类存在物”的思想。马克思说：“人是类存在物，不仅因为人在实践上和理论上都把类——自身的类以及其他物的类——当作自己的对象。”① 在这里，马克思突出强调的是，人是“类”存在物，生活在生命共同体中，人并不是孤寂的异在物、外在物。不仅人与人是以“类”的方式存在，我们是“人类”，而且人们的“生产生活本来就是类生活”；而且，人与自然、与它物也是以“共同体”、以“类”的方式存在着。自然界既是人的精神的无机界，又是人的直接的生活资料，人在生理上，非大自然无以生存，无以进化。同样，作为人的欲望的对象、作用的对象，自然界是“不依赖于他的对象而存在于他之外的；但这些对象是他的需要的对象；是表现和确证他的本质力量所不可缺少的、重要的对象。”② 在马克思的理论框架中，真实存在的人与自然是荣辱与共，彼此依托，协同进化的。正如马克思所言：“人靠无机界生活……自然界，就它本身不是人的身体而言，是人的无机的身体，人靠自然界生活。这就是说，自然界是人为了不致死亡而必须与之不断交往的、人的身体。所谓人的肉体生活和精神生活同自然界相联系，也就等于说自然界同自身相联系，因为人是自然界的一部分。”③ 马克思认为，人与自然的共生关系，不是暂时的，无关紧要的，而是彼此间“以命相托”的。人类社会要想持续生存发展下去，就必须与自然界构成和谐共生关系，并坚持维护、发展与自然界不断交往的对象性关系。

在正面阐发人与自然的对象性关系后，马克思还用反证法说明了人与自然的对象性关系，因为离开了对象性关系的人与自然，都不是真正的、现实

① 《马克思恩格斯全集》第42卷，人民出版社1979年版，第95页。
② 《马克思恩格斯全集》第42卷，人民出版社1979年版，第167—168页。
③ 《马克思恩格斯全集》第42卷，人民出版社1979年版，第95页。

的存在。正所谓“一个存在物如果在自身之外没有自己的自然界，就不是自然存在物，就不能参加自然界的生活。一个存在物如果在自身之外没有对象，就不是对象性的存在物，一个存在物……没有对象性的关系，它的存在就不是对象性的存在。非对象性的存在物是非存在物。”① 可见，现实中真实、感性的人与自然，一定是以对象性的关系存在着，“类”和“生命共同体”是彼此的存在架构。

其实，在《自然辩证法》中，恩格斯也阐发了人与自然和谐共生的思想。在他看来，人类如果能够更加自觉地、正确而不是错误地理解、掌握、运用自然规律，学会判断人类开发大自然而引起的较近或较远的生态影响和环境后果，学会认识并控制人们生产行为所引起的较远的自然后果，学会估计人类生产行为的较远的自然影响，学会认清我们的生产活动间接的、较远的社会影响并可能去控制和调节这些影响的话，那么“人们就越是不仅再次感觉到，而且也认识到自身和自然界的一体性，而那种关于精神和物质、人类与自然、灵魂和肉体之间的对立的、荒谬的、反自然的观点，也就越不可能成立了。”② 毫无疑问，人们从恩格斯关于人类“自身与自然界的一体性”问题出发，就可以触摸到“人与自然和谐共生”新理念的马克思主义生态思想脉络。

马克思恩格斯关于人与自然对象性关系的生态思想，强化了我们对“人与自然和谐共生”新理念的理论共识。“人与自然和谐共生”新理念有着马克思主义的思想渊源，该理念是我们党对人与自然关系新认识的理论结晶，是对马克思主义生态思想的继承和发展。

---

① 《马克思恩格斯全集》第 42 卷，人民出版社 1979 年版，第 168 页。

② 《马克思恩格斯选集》第 4 卷，人民出版社 1995 年版，第 384 页。

第二节　构建“人与自然和谐共生”关系是何以可能的

在马克思恩格斯的生态思想中，“人与自然和谐共生”的对象性关系既是真实现实的，也是满足充足理由律的。人们可以从《手稿》中，看到马克思从多维度论证说明了，在人与自然关系问题上，人是有意识、懂感情的存在物，关爱修复大自然既是人的本分，也是一种“天赋人责”。通过理论和实践的途径，人类有充足理由构建与自然的和谐共生关系。

马克思从人的主体特征、人类劳动特点等多角度，回答了构建“人与自然和谐共生”关系是何以可能的问题。

一、“人的生命活动是有意识的”

在大千世界中，人是唯一有意识的类存在物。他确知自身与动物的不同，能把人同动物的生命活动直接区别开来。因而，构建人与自然和谐共生关系的主体一定是人，显然，不能奢望动物具备这样的意识。动物只是顺应自然、被动地听命于自然，遑论与自然构建和谐共生的关系。人类“通过实践创造对象世界，即改造无机界，证明了人是有意识的类存在物。”① “正是在改造对象世界中，人才真正地证明自己是类存在物。这种生产是人的能动的类生活。通过这种生产，自然界才表现为他的作品和他的现实。”② 人是能动的、有意识的类存在物，可以“在他所创造的世界中直观自身”。也就是说，对象性的存在状况究竟是人类实践活动的“精品佳作”，还是“残花败柳”？大自然与人是和谐共生呢，还是矛盾冲突？这些都是人的对象性活动造成的。作为唯一的有意识的类存在物，人类完全有能力、有责任构建与自然界的和谐共生关系，做到天人同泰共荣。

---

① 《马克思恩格斯全集》第 42 卷，人民出版社 1979 年版，第 96 页。
② 《马克思恩格斯全集》第 42 卷，人民出版社 1979 年版，第 97 页。

二、“人的生产是全面的，真正的生产”

人类的生产方式对构建人与自然和谐共生关系至关重要。从“人是有意识的类存在物”这个理论前提出发，马克思分辨了人类生产与动物生产的差异性。动物不是类的存在物，不考虑它类的状况。由于动物的生产仅从自身及它的幼仔的生理需要出发，所以，动物的生产是片面的、功利的、自私的，人类奢望动物的生产具有它者的维度是矫情的，也是不现实的。相反，人是类存在物，把类看作自己的本质属性。所以，人的生产应该是全面的，既要为人类而生产，又要为它类而生产；既要生产出人类需要的东西，又要生产出它类需要的东西（例如，森林、湿地、草原、湖泊、海洋等生态地貌）；既要为同际间的生命需要生产，又要为代际间的生命需要生产；既要为当下生存的需要生产，又要为可持续发展的需要生产……所以，人的生产应该是全面的，可持续的。

何为“真正的生产”？马克思对这个问题阐发不多，但从马克思的理论内蕴中，我们依然可以明晰该命题的要义。“动物只是在直接的肉体需要的支配下生产，而人甚至不受肉体需要的支配也进行生产，并且只有不受这种需要的支配时才进行真正的生产。”① 问题清楚了，马克思论述的“真正的生产”，既是人与动物生产的差异，也是人类生产的鲜明特点——不受直接的肉体需要支配的生产才是“真正的生产”。近现代以来的诸多人性理论，几乎都将人看作是自私、自利、自爱的存在，把最大化谋求个人私利视为“天经地义”，因而使当代的生产活动很大程度上沦落为满足人的肉体需要的功利活动。马克思提出的“真正的生产”活动，显然对唯利是图的资本主义生产活动持批判态度，并且是构建人与自然和谐共生关系的必然要求和本体论基础。例如，为了保护珍稀动物、保持生物多样性，人类实施的森林禁伐

---

① 《马克思恩格斯全集》第42卷，人民出版社1979年版，第97页。

活动；在输电塔上筑巢的朱鹮，是名贵濒危稀缺的鸟类之一，它受到了电力工人的悉心呵护；为了恢复鱼类资源，我国实行了长江十年禁渔工程……人类这些生产活动，就具有“真正的生产”的意味，因为这些生产直接考虑的自然界的生态状况，而不是人类直接的肉体需要。

三、“人再生产整个自然界”

在谈到人的生产活动的责任时，马克思向人类发出了“人再生产整个自然界”的号召。今天，当人们构建人与自然和谐共生关系时，马克思的这个观点非常值得我们高度重视，认真研究。在考量人的生产活动时，人为什么要再生产整个自然界？为谁再生产整个自然界？怎样再生产整个自然界？这些问题，都与我们规范人的生产活动，理解人与自然和谐共生关系息息相关。人类应当时刻铭记，我们的生产须臾离不开大自然的恩赐和给予，生态系统和环境承载力是人类生产得以顺利进行的自然前提和基础。任何对大自然的破坏就是对人类生产条件的破坏，也是人类自杀、自虐的愚蠢行为。所以，基于可持续发展的立场，我们必须再生产整个自然界，再生产出人类再生产、持续扩大再生产所需要的自然资源和生态环境。同时，我们要时刻提醒自己，自然界是所有生命的共同体家园，除了人类，地球上还生存者芸芸众生。从本原上看，大自然并不需要人类，没有人的大自然依然生机盎然，但人类一刻也离不开大自然，脱离自然的人类是不可想象的。所以人类必须担负起再生产整个自然界的责任和义务。为了青山常在，永续发展，我们要实施天然林保护工程；为了迁徙的鸟类，人们要退田还湖、蓄养湿地，为鸟类构筑水上家园；为了鱼类等水生动物，人类要实施沿海、江河禁渔工程，再生产出鱼类需要的自然环境，使鱼翔浅底、虾蟹成群成为美景。所以，为了达到人与自然和谐共生的目的，人类就必须再生产出整个大自然，为大自然中生命共同体的每一位成员提供属于他们的生态家园。

四、“人却懂得按照任何一个种的尺度来进行生产”

马克思曾经指出：“动物只是按照它所属的那个种的尺度和需要来建造，而人却懂得按照任何一个种的尺度来进行生产，并且懂得怎样处处都把内在的尺度运用到对象上去；因此，人也按照美的规律来建造。”① 在这里，人与动物在观察、处置各自与自然关系时的差异高下立判：动物奉行的是生存本位主义，以满足自己及种的生存繁衍为考量半径，不可能爱屋及乌、体恤万物，“丛林法则”奉行的弱肉强食、优胜劣汰是动物遵循的基本法则；而人类奉行的是生态整体主义，深知由人及物，立人与立物的辩证法，兼济达人与达物，爱人与惜物。人类在可持续发展的同时，也能设身处地地为自然界着想，充分考虑自然界的生存需要。在生产实践中，人类懂得把人内在的尺度运用到自然界，按照自然美、生态美的要求合理处理与自然界的关系，达到“人与自然和谐共生”的目的。例如，为了修筑青藏铁路，人类处处从生态角度考虑问题，把珍惜高原生态环境视为铁路建设中必须考量的大事，从细微处践行了人与自然和谐共生的理念。藏羚羊被誉为“高原精灵”，考虑到藏羚羊觅食、产仔、迁徙的需要，人们可以不计成本，从生态学的角度修改施工方案，改土石路基为桥梁通道，便于藏羚羊在铁路桥下通过。这些都是充分展示人与自然和谐共生的生动案例，都是人类懂得按照自然界的生存尺度进行生产的具体体现。

第三节　从“中心主义论”迈向“和谐共生论”

人与自然的关系，是所有哲学派别都无法回避的问题，因而形成了色彩纷呈的自然观。概述已有的哲学观点，在人与自然的关系问题上，深刻烙印

① 《马克思恩格斯全集》第42卷，人民出版社1979年版，第97页。

着“中心主义论”的思维旧痕，以人为中心抑或以自然为中心，理论表述虽是“殊途”，但实质要义却是“同归”，即都以“中心”为本位。

在批判黑格尔和费尔巴哈自然观的基础上，马克思完成了自然观上的哲学革命，创立了实践的人化自然观，阐发了人与自然的对象性关系理论。从客观唯心主义的立场出发，黑格尔始终把自然界视为人的“绝对精神”异化、外化的结果，大千世界只是“分有、“禀赋”了绝对精神才获得生存的理由，千姿百态的生态景象不过是人的理念的外在表现而已。黑格尔通过夸大绝对精神的作用，竭力贬损自然，以抬升人的精神力量，透射出极端人类中心主义的霸凌倾向。费尔巴哈反对黑格尔的客观唯心主义自然观，主张旧唯物主义感性直观的自然观。他的信条是：“新哲学将人连同作为人的基础的自然当作哲学惟一的、普遍的、最高的对象。”① 他充满激情地告诉人们：“观察自然，观察人吧！在这里你可以看到哲学的秘密。”② 但是，在恩格斯看来，费尔巴哈抽象、直观的人与自然都不是真实存在的。所以“他紧紧地抓住自然界和人；但是，在他那里，自然界和人都只是空话。无论关于现实的自然界或关于现实的人，他都不能对我们说出任何确定的东西。”③ 费尔巴哈阐发的自然观是一种抽象的、感性直观的自然观，过分强调人是自然界的派生物，表现出自然中心主义的思维倾向。费尔巴哈不知道“自然人化”与“人化自然”的辩证关系，忽视了人在自然界面前的能动性和创造性。因此，费尔巴哈对人与自然关系的理解是片面的、狭隘的、肤浅的。

“但是费尔巴哈没有走的一步，必定会有人走的。”④ 在人与自然关系方面，马克思超越了旧哲学“中心主义论”的思维窠臼，从对象性关系理论出发，阐发了“人与自然和谐共生”的新理念。

人与自然既然是对象性的存在物，就没有“中心”和“边缘”之分。

① 《费尔巴哈哲学著作选集》上卷，荣震华译，商务印书馆 1984 年版，第 184 页。
② 《费尔巴哈哲学著作选集》上卷，荣震华译，商务印书馆 1984 年版，第 115 页。
③ 《马克思恩格斯选集》第 4 卷，人民出版社 1995 年版，第 240 页。
④ 《马克思恩格斯选集》第 4 卷，人民出版社 1995 年版，第 241 页。

无论是以人为中心，还是以自然为中心，这种思维都过分强调“中心”为主，“边缘”为辅，拱卫、满足“中心”往往就会忽视、弱化“边缘”，并进一步导致“中心”对“边缘”的宰制和压榨，导致对人或自然的双重遮蔽、双重弱化。但人与自然的对象性关系理论，跨越了“中心主义论”的思维藩篱，消解了过分倚重“中心”、强化中心的激进行为。对象性关系说明人与自然界是荣辱与共、相依相济的。自然界虽然外在于人类，但这个自然是被人类活动中介过的自然，不是“孤悬”于人类之外的异在，自然界的生态环境是人的创造能力和实践智慧的客观反映，是人的本质力量的外在体现。正如马克思所说：“人只有凭借现实的、感性的对象才能表现自己的生命。这个对象存在于我的身体之外、是我的身体为了充实自己、表现自己的本质所不可缺少的。太阳是植物的对象，是植物所不可缺少的、确证它的生命的对象，正像植物是太阳的对象，是太阳的唤醒生命的力量的表现，是太阳的对象性的本质力量的表现一样。”① 这说明，人与自然不仅不可分割，而且双方都是确证对方生命的对象性存在，都是充实发展自己，展示对方本质力量的外在对象。在这里，我们可以确信，马克思人与自然的对象性关系理论完全可以作为阐释、理解“人与自然和谐共生”新理念的哲学基础。

在资本主义发展的早期，马克思就意识到，人与自然是对象性存在，二者应该具有“共生”关系。但这种对象性存在不总是和谐、完美的。在《手稿》中，马克思就指出，在资本主义异化劳动条件下，人与自然的关系充满着对立和冲突，不和谐、不完美的景象随处可见。资本主义劳动的目的仅仅在于增加财富，这样的劳动就是有害的，甚至是造孽的（马克思语）。资本主义工业还处于掠夺自然资源的战争状态，人的对象化的本质力量以异化的、丑陋的样态呈现出来。天空被工业粉尘、煤烟、毒气污染，新鲜空气成为工人的奢望。贫民窟里肮脏、堕落，是“文明的阴沟”，到处是“完全违反自然的荒芜，日益腐败的自然界”（马克思语）。人与自然处在一种异

---

① 《马克思恩格斯全集》第42卷，人民出版社1979年版，第168页。

化的、敌对的状态。

怎样纠正人与自然关系的错置，重构人与自然和谐共生的关系呢？恩格斯给出了明确的回答，“要实行这种调节，仅仅有认识还是不够的。为此需要对我们目前为止的生产方式，以及同这种生产方式一起对我们的现今的整个社会制度实行完全的变革。”① 社会主义制度的确立，为构建人与自然和谐共生关系提供了制度保障，社会主义的核心价值与“和谐共生”的新理念具有高度的契合性。为了使人与自然和谐共生关系从“应然”状态走向“实然”，我们要铭记“人与自然是生命共同体”的理念，知道“我们要建设的现代化是人与自然和谐共生的现代化”。同时“我们要牢固树立社会主义生态文明观”“坚持人与自然和谐共生”的基本方略。

“坚持人与自然和谐共生”是中华民族生存智慧中的主旋律、主基调。现在，在习近平生态文明思想的引领下，人与自然和谐共生的生动案例在中华大地处处可见。

《光明日报》就曾以《留住农业文明的生存智慧》为题，报道了浙江省青田县稻鱼共生的生态系统，获得联合国粮农组织“全球重要农业文化遗产”第一个正式授牌的项目保护试点的实例。从现象上看，该系统是中国农耕文明中千年不弃的稻、鱼、鸭共生耕作模式的延续，但这的确是人与自然和谐共生的生态智慧的生动体现。正如专家总结的那样：“这些古老的农耕系统都是土地资源紧缺的产物，当地人却巧妙利用了物种之间的共生关系，是经典的生态型低碳、循环农业，也是人与环境共荣共存的结果，充分体现人类的生存智慧。”②

《光明日报》以《库布其治沙密码：与沙漠共舞》为题，全面报道了库布其沙漠的治沙经验。这里的关键词是“共舞”，既形象，又生动地揭示了人与沙漠之间和谐共生的生态图景。作为中国第七大沙漠，库布其曾经沙害

① 《马克思恩格斯选集》第4卷，人民出版社1995年版，第385页。
② 夏欣：《留住农业文明的生存智慧》，《光明日报》2015年10月19日。

肆虐、人畜难活。如何变沙害为沙利，库布其人转换治沙思路，坚持山水林田湖草沙是生命共同体的新理念，科学理性地摸透沙漠的脾气秉性，把沙漠当成朋友，与沙漠共舞。人类与沙漠“共舞”的结果，不仅实现了由沙进人退到绿进沙退的转折，而且找到了人与沙的最佳平衡点，让人们看到了沙漠中蕴藏的发展潜力和致富希望。①

《光明日报》以《“人水和谐”的生动实践——福建莆田木兰溪治理纪实》为标题，生动报道了木兰溪的治水案例。该案例再一次充分说明，在处理人与水的关系上，“和谐”是重要的、有效的，也是符合生态要求的思维方法和实践方法。正如莆田市委书记林宝金说的：“我们始终坚持人与自然和谐共生，走生态优先、系统治理的路子，从水安全、水生态、水环境、水文化、水治理五大系统角度，统筹推进，还木兰溪‘清水绿岸、鱼翔浅底’的景色。”②

上述鲜活事例都充分说明，人与自然不是彼此孤立的，而是在对象性关系中共生的。“和谐”是手段、是前提、是方法，而“共生”是目的，是结果、是未来。人珍惜、关爱自然，自然也会善待、呵护人。正所谓“我见青山多妩媚，料青山见我应如是，情与貌，略相似”（辛弃疾词）。人类尊重自然、顺应自然、保护自然，还自然以宁静、和谐、美丽，才能推动形成人与自然和谐发展现代化建设新格局。

---

① 李慧、张颖天、高平：《库布其治沙密码：与沙漠共舞》，《光明日报》2018 年 8 月 7 日。

② 刘亢、刘诗平、涂洪长、董建国、陈弘毅：《“人水和谐”的生动实践：福建莆田木兰溪治理纪实》，《光明日报》2018 年 9 月 21 日。

第七章　“人与自然和谐共生的现代化”新理念探赜

中国共产党在推进社会主义现代化建设中，一贯高度重视正确合理地处理人与自然的关系。特别是党的十八大以来，中国共产党人在探索新时代中国特色社会主义建设规律的同时，在人与自然关系为核心的社会主义生态文明理论和实践的探索和创新方面取得了长足的进展，美丽中国建设取得了令人瞩目的非凡成就，人与自然和谐发展现代化建设新格局正在形成，为保护生态环境做出了我们这代人的努力。“雨过天青云破处，这般颜色做将来。”在习近平生态文明思想的指引下，党的十九大在中国特色社会主义生态文明理论和实践建设方面都迈上了一个新台阶。报告在生态文明理论方面提出的一系列新思想、新理念和新观点，令人耳目一新；在生态文明实践方面提出的具体措施体现着全面性、科学性和可操作性。其中，多次提到的“我们要建设的现代化是人与自然和谐共生的现代化”“推动形成人与自然和谐发展现代化建设新格局”等新理念、新论断格外引人注目、令人深思、给人启迪。这些充满中国人生态智慧的理论和实践探赜，增强了中国在世界生态文明领域的话语权，提升了我们在绿色发展上的理论自觉和文化自信。同时，也为全球生态文明建设贡献了中国智慧和中国方案，增添了中国“成为全球生态文明建设的重要参与者、贡献者、引领者”的理论信心和实践自觉。

第一节　人与自然和谐共生的现代化是中国特色社会主义的现代化

“人与自然和谐共生的现代化”新理念，是马克思主义人与自然关系理论在当代中国的新发展，新回响，是中国共产党人在观察和处理人与自然关系上的新认识、新飞跃，是中国共产党人从社会主义建设的经验教训出发，对解决中国发展遇到的“两难困境”问题的反思与纠偏，是一个体现中国生态智慧的现代化新范畴。

“现代化”这个概念中国人并不陌生。社会主义制度在中国确立不久，中国共产党人就率领着中国人民踏上了现代化的征程，对现代化的憧憬与展望成为激励我们奋发图强，改造中国的精神力量。中国不是不要现代化，而是要擘画出中国版的现代化。党的十九大报告就肯定了中国现代化进程“拓展了发展中国家走向现代化的途径”，明确提出我们的奋斗目标就是“把中国建设成为富强民主文明和谐美丽的社会主义现代化强国”①。所以，建设“现代化的国家”是中国共产党和中国人民长期奋斗的伟大目标。但是，我们清醒地意识到，中国绝不会沿袭、模仿西方现代化理念来指导中国的发展问题，绝不会以西方现代化理论为圭臬。在反思与审视西方现代化理念的基础上，中国共产党人提出的“人与自然和谐共生的现代化”新理念，既顺应了世界的进步潮流，又结合了中国的发展国情，其理论旨趣和要义在于对西方现代化模式的反拨与超越。所以，中国倡导的现代化既不是承袭西方现代化的“肯定版”，也不是游离于世界发展潮流拒斥现代化的“否定版”，而是在秉持现代化特征的基础上，融入中国生态智慧和绿色发展新理念、新举措的现代化模式的“中国版”。

① 习近平：《决胜全面建成小康社会 夺取新时代中国特色社会主义伟大胜利——在中国共产党第十九次全国代表大会上的报告》，《人民日报》2017年10月28日。

伴随着工业革命的轰鸣机器声，西方“现代化”理念出场了。“现代化”是一个诱人的概念，令人垂注、让人艳羡，似乎是发展、繁荣、文明、富裕的别名，充满着引领性、示范性和感召性。长期以来，西方资本主义发达国家自诩为现代化国家的典范，孕育出现代化的理论范式，垄断着世界范围内现代化发展的话语权。西方现代化的理念和实践成为广大渴望摆脱贫困，走向富裕的发展中国家走向现代化的思想引擎和发展标杆，唯西方现代化的马首是瞻，步其后尘，是许多发展中国家走向现代化的不二选择。

然而，质疑与批判西方现代化的理论反思与实践探索始终伴随着西方现代化的进程。20世纪中叶以来，随着消费异化、生态危机、科技异化、人与自然关系紧张冲突等一系列“现代化疾病”的出现，使得反思与批判西方现代化模式成为思想理论界的热门话题，许多学者从多角度、宽领域对西方现代化的理论与导向展开了尖刻、酣畅的批判。

在追问与解构西方现代化理念的队伍中，生态学马克思主义无疑是一支生力军。批判西方现代化理念一直是生态学马克思主义研究的重要场域。在生态学马克思主义哲学家威廉·莱斯看来，“控制自然”是西方现代化引以为傲的重要概念。但在生态文明的视阈下，从构建和谐共生的人与自然关系角度看，这个概念，不仅不是西方现代化的“光荣与梦想”，而是一个充满矛盾悖理，在实践中给自然带来致命伤害的命题。“控制自然”这个昔日荣光的理性机巧的概念却蕴含着非理性的思维弊端，充满着极端人类中心主义的霸凌之气。“控制自然”这个概念充斥着的矛盾和谬误，在西方现代化宰制世界的进程中逐渐暴露出来。这表明，许多原本包含着理性合理性的概念和命题，在演变的过程中往往会走向极端，发生异化，坠入非理性的思维深渊。在可持续发展、绿色发展成为国际共识的当下，西方的“现代性”概念就表现出“不现代”“不合理”“不科学”的理论瑕疵，曾经人人称道的“西方现代化”在其进程中也出现了种种弊端和局限性。正是在对西方现代化的质疑中，法国生态学马克思主义思想家安德瑞·高兹对“现代化”进行了重新审视。在他看来，我们经历的种种危机不是“现代化惹的祸”，而是人们对现代化的理解产生偏颇所造成的危机。我们不是要放弃现代化，更不是诋毁现代化，而是反思现代化，对现代化本身加以现代化的规制，使合理性本身更具合理性的主张，使现代化理论更加科学，臻于完善。

中国始终把发展视为解决中国一切问题的基础和关键，继续大踏步行进在现代化的道路上，绝不会倒退到传统社会。因为满足人们不断增长的物质需求和生态需求、实现美好生活需要是中国特色社会主义的发展方向。但是，中国现代化绝不是西方现代化发展的“翻版”，完全不同于西方以剥夺自然环境为发展手段的现代化道路，中国所奉行的是人与自然和谐共生的现代化道路。

第二节　从马克思的对象性关系理论到和谐共生理论

我们党从成立以来，始终坚持以马克思主义和马克思主义中国化的理论成果作为自己一切工作的指导思想。在生态文明建设的理论创新和实践探索中，我们可以深切体会到党的理论传统，触及内蕴其中的马克思主义理论基石。具体到人与自然的关系理论层面，党的十九大提出的“人与自然和谐共生”新理念的理论合理性和现实可行性，都可以从马克思关于人与自然的对象性关系理论中找到学脉渊源和思想基础。

在《1844年经济学哲学手稿》中，马克思用了大量篇幅，在批判黑格尔、费尔巴哈错误自然观的基础上，全面深刻地阐发了人与自然的关系理论，其中对我们理解“人与自然和谐共生”新理念最有指导意义的，是马克思论述的“人与自然的对象性关系”理论。在马克思看来，事物间的对象性关系是客观事物普遍具有的互为对象、各自展现和确认对方的存在、生命、本质和价值的一种客观而必然的关系，对象的双方不是隔绝的、孤悬的，而是在双向互动中展示出对方存在的样态、价值和尊严。马克思列举了太阳与植物的例子，来说明对象性关系的普遍性和客观性。人们常说“万物生长靠太阳”，的确，太阳就是植物的对象性存在，是植物生长不可或缺的对象，植物的生命要通过太阳来体现和确认。反过来，植物也是太阳的对象性存在，太阳的伟力和灿烂，它唤醒生命的力量正是体现在植物的茁壮成长中，植物的勃勃生机就是太阳的对象性本质力量的表现。现实的人和现实的自然界之间就存在着对象性关系。人是自然界的对象，是自然界的产物，正所谓“一方水土养一方人”。同样，自然界也是人的对象，自然界无论是人类的“杰作”，抑或是人类的“败笔”，都是人类作用于自然界的对象性活动的结果。至于那原始洪荒的，没有与人发生关系的自然界，与人构不成对象性关系。而一个存在物在自身之外没有对象，就不是对象性的存在物。非对象性的存在物，从与人没有关系的维度看，就不是真实、现实、可触碰的存在物。在这个意义上，马克思把这样的存在物称之为“非存在物”。

在马克思看来，人与自然不是彼此孤立的，而是依存共生、互为对象的。马克思用“类”概念表达了人与自然的共生关系。“人是类存在物”“人靠无机界生活”“自然界是人的无机的身体”“人是自然界的一部分”。马克思的这些思想充分表达了自然界对人的先在性和重要性。因为，“没有自然界，没有感性的外部世界，工人就什么也不能创造。”① 自然界一方面给人类提供自然资源，另一方面也给人类提供生活资源、精神资源，“没有劳动加工的对象，劳动就不能存在。”在马克思看来：“生产生活本来就是类生活。”② 而“类生活”就要求把人自身的类以及其他物的类当作自己的对象，自己的生存要考虑对象的生存，自己的发展也要考虑对象的发展，二者相互帮衬，相互支撑。自然界就是人的“需要的对象；是表现和确证他的本质力量所不可缺少的、重要的对象。”③ 现实的人与自然都是共在共生的，彼此对象性依托，协同性进化。这不仅因为“被抽象地孤立地理解的、被固定为与人分离的自然界，对人说来也是无。”还因为“一个存在物如果在自

---

① 《马克思恩格斯全集》第42卷，人民出版社1979年版，第92页。
② 《马克思恩格斯全集》第42卷，人民出版社1979年版，第96页。
③ 《马克思恩格斯全集》第42卷，人民出版社1979年版，第167—168页。

身之外没有自己的自然界，就不是自然存在物，就不能参加自然界的生活。一个存在物如果在自身之外没有对象，就不是对象性的存在物。一个存在物……没有对象性的关系，它的存在就不是对象性的存在。非对象性的存在物是非存在物。"[①] 可见，人与自然是现实的存在物，就一定是对象性的存在物，是以"类"、以"生命共同体"的方式存在着，彼此相依相待、相成相济。

人与自然的关系是共生的，彼此为对方的对象性存在物。但这种关系是和谐的？还是互虐的呢？这要做具体分析。在马克思看来，在资本主义社会条件下，资本主义的异化劳动不仅导致了人与人关系的异化，也导致了人与自然关系的异化。在蒸汽机的轰鸣声中，空气"已被文明的熏人毒气污染"，资本主义工业化崛起导致的却是"肮脏，文明的阴沟"和"完全违反自然的荒芜，日益腐败的自然界"（马克思语）。这样的对象性关系不可能是和谐的，共生的，而是相互戕害，一损俱损的。自然界在人类"控制自然""战胜自然"的狂欢中变得伤痕累累，满目疮痍；反过来，自然界也无情地报复人类，恶劣的生态环境成为人类生存与发展的最大障碍。因为这时"对象化表现为对象的丧失和被对象奴役，占有表现为异化、外化。"[②] 曾经是人类摇篮的大自然，现在却作为人类的敌对的和异己的对象同人类相对抗，面对这样令人痛心的场景，人类不应当反思吗？不值得警醒吗？从人与自然对象性存在的关系角度考虑，人类不应该痛改前非吗？

在马克思的理论意境中，人与自然应当是和谐共生的。首先，"人是有意识的类存在物"。在处理人与自然关系方面，只有人有自觉意识，知道自己根源于大地，对大自然负有不可推卸的责任与义务。人既有利用大自然的"天赋人权"，可以合理、有节制地从大自然中获取人类生存与发展所需要的自然资源；人类也有保护自然、修复自然的"天赋人责"，人类应当在珍惜、

① 《马克思恩格斯全集》第 42 卷，人民出版社 1979 年版，第 168 页。
② 《马克思恩格斯全集》第 42 卷，人民出版社 1979 年版，第 91 页。

呵护大自然中，体现出人对大自然应当担负的保护责任与义务。比其他存在物优越的地方在于，人可以“在他所创造的世界中直观自身”，检视人与自然的关系状况，通过生态保护的一系列实践活动矫正人与自然的关系，把“出轨”的人与自然关系匡扶到和谐共生的“轨道”上来。正如马克思所说：“正是在改造对象世界中，人才真正地证明自己是类存在物。这种生产是人的能动的类生活。通过这种生产，自然界才表现为他的作品和他的现实。”① “人与自然和谐共生”应当成为人类在观察与处理人与自然关系时的生态尺度与发展原则，应当是人类意识的“杰作”和“精品”。其次，在与大自然打交道时，人类的生产活动是必需的、合理的，但马克思对人类生产活动的要求是，“人的生产是全面的”，“人再生产整个自然界”。动物的生产是片面的，动物只生产它自己或它的幼仔所直接需要的东西，即动物只在直接的肉体需要的支配下生产。所以，动物不会考虑其他类的生存需要，不会考虑生态环境恶化给生命共同体带来的伤害，更遑论那些间接、长远的环境影响了。而人的生产是全面的、真正的生产。人可以考虑到生命共同体的生存状况，可以“按照任何一个种的尺度来进行生产”（马克思语）。人既可以做到“己所不欲，勿施于人”，谨慎处理人与人的关系；也可以做到“己所不欲，勿施于物”，认真思考人与自然的关系。人与自然相互感通，一荣俱荣、一损俱损。人类在生产实践中“再生产整个自然界”，当然包括环境保护、自然恢复、污染防治和生态修复的内容，人类要再生产出整个生命共同体生存所需要的自然环境和自然条件，还自然以宁静、和谐、美丽。最后，“人只有凭借现实的、感性的对象才能表现自己的生命”②。人与自然是生命共同体，是相依为命的对象性存在。人类应当尊重、顺应和保护自然，自然界是人类为了充实自己、表现自己的本质所不可缺少的对象。人与自然界只有和谐，才能共生。和谐是责任、是要求，共生是目的、是方向。人类

① 《马克思恩格斯全集》第42卷，人民出版社1979年版，第97页。

② 《马克思恩格斯全集》第42卷，人民出版社1979年版，第168页。

关爱自然，就是关爱自身；保护自然，就是保护自己，“因为我的对象只能是我的一种本质力量的确证。”①

第三节 西方现代化进程中人与自然关系的冲突与恶化

在质疑和批判西方现代化模式的声浪中，人与自然关系的异化、恶化、危害化是人们诟病和声讨最多的方面。西方现代化在凯歌高奏的同时，也开启了人与自然对立冲突的进程，导致了诸多违反自然，戕害自然的“文明的疾病”。西方现代化的进程造成了大规模的环境公害、资源枯竭、消费异化、温室效应、工业黑化、生物多样性锐减等一系列全球性生态危机和环境难题。西方现代化模式催生的生态帝国主义、生态殖民主义的生态剥削和环境压榨行为，又使广大发展中国家的环境状况雪上加霜。在西方现代化模式肆无忌惮地征服和劫掠大自然的同时，人们切身体会到自然生态环境的恶化与衰败，明显感受到了大自然的愤怒和报复，听到了地球母亲痛苦的呻吟和悲愤的呐喊。

第一，西方现代化的生产模式最可怕的地方在于，唆使人类遗忘了地球母亲的怀抱，把自然界这个人类的“根源”（source）变成了人类可以肆意榨取的“资源”（resource）。

德国哲学家萨克赛在《生态哲学》中指出：“第三阶段，自笛卡尔起，自然概念获得了新的意义。笛卡尔把整个自然看作是一台机器，要求人们用数学公式和机械术语对自然加以精确研究，以便随意控制自然，使人类成为自然的主人和所有者，自然就不再是榜样，而成了研究的对象。工业时代的变革就是从笛卡尔开始的。”② 的确，从笛卡尔的“我思故我在”，到培根的

① 《马克思恩格斯全集》第42卷，人民出版社1979年版，第126页。

② 王治河主编：《后现代主义词典》，中央编译出版社2003年版，第558—559页。

“知识就是力量”，再到康德的“人为自然界立法”，西方现代化模式的主体性晨曦到来了，作为大自然主人的现代人开始膨胀了。从这个时代开始，人与自然的关系发生了严重的错位，人从匍匐在大自然面前的奴婢，俨然变成了大自然的主人，成为控制地球的主宰。内蕴在西方现代化模式中的自然观逐渐露出了反自然的霸凌样貌，人与自然关系发生了严重异化。最忤逆的行为就是，在大机器的轰鸣中，在奢华的商品世界里，人类渐渐遗忘了地球母亲的怀抱，把大自然这个人类文明的“根源”变成了人类任意掠夺、盘剥的“资源”。在西方现代化模式的浸润下，人类沉醉于物欲的狂欢，疏离了对大自然的依赖感、家园感。人类津津乐道于大自然是如何属于自己的，而忘记了人的一切都是属于大自然的。人类处心积虑地让大自然听命于自己，却很少考虑站在大自然的角度来反思人类的恶行。就像麦茜特在《自然之死》中所言：“机械主义的兴起为宇宙、社会和人类的新综合奠定了基础，它被解释为一个有序的、由机械的部分所组成的系统，各部分服从法律的控制和演绎推理的可预见性。新概念下的自我是寄属于机器一样的身体中支配情欲的理性控制者，这个新的自我概念开始代替与宇宙和社会相统一的、作为各有机部分紧密结合的和谐中一个完整部分的自我概念。机械主义使自然实际上死亡了，把自然变成可以从外部操纵的、惰性的存在。”①

在西方现代化模式中，人与自然的关系沦为统治与被统治、征服与被征服、控制与被控制的异化关系，人类假科学技术之力，在大自然的躯体上烙上了一条条“文明的印痕”：臭氧层空洞、温室效应、环境污染、资源枯竭、物种灭绝……试想，在反生态的西方现代化理念的氤氲中，我们怎能奢望构建“人与自然和谐共生”的新型关系？怎能迈上“人与自然和谐共生现代化”的康庄大道？

第二，西方现代化模式塑造了崇拜经济增长、占有自然资源、囤积财富

---

① ［美］卡洛琳·麦茜特：《自然之死》，吴国盛等译，吉林人民出版社1999年版，第235页。

的生存方式，这种生存方式给自然界带来了极大伤害。

从西方现代化的核心观点看来，资本主义不增长就灭亡，追求资本扩张和经济增长是资本家的“天条”，是资本主义生存的唯一方式。正如马克思所说：“生产剩余价值或赚钱，是这个生产方式的绝对规律。”① “资本主义生产的发展，使投入工业企业的资本有不断增长的必要，而竞争使资本主义生产方式的内在规律作为外在的强制规律支配着每一个资本家。竞争迫使他不断扩大自己的资本来维持自己的资本，而他扩大资本只能靠累进的积累。”② 可见，资本主义生产方式和资本家的本性就是为了获取更多的剩余价值，它通过榨取、掠夺自然和人力资源来扩大资本规模，贪婪地追求经济总量的增长和资本的无限扩张，丝毫不考虑资本扩张带来的生态后果和环境灾难。但是，资本的狂奔必然会遇到自然资源和环境条件的阻碍，自然资源和环境条件是有限的，自然界既无法进行自我扩张，也无法跟上资本循环的节奏和周期，其结局必然是资源耗费和环境污染。由此，美国著名的生态学马克思主义理论家詹姆斯·奥康纳认为：“资本的自我扩张逻辑是反生态的、反城市规划的与反社会的……在所有发达资本主义国家中，那种致力于生态、市政和社会的总体规划的国家机构或社团型环境规划机制是不存在的。”③

西方马克思主义对西方现代化模式展开了全方位的批判，阐发了许多很有价值的思想观点。其中很有代表性的理论建树是法兰克福学派著名的社会哲学家弗洛姆的资本主义“社会性格”理论。弗洛姆认为：社会性格是指“在某一文化中，大多数人所共同拥有的性格结构的核心，这与同一文化中各不相同的个人的个性特征截然不同。社会性格的概念不是指某一文化中大多数人的性格特征的简单总和，从这个意义上讲，社会性格的概念不是统计

① 《马克思恩格斯全集》第44卷，人民出版社2001年版，第714页。

② 《马克思恩格斯全集》第44卷，人民出版社2001年版，第683页。

③ ［美］詹姆斯·奥康纳：《自然的理由——生态学马克思主义研究》，唐正东、臧佩洪译，南京大学出版社2003年版，第394—395页。

学概念。我们只有涉及社会性格的功能才能理解社会性格。”① 弗洛姆分析了资本主义社会非生产性的性格特征：第一是接受取向，认为一切好的都源于外界，人们获得需要东西的唯一途径是接受外界事物。第二是剥削取向，认为人们需要的东西要靠强力或狡诈，从大自然和别人那里巧取豪夺。第三是囤积取向，认为囤积和占有的物质财富是人们安全的基础，人们的安全感、幸福感完全建立在财富的囤积上。第四是市场取向，认为一切皆是商品，万物皆可买卖，都有交换价值。弗洛姆把这种资本主义社会非生产性的生存方式称之为“重占有的生存方式”。他非常形象地刻画了这种重占有、重囤积的社会性格：“对我们的胃口来说，整个世界就是一个可满足我们欲望的大东西，一个大苹果，一大瓶饮料；我们是些吸取者，是永远期待着的一群，永远抱有希望的一群——也是永远失望的一群。”② 奉行“重占有的生存方式”的人们“其目的就是接纳、‘饮进’，不断地得到新的东西，这就像一个人一直张着大口在生活。”③ 这些人控制自然资源，吞食珍稀动物，独占生态美景，他们张开血口，大快朵颐。将大自然吞下、咽下、饮进。其结果必然导致大自然血肉模糊，遍体鳞伤。

更为严重的是，这种病态的“重占有的生存方式”的社会性格已经成为资本主义现代化模式的生存基因，成为资本主义大多数社会成员共同具有的性格特征。因为“社会性格的功能正是以某种方式对社会成员的能量加以引导，其结果便是，社会成员的行为不是一个可以由人们自行决定的问题，即人们无法决定是否按社会模式行事，而是一个当他们不得不行动时就得行动的问题。”④ 很显然，西方现代化模式锻造的这种社会性格，给自然界造成了极大伤害，势必导致人与自然的对峙和冲突，根本谈不上和谐共生。

第三，西方现代化模式打造了“不消费就衰退”的神话，致使资本主义

① ［美］弗洛姆：《健全的社会》，孙恺洋译，贵州人民出版社 1994 年版，第 63 页。
② ［美］弗洛姆：《健全的社会》，孙恺洋译，贵州人民出版社 1994 年版，第 132 页。
③ ［美］弗洛姆：《健全的社会》，孙恺洋译，贵州人民出版社 1994 年版，第 107 页。
④ ［美］弗洛姆：《健全的社会》，孙恺洋译，贵州人民出版社 1994 年版，第 63 页。

社会弥漫着消费至上的氛围，消费主义猖獗，消费异化普遍化。

西方现代化模式滋生的消费至上主义打造了西方社会“消费的盛宴”，这对人与自然关系的扭曲和破坏最为严重。肇始并泛滥于资本主义社会的消费至上主义，把“我消费，故我在”视为社会的核心理念，第一次将消费活动置于人类活动的中心，使消费脱离了它的本来意义。人们的价值、身份、地位、存在感、幸福、快乐、社会影响力和社会等级都与消费的规模和档次相关联，商品的品牌、标识、符码成为人们疯狂追求的东西。正如美国著名剧作家阿瑟·米勒的话剧《代价》所表达的那样：“许多年以前，一个人如果难受，不知如何是好，他也许上教堂，也许闹革命，诸如此类。今天，你如果难受，不知所措，怎么解脱呢？去消费！”① 西方马克思主义思想家马尔库塞也指出了消费异化的现象：“人民在他们的商品中识别出自身；他们在他们的汽车、高保真度音响设备、错层式房屋、厨房设备中找到自己的灵魂。”② 美国的销售分析家维克特·勒博也认为：“我们庞大而多产的经济要求我们使消费成为我们的生活方式，要求我们把购买和使用货物变成宗教仪式，要求我们从中寻找我们的精神满足和自我满足，我们需要消费东西，用前所未有的速度去烧掉、穿坏、更换或扔掉。”③ 消费主义盛行，使社会呈现出“炫耀消费”“时尚消费”“贪婪消费”的病态。病态消费加剧了对自然资源的盘剥和压榨，形成了大量开采—大量生产—大量消费—大量废弃的恶性循环。例如，电子垃圾就是一个困扰全球的新问题。由于消费者争相拥有最新款式的电子设备，导致电子垃圾与日俱增。在全球范围内，人们在2016年丢弃了大约4900万吨电子垃圾。到2021年，这一数字将增至5700万吨以上。众所周知，电子垃圾含有大量有毒化学物质。例如，液晶显示器

---

① 转引自扈海鹂：“重建文化与自然的联系——对消费文化的再思考”，《南京林业大学》（人文社会科学版）2012年第3期。

② ［美］赫伯特·马尔库塞：《单向度的人——发达工业社会意识形态研究》，张峰、吕世平译，重庆出版社1988年版，第9页。

③ ［美］艾伦·杜宁：《多少算够——消费社会与地球的未来》，毕聿译，吉林人民出版社1997年版，第5页。

含汞，阴极射线管含铅，半导体和电池含镉，旧冰箱含破坏臭氧层的氯氟烃。如果电子垃圾未加处理就倒进垃圾填埋场，那些化学物质会渗入土壤和水源。如果电子垃圾被焚烧，就会污染空气。如果电子垃圾被运到发展中国家，那里简陋的回收条件会使工人接触到有毒物质，严重伤害工人的身体健康。①

消费异化损害了人与自然的关系。消费者为了满足自己不断膨胀的物欲，就按照自己的消费需要去盘剥大自然、吞噬大自然。所以，西方现代化模式崇尚的消费至上主义是逆自然的、反生态的，严重疏离了人与自然的关系。

第四，许多发展中国家对西方现代化模式的崇拜与依恋，将其视为本国追赶现代化的“标准版”，导致国家陷入“发展悖论”，引发了激烈的社会冲突。

西方现代化模式在全球有泛化的态势。无论是西方政客，还是西方主流经济学家，都给广大发展中国家渲染西方现代化的“神迹”，虚构了西方现代化的“神话”。西方发达国家凭借着他们在政治、经济、军事、科技、文化、国际分工等方面的实力和强势，动用各种传媒手段，夸大西方现代化模式的经济价值和社会意义。他们喋喋不休地宣称，发展中国家要想摆脱贫困，追赶现代化，过上幸福的生活，只能仿效西方现代化，把发展与经济增长挂钩。只有经济增长才能使穷人享受到与西方富人相同的富裕生活。经济增长，提升 GDP，是从根本上解决贫困和落后的唯一途径。西方现代化模式给人们描绘的社会进步路径就是：经济发展就是经济增长，经济增长就是社会进步和繁荣的标志。

西方现代化模式俨然成为迎合资本主义国家需要的意识形态和政治文化资源。推崇西方现代化模式的人们极力主张，发展中国家要想实现现代化，就必须抛弃自己的文化传统，只有步西方现代化的后尘，移植西方现代化模

① ［美］福特：《电子垃圾：困扰全球的新问题》，《参考消息》2018 年 7 月 17 日。

式，发展中国家才有可能实现经济增长，跟上现代化国家的步伐。

西方现代化模式被广大发展中国家模仿后，刺激经济增长的手段只能是大规模自然资源的开采和出口，那些自然资源丰富，并将出口自然资源作为经济增长动力的国家，很容易陷入发展困境，导致资源枯竭、环境恶化、政治腐败、社会两极分化、人与自然关系紧张冲突的状态。于是，这些国家出现了“富裕悖论”（the paradox of plenty）和“资源咒语”（the resource curse）。正所谓“成也萧何，败也萧何”。沉浸在西方现代化“美梦”中的发展中国家，采用大规模开采、出口自然资源的做法，推动经济增长，这无异于饮鸩止渴。自然资源的枯竭和生态环境的破坏，很快就使这些国家陷入贫穷、动乱、分化的泥淖之中。这样的“发展闹剧”在拉美、非洲和东南亚地区轮番上演。

拉美国家是西方现代化模式的“试验区”，也深受“华盛顿共识”的影响。他们崇拜西方现代化模式，迷信经济增长是推进国家现代化的“终南捷径”。他们笃信这种发展模式具有毋庸置疑的合理性和“普世价值”，对广大发展中国家来说不啻为“上帝的福音”。

在西方现代化模式的感召下，拉美国家拉响了经济增长的汽笛。他们不想成为“坐在金袋子上的乞丐”（自诩为自然资源丰厚，自然资源就是他们的“金袋子”）。他们对自然资源采取了榨取主义或采掘主义的做法，以此作为刺激经济振兴的“抓手”，以拼资源的方式换取国家现代化建设所需要的资金和技术。榨取自然资源的活动并不局限于矿产资源领域，而是涉及农业、林业和渔业的诸多自然资源领域。

拉美国家的榨取主义导致了当地人与自然关系的冲突与恶化，伴随着自然资源过度开发的是一系列生态环境问题。以采矿业为例。为了最大规模地采掘矿产资源，在富集资源迅速耗尽的情况下，这些国家使用有毒化学物质开采矿物质含量较低的矿产资源，由此产生了大量有毒废弃物。矿产资源的开采、加工和运输占用了大片土地，严重污染了土壤和水域。堆积成山的矿渣和矿山废弃物遇到山洪冲刷，造成了大面积的水面污染和重金属污染。被污染的水源不能作为工业和生活用水，严重制约着当地经济的发展，直接威胁到人民健康。

仅仅依赖自然资源特别是矿产资源的开采来刺激现代经济增长的做法，不仅破坏了人与自然之间的关系，而且导致了人与人之间的流血和战争。拉美地区自然资源的富集区已经成为局部战争和动乱的爆发地，争夺自然资源成为引发社会冲突的主要诱因。许多拉美国家并没有因为丰富的自然资源富强起来，相反却陷入了漫长而血腥的资源争夺战，继而引发整个社会的动荡混乱。那些把西方现代化模式奉若神明的拉美国家，在经历了依靠自然资源出口拉动经济增长的所谓“拉美十年”的短暂经济繁荣之后，很快就坠入了“拉美发展困境”的深渊——经济发展速度越来越慢，贫富差距越来越大，工业结构和资源配置越来越不合理，环境危机日益频繁，社会冲突日甚一日，提升人民幸福指数的愿望越来越难以实现。①

可见，伴随着资本最强烈冲突和最野蛮扩张的西方现代化模式，导致了人与自然关系的冲突与恶化，引发了严重的环境危机和社会危机。这些足以证明，西方现代化模式不是人类社会发展的路标和范例，更不具有永恒的“普世价值”。所以，“桐花万里丹山路，雏凤清于老凤声”。探索非西方的新型现代化道路就成为摆在我们面前的时代课题。

第四节 “人与自然和谐共生的现代化”的世界历史意义

我们党在十九大报告中提出的“人与自然和谐共生的现代化”新理念，是从马克思人与自然关系理论中走来，是从对西方现代化弊端的强力纠偏中走来，是从反思导致我国人与自然紧张关系的经验教训中走来，是从作为全球生态文明建设的重要参与者、贡献者和引领者的责任担当中走来。人与自然和谐共生的现代化新模式是对西方现代化模式的反拨与超越，为广大发展

① 孙薇：《超越发展：拉丁美洲的替代性视角》，中国环境出版社2018年版，第53页。

中国家实现现代化开辟了一条非西方的道路。所以，“人与自然和谐共生的现代化”新模式无疑具有了世界历史意义。

西方发达国家经常自诩为人类社会发展的祖师爷，把西方现代化发展模式打造成广大发展中国家追赶现代化的楷模与标杆，称其为现代化的“教科书”和“标准答案”，大有定于一尊之架势。但是，“凡属过去，皆为序章”。西方现代化模式的“傲慢与偏见”，以及导致的对自然界的伤害，必然遭到人类生态正义的拒绝与批判，并促使我们去探索、去构建人与自然和谐共生的现代化新模式，彻底超越以牺牲自然环境和人类未来的西方现代化发展模式。

人与自然的关系是任何国家实现现代化都要慎重对待的关系。西方现代化模式透露出的盘剥、榨取、蔑视大自然的态度与恶习，与全球生态文明建设的大局格格不入，抵牾与掣肘经常发生。这些都说明，构建“人与自然和谐共生的现代化”新模式才是人类社会未来发展的必由之路。这一新模式，既能满足各个国家自身发展的需要，又与人类的共同利益相一致，是经济效益与生态效益兼顾的最佳选择，势必受到各国人民的赞许和肯定。

西方现代化模式在中国“水土不服”，是由中国的国情决定的。正如习近平总书记在2018年全国生态环境保护大会上谈到的：“我国环境容量有限，生态系统脆弱，污染重、损失大、风险高的生态环境状况还没有根本扭转，并且独特的地理环境加剧了地区间的不平衡。”① 中国是世界上最大的发展中国家，人口众多，资源有限，建设现代化的任务紧迫繁重。然而，在过去很长一段时间内，西方现代化的“幽灵”也曾在中国的大地上徘徊，我们也在很大程度上模仿沿袭了西方现代化模式。这样的弯路也是必然要经历的过程。正如有些生态学马克思主义理论家指出的那样，即使不是全部也是大多数社会主义国家都有过一段粗放型经济发展史，社会主义国家竭力“超赶西方”，于是就非批判性地接受了西方现代化模式的某些内容。其结果是

---

① 习近平：《推动我国生态文明建设迈上新台阶》，《求是》2019年第3期。

“社会主义国家跟资本主义社会同样迅速地（或者更快地）耗尽了它们的不可再生资源，它们对空气、水源和土地等所造成的污染即使不比其对手资本主义多，至少也同后者一样。”① 历史的经验教训值得注意。我们倡导“人与自然和谐共生的现代化”模式，就是在扬弃西方现代化模式的基础上，开辟了一条既具有中国特色，又兼有世界意义的现代化新路。

今天，我们党提出了“人与自然和谐共生的现代化”新理念、新模式，反拨了西方现代化模式在人与自然关系上的霸凌行为，超越了在人与自然关系上占主导地位的主奴关系结构。中国提出的人与自然和谐共生的现代化道路，必将产生强烈的示范效应，为广大发展中国家追赶现代化开辟非西方的现代化道路。正如党的十九大报告指出的那样，中国对新型现代化道路的成功探索“拓展了发展中国家走向现代化的途径，给世界上那些既希望加快发展又希望保持自身独立性的国家和民族提供了全新选择，为解决人类问题贡献了中国智慧和中国方案。”② 届时，中国特色社会主义将持续焕发出强大的生机活力，社会主义生态文明建设的加分项将越来越多，世界生态文明的“绿色版图”将明显扩大。这样，正如习近平总书记所说：“在我们这个13亿多人口的最大发展中国家推进生态文明建设，建成富强民主文明和谐美丽的社会主义现代化强国，其影响将是世界性的。”③

---

① ［美］詹姆斯·奥康纳：《自然的理由——生态学马克思主义研究》，唐正东、臧佩洪译，南京大学出版社2003年版，第407页。

② 习近平：《决胜全面建成小康社会 夺取新时代中国特色社会主义伟大胜利——在中国共产党第十九次全国代表大会上的报告》，《人民日报》2017年10月28日。

③ 习近平：《推动我国生态文明建设迈上新台阶》，《求是》2019年第3期。

第八章　人的需要理论的创新：“优美生态环境需要”

马克思主义具有与时俱进的理论品质，时刻关注着人类社会发展进程中出现的新问题、新情况，并给予它们马克思主义的理论分析和实践指导。党的十九大报告中理论创新的累累硕果正是对这一理论品质的生动诠释。在关于社会主义生态文明建设的论述方面，党的十九大报告提出的新思想、新理念让人耳目一新，给人深刻启迪。例如，在“人的需要理论”方面，中国共产党第一次提出了“优美生态环境需要”这个新理念。党的十九大报告指出：“我们要建设的现代化是人与自然和谐共生的现代化，既要创造更多物质财富和精神财富以满足人民日益增长的美好生活需要，也要提供更多优质生态产品以满足人民日益增长的优美生态环境需要。”① 党的十九大报告提出了“优美生态环境需要”这个新理念，表明我们党对社会发展进程中人民群众需要的变化和新需要的内容有着清醒的认识，透彻的把握，并在理论的层面上回应了人民群众需要新的变化。这样，在“人的需要理论”方面，一幅新的研究蓝图就呈现在人们面前，极大拓展了“人的需要理论”的研究视阈，把人的需要与生态文明联系起来，势必会丰富和发展社会主义生态文明

① 习近平：《决胜全面建成小康社会 夺取新时代中国特色社会主义伟大胜利——在中国共产党第十九次全国代表大会上的报告》，《人民日报》2017年10月28日。

建设的理论和实践。

第一节　对"优美生态环境需要"新理念的考辨

党的十九大报告在生态文明建设方面的理论创新成果丰硕，其中"人民日益增长的优美生态环境需要"的新理念、新表达就格外引人注目、印象深刻。在认识事物的过程中，考辨、厘清一个新理念是认识和把握这个新理念的逻辑前提，要真正把握新理念的内涵，就必须把新理念还原到特定的话语体系之中，找到它内嵌其中的学术背景。

在党的十九大报告中，"优美生态环境需要"强调了人的需要的新变化，明确指出"生态环境需要"与物质财富和精神财富需要一样，都是满足人民日益增长的美好生活需要的重要组成部分，三者不可分割，缺一不可。同时，我们也要看到，对"优美生态环境需要"新理念要从外延和内涵两方面去理解和把握。从外延上讲，"优美生态环境需要"是多方面的、整体性的和大量的，满足该需要的前提条件就是"提供更多优质生态产品"。例如，蓝天、净水、绿地、安全食品和优美的人居环境等。从内涵上讲，这种生态环境必须是优美的、宁静的、和谐的、宜人的，人们可以诗意般的栖居其中，徜徉陶醉在大自然的怀抱。"优美生态环境需要"的主体是广大人民群众，是生活在现实社会中的普通大众，而不仅仅是钟情于山水的文人雅士。人民群众既是优美生态环境的创造者，也应当是优美生态环境的享用者。所以，"优美生态环境需要"是人民群众日益增长的新需要，是人民群众祈盼美好生活的新需要。所以，"满足人民群众日益增长的优美生态环境需要"是以人民为中心理念的必然要求，也是人民至上理念在生态文明建设方面的生动体现。理解"优美生态环境需要"新理念的一个重要维度就是要与"人与自然和谐共生现代化"新理念结合起来。十九大报告中的一大亮点就是提出了具有中国特色的现代化思想。曾几何时，以工业现代化为硬核的西方现代化模式长期执人类发展理念之牛耳，但随着“环境公害”灾难的降临，《寂静的春天》《增长的极限》《只有一个地球》等绿色经典似投出的利剑，直击西方现代化的“软肋”，人们普遍质疑并尖锐批判了西方现代化模式。所以，党的十九大报告强调指出“我们要建设的现代化是人与自然和谐共生的现代化”，这是我们党从生态文明的视野对现代化的最新理解，是一个很有中国特色、中国风格，充满中国生态智慧的现代化范式，针对性地开辟出非西方现代化的新型现代化道路。在构建人与自然和谐共生的现代化进程中，提供更多优质的生态产品以满足人民日益增长的优美生态环境需要，就是中国新型现代化理论的特色所在。西方现代化无疑为人们提供了大量的物质和精神财富，但中国特色的人与自然和谐共生的现代化，还要满足人民群众日益增长的“优美生态环境需要”。这是对西方现代化模式的超越和发展，同时也把“人与自然和谐共生的现代化”与“优美生态环境需要”新理念联系起来。也就是说，中国特色的现代化应当具有提供更多优质生态产品以满足人民日益增长的优美生态环境需要的能力与担当，中国特色的现代化与西方现代化迥异，前者是绿色可持续的现代化，而后者是黑色不可持续的现代化。我们还应当认识到，“美好生活需要”与“优美生态环境需要”是分不开的，优美生态环境的确是美好生活需要的生态前提和自然基础，生态环境遭到污染和破坏，人们的生存都将受到威胁，更遑论美好生活需要了。因此，我们对美好生活的理解应当有生态环境的维度，对人民群众需要的满足应当从物质、精神层面提升到优美生态环境需要的层面。报告中还提到，人们对优美生态环境的需要是“日益增长的”，这意味着该需要不是可有可无的，更不是暂时的，零星的。党和政府为人民群众提供优美生态环境，就像提供物质和精神财富一样，是一项长期和持续的工作，必须给予高度重视，持之以恒、久久为功。

第二节 满足人民对美好生活需要是中国共产党人的初心和使命

以人民为中心，人民至上，是习近平新时代中国特色社会主义思想理论的落脚点和出发点。早在2012年11月15日，党的十八届中共中央政治局常委同中外媒体记者见面时，习近平总书记就明确指出："人民对美好生活的向往，就是我们的奋斗目标。"党的十九大报告更加鲜明地指出："中国共产党人的初心和使命，就是为中国人民谋幸福，为中华民族谋复兴。这个初心和使命是激励中国共产党人不断前进的根本动力。全党同志一定要永远与人民同呼吸、共命运、心连心，永远把人民对美好生活的向往作为奋斗目标，以永不懈怠的精神状态和一往无前的奋斗状态，继续朝着实现中华民族伟大复兴的宏伟目标奋勇前进。"①

从马克思主义的人学理论看，人民群众的需要不是抽象停滞的，而是具体变化的，呈现出一种动态发展的样态。随着社会历史条件的变化，人民群众的各种需要也必然发生变化。党的十九大报告用精准的语言，把近代以来中国社会历史巨变的三个大的阶段用"站起来""富起来"到"强起来"加以概括。在毛泽东带领中国人民站起来的时代，人民群众的需要更多表现在政治方面，争取民族独立，人民解放，人人平等，推翻不合理的旧制度，建成社会主义的新制度。让人民群众当家作主、扬眉吐气是当时中国人民的最大需要，人人都能真切体会到"换了人间"。在社会主义制度建立的初期，满足广大人民群众的物质需要、生活需要还有很大差距，但政治上的需要却得到了充分保障和极大满足。在邓小平带领中国人民富起来的时代，改革开放的重要目的就是要重新恢复历史唯物主义人的需要观和利益观，将人民群

① 习近平：《决胜全面建成小康社会 夺取新时代中国特色社会主义伟大胜利——在中国共产党第十九次全国代表大会上的报告》，《人民日报》2017年10月28日。

众的社会需要及其满足上升为执政党的最高原则和执政理念。“发展是硬道理”“以经济建设为中心”“贫穷不是社会主义”“让一部分人先富起来”，这些新理念为什么成为当时中国的“好声音”，就是因为当时人民群众的需要更多地表现在经济方面，表现在物质生活方面。摆脱贫困，走向小康，过上较为富裕的生活是中国人民的最大需要。所以，邓小平说：“离开这个主要的内容，政治就变成了口头政治，就离开了党和人民的最大利益。”① 改革开放使中国经济建设取得重大成就，人民生活不断改善，人民的获得感、幸福感显著增强。中国稳居世界第二的经济总量，为满足人民经济需要奠定了坚实基础。当中国特色社会主义进入新时代，习近平带领中国人民强起来的今天，人民群众的需要也有了新的变化、新的追求，人们从求温饱转向了求环保，从求生存转向了求生态。这些都表明，人民群众的需要已经从物质和精神的层面提升到生态环境的层面，赞赏环境、追求绿色、保护生态已经成为人民群众的新需要、新期盼。人民对美好生活的向往，就是我们党努力奋斗的目标。我们党及时关注并顺应了人民群众追求美好生活的新需要，在我们党的理论创新方面，党的十九大报告中第一次提出了“满足人民群众日益增长的优美生态环境需要”这一新理念。这一理论创新充分说明，我们党对人民群众需要的变化有着清醒的认识，深知优美生态环境在满足人民群众需要方面的重要作用，把“优美生态环境需要”视为与物质财富、精神财富同样重要的满足人民群众美好生活需要的前提条件，这是党的群众路线和群众观点在人民群众需要理论方面的具体体现，是习近平生态文明思想秉持人民至上理念的生态表达，也是社会主义生态文明建设背景下“人的需要理论”的新发展、新亮点。

从一定意义上讲，无论是革命战争年代，还是在社会主义建设和改革开放时期，中国共产党人奋斗的价值和目标，就是兢兢业业、孜孜不倦地满足人民群众日益增长的多方面需要的过程，这也是党的全部工作的出发点和落脚点。

① 《邓小平文选》第2卷，人民出版社1983年版，第150页。

第三节　从马克思"人的需要理论"看"优美生态环境需要"新理念

马克思主义是指导我们党理论创新的思想基础和理论来源。党的十九大报告提出的"优美生态环境需要"新理念是对马克思"人的需要理论"的继承和发展，人们可以在马克思主义那里寻其"源"，知其"流"。

关于"人的需要"问题，马克思有着丰富的论述。人的需要以及需要的满足等理论在历史唯物主义中占据重要的地位。这里的"历史"是现实的人的历史，是人的需要不断产生并寻求不断得到满足的历史，而这里的"唯物"显然包含着人的需要及其满足方式在内的社会生活的方方面面。所以，马克思是从人的基本的物质生活需要出发来建构历史唯物主义理论大厦的。马克思在《德意志意识形态》中指出："全部人类历史的第一个前提无疑是有生命的个人的存在。因此，第一个需要确认的事实就是这些个人的肉体组织以及产生的个人对其他自然的关系。"① "我们首先应当确定一切人类生存的第一个前提，也就是一切历史的第一个前提，这个前提是：人们为了能够'创造历史'，必须能够生活。但是为了生活，首先就需要吃喝住穿以及其他一些东西。因此第一个历史活动就是生产满足这些需要的资料，即生产物质生活本身。"② 马克思还认识到，在实践中"已经得到的满足的第一个需要本身，满足需要的活动和已经获得的为满足需要用的工具又引起新的需要。"③ 这说明，人们的需要是多样的、变化的，随着社会发展和科技进步，人们的基本需要满足之后就会产生"新的需要"。人们"新的需要"的产生是一个客观存在的状况，需要的层次将提升，需要的内容将扩大。在当今中国，人民群众在获得了更多物质财富和精神财富的基础上，一定会产生"新

---

① 《马克思恩格斯选集》第1卷，人民出版社1995年版，第67页。
② 《马克思恩格斯选集》第1卷，人民出版社1995年版，第78—79页。
③ 《马克思恩格斯选集》第1卷，人民出版社1995年版，第79页。

的需要”——优美生态环境需要，而且这种需要是更基本、更真切的需要，它为人民群众物质和精神财富的供给和满足奠定了自然前提和生态基础。

马克思“人的需要理论”的主要内容有以下三个方面：

第一，人们的需要是他们的本质，人是一种有着多种需要的存在物。正常的需要是维持现实的人的生存的合理诉求。人的需要是由人的本质决定的。马克思曾经批判过以费尔巴哈为代表的旧唯物主义的缺陷，那就是旧唯物主义关注的人是抽象的人、是“一般的人”，而不是现实的人、具体的人，这样的哲学忽视了人的需要，进而导致对人的忽视，成为“目中无人”的哲学，这样的哲学只能是僵化的、机械的而缺乏人性的光辉。

在马克思看来，“他们的需要即他们的本质。”[①] 这表明，人的需要同人的本质相统一，人的需要及其满足是人的本能、本性，是人类的本质的展现。马克思还认为：“人以其需要的无限性广泛性区别于其他一切动物。”[②] 马克思在《1844年经济学哲学手稿》中，专门论述了人的需要、生产与动物的需要、生产之间的区别。“诚然，动物也生产。它为自己营造巢穴或住所，如蜜蜂、海狸、蚂蚁等。但是动物只生产它自己或它的幼仔直接需要的东西；动物的生产是片面的，而人的生产是全面的；动物只是在直接的肉体需要的支配下生产，而人甚至不受肉体需要的支配也进行生产，并且只有不受这种需要的支配时才进行真正的生产；动物只生产自身，而人再生产整个自然界。”[③] 可见，动物的本能、机能决定其需要只能是“直接的肉体需要”，而人的需要远远超越了生理本能需要的范围和层次。为了满足人的需要的无限性和广泛性，人的生产就应当是“全面的”“真正的生产”，人应当再生产整个自然界。这种属人的生产一定包含对“优美生态环境需要”的生产和再生产，一定是能够提供更多优质生态产品的真正而全面的生产。

现实的人就有具体而真实的需要，在全面建成小康社会的进程中，我们

---

① 《马克思恩格斯全集》第3卷，人民出版社1960年版，第514页。

② 《马克思恩格斯全集》第49卷，人民出版社1982年版，第130页。

③ 《马克思恩格斯全集》第42卷，人民出版社1979年版，第96—97页。

党及时关注到人民群众具体真实需要的扩展和变化，强调"也要提供更多优质的生态产品以满足人民日益增长的优美生态环境需要"。这里表达的理论旨趣是，满足人民群众对优美生态环境的需要，是社会主义生态文明建设的价值追求，也是以人民为中心思想在环境保护、绿色发展上的贯彻执行，是历史唯物主义原则和党的群众路线、群众观点在生态文明实践中的生动体现。

第二，人的需要不是抽象、僵化的，而是具体、变化的，呈现出一种辩证发展，不断上升的趋势。"人的需要上升递进规律"体现在人的全面发展和社会历史的进步中，也是和谐、幸福、健全社会的应然状态。

马克思主义"人的需要理论"认为，人的需要就是人的现实，就是人的本质。人性的丰富性就表现为需要的多样性，人的全面发展到什么程度，他的需要就发展到什么程度。人的需要的提升可以视为社会历史进步的标杆和尺度。人的需要是多维而复杂的。从需要内容上看包括三个方面，物质需要、精神需要和社会交往的需要。从需要层次上看，人的需要大体上可以呈现出人的生存需要、享受需要和发展需要等不同的层面。随着人类社会的发展，"人的需要理论"也在与时俱进。因循着马克思"人的需要理论"，现代西方出现了马斯洛和赫勒等理论家的"人的需要理论"，这些成果的出现无疑深化和拓展了"人的需要理论"的研究。但我们也要看到，由于社会进步的阶段不同和研究主题的差异，已有的"人的需要理论"主要还是在人与人的社会关系的视阈中展开的，还没有提及"优美生态环境需要"在人的需要中的地位和作用问题。我们党在继承前人研究成果的基础上，认识到"人的需要上升递进规律"，及时提出了"优美生态环境需要"这个新理念，第一次在人的需要理论中增加了生态环境需要的内容，这无疑是丰富了马克思"人的需要理论"，是对人民群众期盼优美生态环境需要的社会诉求的理论回应。

第三，满足人的需要是人们实践和认识活动的最终价值尺度，也是推动实践和认识活动持续发展的利益动因。在马克思主义理论中，社会历史的发展可以视为人们为自身的利益需要进行的创造价值的活动。

在谈到认识活动时，马克思指出：人们“对自然界的独立规律的理论认识本身”其目的是使自然界“服从于人的需要。”① 亚里士多德在《形而上学》书中的第一句话就是“每个人在本性上都想求知”。“想”就是一种需要，一种求知的需要。可见，人类认识的发展与人的需要密不可分。

在谈到实践活动时，马克思主义认为，人们的实践活动受到真理尺度和价值尺度的制约，而实践的价值尺度，就是人的需要的尺度，是指人们在实践中必须遵循的，以满足人的需要为特定内容的实践目标。列宁说：“人为了自己的需要，通过实践和外部自然界发生关系，人通过自然界来满足自己的需要。”② 在《德意志意识形态》中，马克思加了一个重要的边注：“人体。需要和劳动”。在这里，人体的存在是前提和基础，人的需要是人体真实生存状态和劳动的内在动力。马克思强调了需要与劳动的辩证关系，劳动是满足人的需要的手段与方式，劳动创造了人的需要，也为满足人的需要提供了物质前提；人的需要反过来又提升了实践的自觉性和能动性，推动着实践向更高层次的发展。

马克思“人的需要理论”的旨趣为我们理解和掌握党的十九大提出的“优美生态环境需要”新理念提供了理论支撑和理解框架。在加快社会主义生态文明体制改革，建设美丽中国的今天，我们应当更加重视“优美生态环境需要”与人的本质、人的生存状况和人的全面发展的关系，把优美生态环境需要视为与物质财富和精神财富同等重要的需要。我们要认识到，人的需要是现实的、动态的，原来的需要满足之后，新的需要一定会产生。所以，执政党不能仅仅满足于过去为人民群众做了什么，满足了人民群众哪些方面的需要，而应当时刻关注人民群众需要的新变化，敏锐地洞察并及时反映这种新变化。在理论上加深对“优美生态环境需要”新理念的认识，探讨

① 《马克思恩格斯全集》第46卷上，人民出版社1979年版，第393页。
② 《列宁全集》第38卷，人民出版社1959年版，第348页。

"优美生态环境需要"的含义和特征，它的构成以及在人的需要中的地位和作用，用生态环境方面的理论新成果指导生态文明建设新的实践。在实践上，加大优美生态环境建设的力度，优美生态环境不是天成的，也是等不来的，而应当重在建设，主动通过人们的生态实践还自然以宁静、和谐、美丽。正如列宁所说："世界不会满足人，人决心以自己的行动来改变世界。"① 只有把生态环境建设成宁静、和谐、美丽的状态，满足人民日益增长的优美生态环境需要才有前提和保障。

第四节　"优美生态环境需要"新理念的创新意义

党的十九大报告提出了"优美生态环境需要"新理念，反映出我们党对马克思"人的需要理论"的继承和发展。马克思以及马斯洛等理论家关于人的需要理论中还没有明确提出"优美生态环境需要"概念，没有把人的需要延伸到优美生态环境需要的范围，这是由当时社会发展的阶段特征和时代主题决定的。我们党敏锐地认识到，随着中国特色社会主义进入了新时代，我国经济建设取得重大成就，人民生活水平不断改善，人民群众的需要必然会有新的变化，增添新的内容。所以，我们党及时从理论上回应了人民群众需要的新样态和新变化，在党的理论建设方面第一次提出了"优美生态环境需要"这个新理念，这无疑是对马克思"人的需要理论"的丰富和发展，也超越了以马斯洛为代表的当代西方的"人的需要理论"。同时，"优美生态环境需要"新理念的提出拓展了"人的需要理论"研究的新视阈，增添了人学研究的新内容。

时代是思想之母，实践是理论之源。"优美生态环境需要"新理念的提出正是我们党善于聆听群众呼声、满足群众要求的具体体现。党的十九大报告指出："中国特色社会主义进入新时代，我国社会主要矛盾已经转化为人

① 《列宁全集》第38卷，人民出版社1959年版，第229页。

民日益增长的美好生活需要和不平衡不充分的发展之间的矛盾。我国稳定解决了十几亿人的温饱问题，总体上实现小康，不久将全面建成小康社会，人民美好生活需要日益广泛，不仅对物质文化生活提出了更高要求，而且在民主、法治、公平、正义、安全、环境等方面的要求日益增长。"① 中国社会主要矛盾的新变化，意味着人民群众需要的新样态的产生，需要的新领域的扩展，这是由中国社会发展进步的状况决定的。

面对着中国社会主要矛盾的新变化，我们党清醒地认识到，"小康全面不全面，生态环境质量是关键"（习近平语）。当下生态环境方面存在的突出问题已经成为满足人民日益增长的美好生活需要的主要制约因素。土壤污染、水质污染、雾霾袭人、食品污染、垃圾围城等生态短板效应的影响，使得"优美生态环境"成为人民的新需要，时代的新呼唤。

人民有所呼，党和政府就要有所应。习近平总书记指出，环境就是民生，青山就是美丽，蓝天也是幸福。良好生态环境是最公平的公共产品，是最普惠的民生福祉。人民群众对清新空气、清澈水质、清洁环境等生态产品的需要越来越迫切，生态环境越来越珍贵，我们必须顺应人民群众对优美生态环境的期盼。正是在大力推进生态文明建设的进程中，我们党更加注重人民群众的生态祈盼和环境追求，努力阐发"人的需要理论"中的生态意蕴，把人民群众对"优美生态环境需要"视为"美好生活需要"的重要组成部分，把"美好生活需要"的范围拓展延伸到优美生态环境需要的层面，这是我们党在社会主义生态文明建设中的又一重大的理论创新，使"美好生活需要"范畴的内涵更加丰富，外延更加广泛。

总之，党的十九大报告提出的"优美生态环境需要"新理念，是我们党提出的社会主义生态文明观的最新理论成果，把马克思"人的需要理论"提升到一个新的高度。这种新的需要理念，超越了以往人们熟知的当代西方的

---

① 习近平：《决胜全面建成小康社会 夺取新时代中国特色社会主义伟大胜利——在中国共产党第十九次全国代表大会上的报告》，《人民日报》2017年10月28日。

"人的需要理论"，第一次明确提出了"优美生态环境需要"这个新理念、新观点，把"优美生态环境需要"与人民群众的"美好生活需要"结合起来，开辟了人学研究和社会发展研究的生态维度，把人的需要从政治、经济、精神、文化、心理和人的自由全面发展的层面延展拓进到"优美生态环境需要"的层面。这样，围绕着什么是"优美生态环境"？"优美生态环境需要"包含着什么内容？怎样提供更多的优质生态产品以满足人民日益增长的"优美生态环境需要"等一系列理论和现实问题就呈现在人们面前。这方面的研究将弥补传统需要理论存在着的特定的生态学阈限，把生态环境需要镶嵌到"人的需要理论"当中，唤起"人的需要理论"中的生态环境因素，把人的需要同人与自然的生态关系结合起来。美丽中国，美好家园是中国人民美好生活的重要内容，满足人民群众日益增长的优美生态环境需要，反映了人民群众的根本需要和最大利益，是人与自然和谐共生现代化的内在要求和应有之义。

第九章　“还自然以宁静、和谐、美丽”新理念探究

在社会主义生态文明建设取得重大成就的基础上，我们党的十九大报告又把生态文明建设的理论和实践提升到一个新的高度。我们仔细研读该报告就会感到，我们党在生态文明建设理论创新的同时，特别注重用创新的理论去指导国家的生态文明建设实践，实现社会主义生态文明建设从理论创新向生态实践的转变，凸显了生态文明建设的实践维度。所以，我们从报告中会深切地体会到、感受到，政府的生态工作重点转向了生态治理和环境恢复，各种具体的生态保护和恢复的举措让人耳目一新，提升了我们建设美丽中国的生态自觉性。

在报告中，关于生态保护和恢复的实践举措具体而全面，主要的举措有：坚持节约优先、保护优先、自然恢复为主的方针；建立健全绿色低碳循环发展的经济体系；构建市场导向的绿色技术创新体系；构建清洁低碳、安全高效的能源体系；推进资源全面节约和循环利用；实施国家节水行动，降低能耗、物耗，实现生产系统和生活系统循环链接；倡导简约适度、绿色低碳的生活方式；持续实施大气污染防治行动；加快水污染防治；强化土壤污染管控和修复；加强农村面源污染防治；开展农村人居环境整治行动；加强固体废弃物和垃圾处置；实施重要生态系统保护和修复重大工程；推进荒漠化、石漠化、水土流失综合治理；强化湿地保护和恢复；扩大退耕还林还

草；扩大轮作休耕试点，健全耕地草原森林河流湖泊休养生息制度……

在上述生态保护与恢复的具体举措中，“防治”“修复”“整治”“综合治理”“休养生息”是关键词，这些举措都告诉我们，在中国生态文明建设方面，生态治理和环境修复已经成为工作重点，生态文明建设的实践拐点到来了。在这里，我们用党的十九大报告中的提法来概括就是：还自然以宁静、和谐、美丽。

所以，“还自然以宁静、和谐、美丽”的新理念、新思维、新举措，值得我们高度重视、研究阐释，它不仅饱含生态文明理论创新的意蕴，还有明确的生态实践向度，为我们生态治理和环境修复指明了方向。

第一节　何为大自然的宁静、和谐、美丽

面对日益严峻的生态环境危机，人们真切感受到了大自然的报复与惩罚。环境问题的凸显，迫使着人类环境共识的形成，那就是“人类对大自然的伤害最终会伤及人类自身，这是无法抗拒的规律”。所以，停止对大自然的伤害与压榨，重新协调人与自然的关系，尊重自然、顺应自然、保护自然，还自然以宁静、和谐、美丽，就成为当下的“中国好声音”，也成为中国生态文明建设的高光时刻。

在“还自然以宁静、和谐、美丽”的新理念中，最耐人寻味，引人深思的是一个“还”字。从语义上讲，“还”即复也、返也、归也、退也，返回原来的地方或恢复原来的状态，有归还、偿还等含义。“还自然以宁静、和谐、美丽”就意味着，自然原来的状态就是自然而然的，是天成怡然的，自然生态系统是宁静、和谐、美丽的。否则，就没必要“还”了，也谈不上“还”什么。只是人类生产和生活过度干扰了自然界，才破坏了大自然原有的宁静、和谐、美丽。现在是到了“偿还”大自然的时候了，“还”意味着自然生态的恢复、自然生机的返还、自然认识的回归、自然态度的转变。从

控制自然，向自然进军到还自然以宁静、和谐、美丽，一进一还之间，折射出我们对大自然应有的尊重和迟到的感恩，反映了人类应有的生态道德和生态责任。

“宁静”用于描述大自然，其要义在于表达自然界原生态的一种安静状态，反映自然万物“自然而然”的本来面目。“宁静”不是说大自然死寂无声，相反“稻花香里说丰年，听取蛙声一片”本身就是自然界至臻至美的表达。我们强调还自然以宁静，就是要减少人类对自然界的过度搅扰和伤害，人类没有理由为了一己私利而对自然界肆无忌惮的盘剥与压榨。人类应当努力减少，甚至杜绝炸矿的炮声、打猎的枪声、宰杀生灵的惨叫声、震耳欲聋的机器轰鸣声和汽笛的喧嚣声……因为这些不是大自然本来的声音。

正像人类在禅意空间内的“宁静致远”一样，自然界也只有在宁静中、在静谧中才能得到休养生息，恢复生机盎然的生态系统。“万物生长靠太阳”，但有研究表明，在静谧的月光下，在万籁俱静的夜晚，反而是生态系统自我修复，补充能量的最佳时期。“非宁静无以致远”，人们对大自然认识的提升也是得益于自然界宁静自然的生存状态。许多生态思想家正是从大自然清静安宁、无聒无噪中获得思想的启迪、灵魂的浸润，提出了关爱环境，尊敬自然的生态思想。正如在瓦尔登湖边的宁静状态中感悟大自然的美国生态思想家梭罗那样。

在呵护大自然的绿色实践中，还自然以宁静的生态举措也是十分有效的。例如，经过40年的精心保护，一度濒危的朱鹮已由在陕西洋县发现时的7只增至现在的5000余只。被列为“国际保护鸟”的朱鹮，又名朱鹭，有“东方宝石”之誉。朱鹮对宁静的生态环境要求很高，为了保护种群弱小，生存极危的7只朱鹮，在鸟类专家刚发现它们的1981年，洋县就发布了紧急通知：在朱鹮活动区域内实施“四不准”，其中就有“不准开荒放炮”的要求。朱鹮胆子小，为了不惊扰这些翩跹起舞的精灵，当地农民在赶牛耕田时，就拔些干草，塞住牛铃铛，不让发出声响。现在，当地村民与朱鹮“似见非见”，互不侵扰，过着各自安好的宁静生活。[①] 现在，中国政府实施了“长江十年禁渔”工程，其目的也是要还长江以宁静，恢复长江的生态系统。

从“和谐”的角度观察自然界，有两个层面的“和谐”，一是自然界万物之间的和谐，一是人与自然的和谐。“和谐”就是和睦、温和、柔和，是和衷共济，是和畅和暖。在历史的深处，人类把大自然视为控制、开发的对象，视为体现人类伟力的被动存在，忽视了自然界的价值，自然界和谐的状态离人们越来越远。

现在，到了还自然以和谐状态的时候了。在人与自然关系中，强调“和谐”，追求的是两者“和睦相处、谐调平衡，同生共在、一荣俱荣”的生存状态，是处理两者关系的正确价值追求和方法指导。还自然以和谐，重点在于通过人类的“还”来实现两者之间的“和谐”，进而呵护充满诗意的大自然。追求人与自然间的“和谐”是手段、是方法、是路径，其要旨在于达到“人与自然的共生”，创造出人与自然之间和美与共的生态蓝图。

2020 年新冠肺炎疫情，给人类处理与自然界的关系上了生动的一课。还自然以和谐的重要性进一步凸显。“人类与野生动物应该如何相处？”许多人认为，不打扰，就是最好的相处方式。野生动物并没有错，是人类滥食野生动物的陋习错了，是人类与野生动物的相处方式错了。所以，人类保持与野生动物和平共处的边界很重要。要学会与自然界的“和谐共生”，其前提是我们必须学会敬畏自然，与自然界保持科学合理的距离，约束人类的贪欲和攫取自然的能力。

其实，“和谐”是大自然的常态。例如，山水林田湖草是生命共同体，其中的生态要素相互支撑、相互润泽，组成了一个和谐共生的生态系统。再例如，在我国的许多水稻产区，绿色生态的水稻种植模式取得了很好的经济效益。农民在水稻田里养鱼、虾、螃蟹、泥鳅等，这些水生动物捕食害虫，

---

① 王乐文、孔祥武、高炳：《朱鹮再度起飞在秦岭》，《人民日报》2020 年 9 月 11 日。

减少病虫害，减少了化肥用量，它们的游动疏松了土壤，增加的氧气，促进了水稻的生长。秋季里来，生态稻米和鱼、虾、螃蟹和泥鳅的丰产，给当地农民带来了可观的经济效益。看来，“和谐”的大自然是惠及人类的。

近年来，“建设美丽中国”，还自然以“美丽”“优美生态环境需要”等概念频现媒体，表明人们对自然美的认识达到了一个新的高度。“美丽”与大自然同在，“自然美”本身就是一种生态美。在一定程度上，我们可以说：自然的，就是美丽的；美丽的，就是自然的。因为“美丽”本身就是大自然的内在本性。“看万山红遍，层林尽染，漫江碧透”是美的；“鹰击长空，鱼翔浅底，万类霜天竞自由”是美的；“水光潋滟晴方好，山色空蒙雨亦奇”是美的；“蒌蒿满地芦芽短，正是河豚欲上时”也是美的。

曾几何时，在人们以破坏生态环境为代价谋求一时发展的错误思想引导下，人们为了采矿炸掉了半个山头，使得原本林木茂密的山体遍体鳞伤；造纸厂的污水直排使河水既黑又臭，鱼虾绝迹，恶臭的空气弥漫在沿河两岸；工厂的烟囱向天空喷吐着滚滚黑烟致使雾霾压城；土壤污染严重，塑料垃圾围城，“白色污染”随处可见……这样一个让人黯然神伤的自然界根本谈不上美丽。

现在，人们对美丽与自然环境的关系有了新的认识，正如习近平总书记指出的：“环境就是民生，青山就是美丽，蓝天也是幸福。”① 是的，自然界中郁郁葱葱、青翠欲滴的青山是美丽可人的，“上下天光，一碧万顷”的蓝天是人们期盼的。近年来，在国家实施“蓝天、碧水、净土”三大保卫战的成绩中，美丽的大自然又回到了人们中间。在微博和微信朋友圈上，人们总能看见身边人分享的蓝天、碧水和净土。最近在微博上，一个名为“随手拍北京蓝天”的话题就很吸引眼球。点开这个话题，人们可以看到北京的各种蓝天：故宫宫阙上的蓝天、湖水倒映下的蓝天、雨过天晴的蓝天、朝霞飘至

---

① 中共中央宣传部：《习近平总书记系列重要讲话读本》，人民出版社 2016 年版，第 233 页。

的蓝天……天空是反映人类行为的镜子，蓝天天数的增加折射出人类还自然以美丽的努力状况。据报道，近年来，我国还自然以宁静、和谐、美丽的三大攻坚战取得了骄人的成就，生态环境质量明显改善。2020 年 1—6 月，337 个地级及以上城市平均优良天数比例为 85.0%；2019 年全国地表水优良水质断面比例上升 8.9%，劣 V 类断面比例下降 6.3%；到 2020 年年底，实现受污染耕地安全利用率达到 90%左右的治理目标①“我见青山多妩媚，料青山见我应如是，情与貌，略相似。”大自然是美的，人类也是懂得欣赏美的，只有自觉地还自然以美丽，人类才能时常感到，大自然的美丽无处不在。正所谓：“孤村落日残霞，轻烟老树寒鸦。一点飞鸿影下，青山绿水，白草红叶黄花。”

第二节　“还自然以宁静、和谐、美丽”的马克思生态思想基础

党的十九大报告提出的“还自然以宁静、和谐、美丽”的新理念，是指导我们生态文明建设的思想指南，是马克思恩格斯生态思想在中国的新发展，是马克思主义生态思想中国化的最新成果。我们可以看到，“还自然以宁静、和谐、美丽”的新理念与马克思恩格斯的生态思想一脉相承，我们从马克思恩格斯的生态思想中，可以找到“还自然以宁静、和谐、美丽”新理念的思想来源和理论支撑。

我们把“还自然以宁静、和谐、美丽”的新理念加以概括，就是“生态修复、自然恢复”的意思。在马克思恩格斯的生态思想中，虽然没有“还自然以宁静、和谐、美丽”的相同表述，但他们关于生态修复、自然恢复、尊重自然、呵护自然的思想和表述还是丰富的，体现出高度的生态智慧和生态自觉。

---

① 陈海波、尚文超：《三大保卫战，让家园拥抱自然》，《人民日报》2020 年 8 月 17 日。

第一，“生产排泄物的利用”问题。人们要想还自然以宁静、和谐、美丽，生产生活的垃圾处理十分重要。在《资本论》中，马克思就用专门的篇幅讨论了这个问题，他指出：“我们所说的生产排泄物，是指工业和农业的废料；消费排泄物则部分地指人的自然的新陈代谢所产生的排泄物，部分地指消费品消费以后残留下来的东西。因此，化学工业在小规模生产时损失掉的副产品，制造机器时废弃的但又作为原料进入铁的生产的铁屑等等，是生产排泄物。人的自然排泄物和破衣碎布等等，是消费排泄物。消费排泄物对农业来说最为重要”① 马克思在这里提到了排泄物、垃圾的利用问题，他特别强调人的粪便等自然排泄物、消费排泄物对农业生产最为重要。这个思路对我们修复生态，保护环境特别有意义。的确，在我们的身边，引发生态危机，环境出现脏乱差的一个重要原因就是排泄物、垃圾处置不当，导致垃圾围城，废旧塑料围城，“白色污染”日益严重的局面。所以，排泄物、垃圾的生态处置对还自然以宁静、和谐、美丽是十分重要的。马克思的思想在当下的中国正在变为我们的绿色实践，上海、北京等超大城市实行严格的垃圾分类处理以来，不仅城市生态环境发生了巨变，而且也对十九大提出的“开展农村人居环境整治行动”产生了积极影响。城市粪便、污水和厨余垃圾等消费排泄物的生态化利用，大大减轻了城市垃圾占用农田，污染农村环境的压力，减少了农药化肥的用量，有机粪肥滋养了土壤肥力，极大提升了土壤污染管控和修复的能力。

那么，靠什么手段和方法来处理这些排泄物呢？当然是要依靠科学技术了。在这方面，马克思有着明确的阐述。“机器的改良，使那些在原有形式上本来不能利用的物质，获得一种在新的生产中可以利用的形态；科学的进步，特别是化学的进步，发现了那些废物的有用性质”。② 马克思特别强调，用先进的科学技术改造过的工业，可以充分利用工业废料，变废为宝，减少

① 《马克思恩格斯全集》第46卷，人民出版社2003年版，第115页。
② 《马克思恩格斯全集》第46卷，人民出版社2003年版，第115页。

工业废料对环境的污染。生活垃圾经过绿色技术手段加工处理，也能变成农民喜欢的有机粪肥。所以，马克思告诉我们：“化学的每一个进步不仅增加有用物质的数量和已知物质的用途，从而随着资本的增长扩大投资领域。同时，它还教人们把生产过程和消费过程中的废料投回到再生产过程的循环中去，从而无需预先支出资本，就能创造新的资本材料。”① 这里，我们可以看到，马克思已经明确阐述了利用科学技术手段推进生态化生产的问题、废物资源化利用等问题。马克思的上述思想是我们今天大力倡导的“绿色科技”“生态科技”的理论渊源。的确，只有利用现代可持续的生态化科学技术，我们才能真正做到还自然以宁静、和谐、美丽。

第二，关爱土地的“好家长”理论。在生态系统中，土地、土壤是其中最为主要的生态要素，也是人类生存发展的“命根子”。土地、土壤的生态状况在很大程度上影响着整个生态系统的状况。所以，还自然以宁静、和谐、美丽，关爱土地，修复土壤是主要的途径。在这方面，马克思阐发了“人与土地的伦理关系”思想，其中提出的关爱土地的“好家长”理论更是充满了生态意蕴。在他那个时代，马克思十分敏锐地注意到了资本主义生产、城市人口快速增长对农业自然条件的破坏，导致土地肥力损耗加快，土壤愈加贫瘠。他说：“大工业和按工业方式经营的大农业一起发生作用。如果说它们原来的区别在于，前者更多地滥用和破坏劳动力，即人类的自然力，而后者更直接地滥用和破坏土地的自然力，那么，在以后的发展进程中，二者会携手并进，因为产业制度在农村也使劳动者精力衰竭，而工业和商业则为农业提供使土地贫瘠的各种手段。”② 在马克思看来，资本主义的生产方式导致了人类社会与自然界在物质变换的联系中造成一个“无法弥补的裂缝”，因为城市粪便得不到生态利用，土壤、河流被污染，空气中弥漫着呛人的煤烟。土壤的养分在以衣食等形式被市民消费后，其肥力得不到补

① 《马克思恩格斯全集》第44卷，人民出版社2001年版，第698—699页。
② 《马克思恩格斯全集》第46卷，人民出版社2003年版，第919页。

充和恢复，从而破坏了土地持久肥力的永恒的自然条件而导致土地更加贫瘠荒芜。所以，马克思从呵护土地，修复土壤的角度出发，特别强调对土地生态条件的保护，他说："从一个较高级的经济的社会形态的角度来看，个别人对土地的私有权，和一个人对另一个人的私有权一样，是十分荒谬的。甚至整个社会，一个民族，以至一切同时存在的社会加在一起，都不是土地的所有者。他们只是土地的占有者，土地的受益者，并且他们应当作为好家长，把经过改良的土地传给后代。"① 在这里，我们要注意马克思的这些表述：人们是"土地的受益者"，人们应当作为土地的"好家长"，人们应当把"经过改良的土地传给后代"。这些表述清晰地展示出马克思对土地的生态情怀。"改良土地"本身就意味着对被污染、被损耗的土壤肥力的修复，恢复土壤的勃勃生机。恩格斯在《共产主义原理》中，也谈到了"开垦一切荒地，改良已垦土地的土壤。"② 马克思恩格斯都提到了"改良土地"的问题，这绝非偶然，体现了他们的生态农业思维。马克思要求人们不能只盯着直接的土地收益而掠夺式地糟蹋、祸害土地资源，而应该像好家长悉心呵护孩子成长一样关爱土地，恢复土壤肥力，呵护土地的生态安全。在马克思看来，人们应当把家长对孩子的伦理关爱扩展到人对土地的关系上来，像家长呵护孩子一样去关爱土地。人类只有善待土地，反过来土地才能善待人类。土地作为"人的无机身体"（马克思语）也是会"生病"的，人类应当给土地"体检"和"治疗"，养护土地，恢复土壤肥力。这是人类对土地不可推卸的生态伦理责任和环境道德义务。

我国的生态文明建设正在践行着马克思恩格斯"改良土地"的思想。十九大在"还自然以宁静、和谐、美丽"新理念的引导下，明确提出了"强化土壤污染管控和修复，加强农业面源污染防治"的具体任务。2016 年 5 月，国务院发布实施被称为"土十条"的《土壤污染防治行动计划》。2019

---

① 《马克思恩格斯全集》第 46 卷，人民出版社 2003 年版，第 878 页。

② 《马克思恩格斯选集》第 1 卷，人民出版社 1995 年版，第 240 页。

年1月《土壤污染防治法》正式实施，净土保卫战从此有了法律保障。有了顶层设计，中国大地上土地修复、土壤治理的生态实践定将如火如荼地展开。

第三，土地肥力生态恢复的方法与措施。研读马克思恩格斯的经典，我们欣喜地看到，他们的生态思想丰富多彩，不仅有抽象的理论阐述，还有具体的生态实践措施。这些符合现代生态农业思想的生态方法，为我们还自然以宁静、和谐、美丽提供了可操作性。

马克思指出：“农业的改良方法。例如，把休闲的土地改为播种牧草；大规模地种植甜菜，（在英国）于乔治二世时代开始种植甜菜。从那时起，沙地和无用的荒地变成了种植小麦和大麦的良田，在贫瘠的土地上生产的谷物增加两倍，同时也获得了饲养牛羊的极好的青饲料。采用不同品种杂交的方法增加牲畜头数和改良畜牧业，应用改良的排灌法，实行更合理的轮作，用骨粉作肥料等等。”① 马克思在农业改良上提到了“合理的轮作”的方法，长期农业改良，恢复地力的生产实践证明，“合理的轮作”功不可没。党的十九大报告也明确提出了“严格保护耕地，扩大轮作休耕试点”的任务，这与马克思的农业改良思路是一致的。

科学技术在恢复土壤肥力，改善土地质量方面扮演着非常重要的角色。马克思深谙二者之间的关系。马克思在《资本论》中谈到“级差地租”时，就明确论述了运用科学技术的手段改良土地的问题。马克思认识到：“在自然肥力相同的各块土地上，同样的自然肥力能被利用到什么程度，一方面取决于农业中化学的发展，一方面取决于农业中机械的发展。这就是说，肥力虽然是土地的客体属性，但从经济方面说，总是同农业中化学和机械的发展水平有关系，因而也随着这种发展水平的变化而变化。可以用化学的方法（例如对硬黏土施加某种流质肥料，对重黏土进行熏烧）或用机械的方法（例如对重土壤采用特殊的耕犁），来排除那些使同样肥沃的土地实际收成较

① 《马克思恩格斯全集》第47卷，人民出版社1974年版，第599—600页。

少的障碍（排水也属于这一类）……对土壤结构进行人工改造，或者只是改变耕作方法，都会产生这样的效果。”① 在这里，“农业化学”和“农业机械”都属于科学技术的范围，现在借以生态农业技术的手段，例如植物吸附、土壤脱毒、汞污染农田的化学治理等，都取得了很好的生态效果。

通过梳理挖掘马克思的人与土地关系理论，我们可以看出，马克思是热爱土地的，为了改良土地、增加土壤肥力，马克思提出了符合生态农业措施的方法。这些养护土地的方法主要有：化学改良法、机械耕犁法、改良排灌法、合理轮作法、有机肥料法、土地休耕法等。这些对待土地的方法在科学上是生态的，在伦理上是善良的。这些生态农业方法，为我们打赢净土保卫战，使受到污染的土地恢复生机提供了直接的理论遵循。

第四，垃圾循环利用的问题。当今社会，大规模的生产刺激了大规模的消费，从而导致各种垃圾的激增。垃圾乱堆乱放，垃圾包围城乡是破坏大自然宁静、和谐、美丽的重要因素。因此，人类要真正做到还自然以宁静、和谐、美丽，就必须下气力解决垃圾问题。在这个问题上，马克思的相关论述对我们正确处理垃圾问题也是大有裨益的。

现在，人们在谈到垃圾时常说的一句话是：“垃圾是放错了位置的原料。”这是对垃圾价值的重新认识，是一个正确的命题。当然，我们也要看到，正是放错了位置，垃圾才成为破坏环境的“罪魁祸首”。所以，把放错了位置的垃圾加以循环利用，使其成为循环利用再生产中的原料，就显得非常重要了。其实，在《资本论》中，马克思就明确地表述过类似的话：“所谓的废料，几乎在每一种产业中都起着重要的作用。”② 马克思的意思是，从一定意义上讲，世上没有真正的废料，废料都是所谓的，也就是说是相对的，相对于特定的生产来说，废料是存在的。但马克思接着就十分肯定地认为，这些所谓的废料，几乎在每一种产业中都是有用的并且还起着重要的作

① 《马克思恩格斯全集》第46卷，人民出版社2003年版，第733—734页。
② 《马克思恩格斯全集》第46卷，人民出版社2003年版，第116页。

用。这是马克思对垃圾废料的认识，给今天的人们正确处理垃圾废料极大的启迪。生活中垃圾废料的减少，既减轻了对生态环境的压力，又节约了自然资源进而降低了对大自然的榨取程度。所以，减少垃圾废料的数量并加以资源化处理，就成为关键问题。在这方面，马克思也有着重要的论述。在《资本论》中，他列举了这样的实例，当时由于生产工艺水平的低下，在英格兰和爱尔兰的农场主不愿种植亚麻，一个主要理由是：在靠水力推动的小型梳麻工厂里，粗糙落后的生产工艺导致了在加工亚麻时产生了很多废料，损失高达28%到30%，工人们经常把这些废麻拿回家当柴烧，可是这些废麻是很有价值的。后来，人们采用了先进的生产工艺，用水渍法和机械梳理法对亚麻进行精细处理，使亚麻的损耗大大减少。马克思还提到，因为有人发明了一种能破坏棉花但不损伤羊毛的新工艺，使得过去一向被人们视为不名誉的废毛和破烂毛织物的再加工，成为英国约克郡毛纺织工业的一个重要部门——再生呢绒业。科学技术的发展催生了大批新型工具，而生产工具的革新同样可以提高工业废物的利用率，变废为宝，减少资源浪费，减轻对自然环境的压力。马克思多次指出：“机器的改良，使那些在原有形式上本来不能利用的物质，获得一种在新的生产中可以利用的形态。”① “废料的减少，部分地要取决于所使用的机器的质量。”② 马克思列举了意大利和法国在磨谷技术上的差异说明了这样的问题。在罗马，由于当时的技术还很落后，因此不仅同量谷物的面粉产量低，而且磨粉费用相当大，造成极大的浪费。而巴黎人使用的磨是按照30年来获得显著进步的力学原理实行改造的精致的磨，大大提高了同等谷物的面粉产量。马克思还提到，处理纺织工业产生的废丝时，“人们使用经过改良的机器，能够把这种本来几乎毫无价值的材料，制成有多种用途的丝织品。……在生产过程中究竟有多大一部分原料变为废料，这取决于所使用的机器和工具的质量。”③ 我们都知道，机器和工具都

① 《马克思恩格斯全集》第46卷，人民出版社2003年版，第115页。
② 《马克思恩格斯全集》第46卷，人民出版社2003年版，第117页。
③ 《马克思恩格斯全集》第46卷，人民出版社2003年版，第117页。

是“物化”了的科学技术，是科学技术水平的指示器。用科学技术手段改造我们的生产机器和工具，的确可以提高自然资源的使用率，从而节约自然资源，减少生产过程中的废物，减轻生产废物对生态环境的污染。

第五，按照美的规律来建造。还自然以美丽是生态治理、环境恢复的重要内容，在这方面，马克思的“生态美学”思想也是值得我们关注的。在《1844 年经济学哲学手稿》中，马克思在谈到人与动物对待自然界不同的态度时讲道：“动物只是按照它所属的那个种的需要来建造，而人却懂得按照任何一个种的尺度来进行生产，并且懂得怎样处处都把内在的尺度运用到对象上去；因此，人也按照美的规律来建造。”① 在这里，马克思提到人类要“按照美的规律”来协调人与自然的关系，美的规律就是生态的规律，就是符合生态系统美的状态的规律。在很大程度上，我们可以说，原生态的，是美的；而美的，是要符合生态规律和环境要求的。马克思在《手稿》中，多处讲到“最美丽的景色”“矿物的美和特性”“最美的音乐”“形式美”等概念，人们从这些表述中，可以认识到，“人也按照美的规律来建造”是马克思在处理人与自然关系时的一条原则，“按照美的规律来建造”的理念在中国生态治理、环境修复的绿色实践中得到了充分体现。

塞罕坝位于河北省北部。历史上由于过度采伐，土地日渐贫瘠，土质沙漠化问题严重，沙尘暴天气频现。特别是每年春天的沙尘暴可以肆无忌惮地刮到北京、天津和渤海地区，严重影响着当地的空气质量。1962 年，国家在塞罕坝建立了国有机械林场，开展了植树造林，修复植被，恢复生态的持续生态工程。经过半个多世纪的持续修复，三代林业人艰苦奋斗、久久为功，终于迎来了万木葱郁、苍翠连天的北国壮阔美景，塞罕坝地区的森林覆盖率从 11. 4%提高到 80%。目前，这片超过百万亩的人造林每年向京津冀地区提供 1. 37 亿立方米的清洁水，同时释放约 54. 5 万吨的氧气。塞罕坝因为植树造林、修复生态，还自然以宁静、和谐、美丽的骄人成就获得 2017 年度联

① 《马克思恩格斯全集》第 42 卷，人民出版社 1979 年版，第 97 页。

合国环保最高荣誉“地球卫士奖”。

近年来，在习近平“绿水青山就是金山银山”科学论断的指引下，我国人居环境美化建设方面也有了长足的进展。

杭州市推进改善人居生态环境、优化空间布局、发展生态经济、培育生态文化、健全生态制度各项工作，将“绿水青山就是金山银山”理念转化为生动的现实。2005 年 5 月 1 日，杭州西溪国家湿地公园正式开园。当地政府还西溪湿地以宁静、和谐、美丽的生态实践成为印证“绿水青山就是金山银山”的生动范例和鲜活样板，不但引领了中国湿地保护的潮流，还成为“美丽中国”和中国生态文明建设的重要实践基地。

凉水河，曾是北京南城最大的污水排放地，因有污水直接排放，河流受到严重污染，被当地居民称为“臭水河”。2013 年，凉水河综合治理工程正式启动，经过黑臭水体治理，水生植被修复，污染多年的凉水河正在复苏，展现出它应有的生机：水变清了、水生植被恢复了，鱼儿回游了，水鸟亮翅了，一条条滨河步道、一座座滨河公园，大自然宁静、和谐、美丽的画面带给周边群众的是满满的幸福感。

通过上面的分析论述，我们可以明显感到，党的十九大提出的“还自然以宁静、和谐、美丽”的新理念得到了马克思恩格斯生态思想的强力支持，我们今天的自然恢复和生态修复从他们的生态思想中既能找到理论遵循，也能获得生态实践上的启迪。

我们阐述了马克思在自然保护、生态修复方面的论述，其实，恩格斯在这方面的论述也是很有价值的。例如，“两个和解”的观点，即人类与自然的和解以及人类本身的和解。“和解”就有“和谐”的含义，“两个和解”的生态观点现在已经成为人们的思想共识。恩格斯的生态辩证法思想，要求我们树立辩证自然观，尊重并运用生态规律。“大自然报复”的观点，是恩格斯生态思想的一大亮点。在人类生态思想史上，恩格斯很早就拉响了“生态警报”。他还提出了学会认识人类干预自然和生产行为引发的生态环境后果问题。恩格斯展示出的生态智慧，也是指导人们“还自然以宁静、和谐、美丽”生态实践的理论利器。

第三节 “还自然以宁静、和谐、美丽”与生态意识的觉醒

中国共产党在十九大报告中提出了一系列生态文明建设的新思想、新举措，其中“还自然以宁静、和谐、美丽”的新理念令人耳目一新，给人们很深的印象。新理念带给人们的思考，不是因为语词的华丽，而是因为这意味着我们党的生态文明思想跃升到了一个新的高度，对人与自然关系的认识有了质的飞跃，对中国生态环境的现实状况有着清晰的认知，更加明确了生态文明建设的路径与抓手。

这里最为重要的是一个“还”字，在重新思考人与自然的关系时，在生态环境方面，我们究竟欠大自然什么？欠账达到什么样的程度？为什么我们要偿还大自然？又怎样偿还大自然呢？我们思考这些问题，促进了人们生态意识的觉醒，助推了生态修复的绿色实践。

(1)“还自然以宁静、和谐、美丽”意味着人在自然面前的态度发生了重大转折。工业革命以来，借助着科学技术的力量，人类在控制、主宰、盘剥自然的征程上一路狂奔，凯歌高奏。人类的眼睛喷射出贪婪的目光，只想着把大自然吃干、榨尽，处心积虑地盘算着如何把自然资源变成自己的财富，根本没有从大自然的角度，考虑自然万物的感受，也没有意识到人类对自然界欠账太多。这时的人类俨然成了大自然的主人，而大自然成了人类的仆人和婢女，大自然是为人类服务的“下人”。所以，人类对大自然的霸凌之气日甚一日。

现在，在大自然的报复下，人类的生态意识萌醒了，真正意识到人类对大自然亏欠太多，是到了偿还大自然的时候了。“还”的前提是存在着真正的债务，而且这样的债务累积到必须偿还的程度了。如果没有债务，也谈不

到“还”的问题。人类现在面临的问题就是对大自然欠账时间太久，债务太多。知道偿还债务，还是一个明事理的人。“亡羊补牢，未为迟也”。

人类现在就要立刻行动起来，老老实实承认过去对大自然的欠账，改变对大自然的暴戾恣睢态度，树立尊重自然、顺应自然、保护自然的新思维，拿出人类的诚意和创意，尽快“还自然以宁静、和谐、美丽”。

（2）“还自然以宁静、和谐、美丽”意味着人们对大自然生态规律认识的深化。人们以往在开发利用大自然时有规律可循，现在修复生态、恢复环境同样要按规律办事。因为自然界的生态规律也是客观存在的，不以人们的意志为转移。正如恩格斯所言：“自然界是检验辩证法的试金石……自然界的一切归根到底是辩证地而不是形而上学地运行的。”① 所以，我们周边的自然界，每天都是生态辩证法的道场和舞台，生机无限的大千生态世界就是生态辩证法的活教材。例如，托马斯·奥斯汀是从英国移民到澳大利亚的农民，到了澳大利亚后，他发现当地没有适合于打猎的动物，于是，在 1859 年，他让自己在英国的侄子邮寄一批“猎物”到澳大利亚，其中就有 24 只兔子和 72 只鹧鸪和麻雀。托马斯·奥斯汀绝对意想不到，这些看似对人畜无害的小兔子，后来竟在古老的澳洲大陆引发巨大的生态灾难。它们在没有天敌的制约下，快速繁殖，它们与本土动物争夺栖息地，造成小型有袋动物的大量减少。它们环剥树皮，啃食庄稼，密集的兔洞穿空土地，带来严重的水土流失。兔子与牛羊抢食，在干旱时期，兔子可以轻而易举地把牧草啃光，这对牧民来说简直就是灾难。

为了控制兔灾，澳大利亚人采用了一系列措施。捕杀、毒杀被证明无效，引进兔子的天敌，但作为兔子天敌的动物带来的生态问题并不少。19 世纪末，澳大利亚科学家开始研究病毒在控制野兔种群方面的潜力。从经济角度看，病毒控制野兔曾经是十分成功的，此举为澳大利亚的农业贡献了数十亿澳元的产值。但是，生态辩证法是冷酷而严峻的。经济上的丰厚成果掩盖

① 《马克思恩格斯选集》第 3 卷，人民出版社 1995 年版，第 361 页。

不了生态上的严重后果。在兔子暂时从生态系统中被人为移除后，以兔子为主要食物的大量食肉动物，只能将自己的猎食目标转向小型有袋动物，几乎造成兔耳袋狸和猪脚袋狸的灭绝，继而食肉动物自身的数量也迅速下降。更为糟糕的是，对病毒产生免疫功能的兔子，很快就让人们领会到“王者归来”的辩证法，这些兔子在天敌大量减少的生态系统中迅速繁殖。为了消灭兔子引进的生态武器，却最终为兔子的泛滥铺平了道路。

了解澳大利亚兔灾的生态学史，我们可以清晰地把脉生态辩证法的“脉动”，这让我们深刻认识到：在极端的情况下，防控措施本身就可能异化为生态灾难。当人们背离了生态辩证法，没有洞察到隐藏在生态辩证法中的“理性机巧”的时候，人类控制自然生态系统所产生的“蝴蝶效应”往往并不甘愿屈从于人类预设的脚本，不愿随着人类的主观意愿起舞。一旦生态平衡、环境和谐的状态被人为破坏，真实的生态结果就与人类的初心南辕北辙。

但是，“学会辩证地思维的自然研究家到现在还屈指可数”，恩格斯在这里提到了“自然研究家”这个概念，研究自然，重要的是要掌握自然界存在着的生态辩证法，因为生态辩证法就是大自然客观规律的体现。大自然一再提醒人们生态辩证法的存在：农药 DDT 的杀虫效果最初是明显的，但它破坏生态系统而导致了“寂静的春天”；地膜的大面积使用，带来了粮食丰产，但遗留的地膜引发了土壤的“癌症”；牧民驱除狼患是为了保护羊群，但没有天敌的羊群繁殖加速，啃坏草场反过来又殃及羊群，现在，人们又不得不“引狼入室”……

事实表明，我们以往向大自然索取太多，对生态辩证法知之甚少，遗忘甚至违背了自然界的生态规律。现在，我们要谨记：不打扰、少干扰，与大自然和谐相处，是我们从生态辩证法中汲取的生态智慧，而党的十九大提出的“还自然以宁静、和谐、美丽”生态举措正是这种生态智慧的真实写照。

（3）“还自然以宁静、和谐、美丽”意味着人们从榨取盘剥大自然向呵护修复大自然的嬗变。在人们以往的观念中，大自然只不过是人类的“物质仓库”“食品车间”和“原料基地”，人们只知道向大自然开战、钻探、开挖、提取。我们的自然科学很不“自然”，甚至可以说是“反自然”，这些学科的目的就是借助科学技术的手段，绞尽脑汁地把大自然“吃干榨尽”。从总体上看，我们的科学技术很缺乏生态的维度，环境的视角，服务于“还自然以宁静、和谐、美丽”的学科不发达，不普及，保护生态，恢复环境这方面的科技成果还有待长足发展。

“将欲取之，必先予之”。人们现在终于认识到，大自然并非是取之不尽，用之不竭的“聚宝盆”，它也有脆弱的一面，它的资源和环境承载量都是有限的。所以，人们应当转换思路，来一场生态意识上的“哥白尼革命”，从榨取自然向保护自然转变，从控制自然向修复自然前进。在人们的灵魂深处，树立起“还自然以宁静、和谐、美丽”的思想觇标。

马永顺的事迹就反映出人类偿还大自然的生态自觉。马永顺生前系黑龙江省伊春市铁力林业局的一名伐木工人，是全国著名的“伐木能手”，被誉为“林海红旗”。1959 年，为了响应党中央关于实现“青山常在，永续利用”的号召，他在伐木的年代，就利用工余时间，积极投身到植树造林、恢复林木资源的活动中去。面对森林资源的逐年枯竭和小兴安岭水土流失的日益严重，马永顺决心以栽树的实际行动偿还对大山的“欠账”，弥补对大山的过度索取。于是他决心把自己砍伐的 36000 棵树补栽上。1991 年，已 78 岁高龄的马老，认为还差近千棵树没有补栽上。于是，他带领全家三代 15 口人，在荒山坡上营造义务林，当年栽树 1200 多棵，终于完成了偿还森林的夙愿。截至 1999 年，马永顺带领全家人义务植树近 5 万棵。由于马老义务植树，还自然以宁静、和谐、美丽的感人事迹，他当选为 100 位新中国成立以来感动中国人物。至今，“马永顺林”在伊春林区仍然林木葱茏，松枝挺拔。

简单概括一下，人们就可以看到，马永顺的一生只干了两件事：一是伐木，一是栽树。但正是从“伐”到“栽”的转变，折射出人们对自然态度的深刻变化，保护自然、修复生态正成为中国特色社会主义生态文明建设的重要路径。

（4）“还自然以宁静、和谐、美丽”意味着人类对大自然应尽的责任与担当。人是大自然中唯一有意识的类存在物，在处理与大自然的关系时，人类有理性的认知，也有主观的能力。所以，人类徜徉在大自然的怀抱中享受着“天赋人权”的时候，也要时常环顾四周、扪心自问，看看我们的生产生活给大自然带来了什么？人类过度介入大自然，究竟给大自然带来的是“福音”？还是“噩耗”？人们在享有“天赋人权”的同时，要时刻铭记“天赋人责”，要担当起大自然的卫士和地球的保护神。大自然是人的对象性存在，它应当是人类实践活动的“杰作”和“精品”，而不应当是“败笔”和“次品”。生活在大自然怀抱中的人类，应当自觉担负起恢复生态，修复家园的绿色责任与环境担当。

思想是行动的先导。全民生态意识的萌醒和提高，势必带来保护环境，修复生态的绿色实践高潮。从三北防护林体系建设工程到库布其沙漠治理，从退耕还林到退田还湖，从废弃矿山治理到湿地保护与修复工作，从垃圾分类到人居环境整治，从年度禁渔期到长江十年禁渔，从长江大保护到黄河流域生态保护和高质量发展……一场场生态修复，环境保护的大戏正在中国大地上如火如荼地上演。这是人类对大自然应尽的责任与担当，更是中国人的襟抱与视野。

总之，在当下的中国，“还自然以宁静、和谐、美丽”的新理念，受到了越来越多人的认同，也在很多人的心中引起了共鸣。我们坚信，在党的生态文明理论指引下，把“还自然以宁静、和谐、美丽”的新理念落到实处，真正做到“人与自然和谐共生”，那么，蓝天、碧水、净土的“美丽中国”一定会实现。

传统文化篇

人与自然和谐共生的中国传统哲学资源及当代贡献

新时代中国特色社会主义必须坚持人与自然和谐共生方略，而坚持这一方略的一个重要基础是中华民族博大精深的文化传统。中国传统文化构成了中华民族的灵魂和精神，“中国特色社会主义”本身就注定了它不能脱离中国传统文化，它必然植根于中华民族五千多年历史所孕育的优秀传统文化之中。因此，在新时代开展生态文明建设，促进人与自然和谐共生，就必须充分发掘中国传统文化中的优秀遗产，并让它在当代焕发出勃勃生机。中国传统哲学中的天人合一、万物生生、仁民爱物、道法自然等传统思想，与人与自然和谐共生思想有着内在的逻辑传承与弘扬关系，在新时代的生态文明建设中仍然具有不可磨灭的价值，值得我们认真加以研究。

第十章　自然而然：人与自然和谐共生的中国追求

虽然从本质上来说，人是一切社会关系的总和，也就是说，人是社会中的人，人要生活在社会之中，但是人在现实世界中又是作为一个个孤立的个体而存在，而且是作为一个个孤立的生物的个体而存在。因此，人就像海德格尔说的那样，是作为个人被抛到这个世界上来的，个人在这个世界上就像是一个个孤立的单子，就像漂浮在水面上的浮萍，无依无靠，无着无落，很难在这个世界上安身立命。当然，人像所有的生物一样，肯定会有图存保种、延续生命的本能和愿望，那么，人如何才能在这个世界上生存繁衍、安身立命呢？要回答这个问题，就不能不涉及人与自然的关系。以人类自身为核心，人与世界之间的关系可以分为三类：人与自然的关系、人与人的关系，以及身与心的关系。在这三类关系中，人类首先遭遇的第一层关系就是人与自然的关系。人首先是作为一个生物而存在的，人最基本的需要就是“饥则思食，寒则思衣”这些生理的需要，只有这些需要得到了满足，人类才能维持基本的生存，才谈得上安身立命的问题，而满足这些需要，就离不开自然世界。因此，人要想在世界中安身立命首先就必须直面自然，处理好人与自然之间的关系。

第一节　逃离自然：西方人的追求

在认识和处理人与自然关系这个问题上，由于受到生存环境、思维方式、生产水平等各种因素的影响，不同民族呈现出不同的特点。像梁漱溟就认为，西方人眼睛向外看，追求欲望的满足，首先想到的是征服自然改造自然，而中国人则调和持中，追求当下的满足，因而试图在当下的生活环境中追求自我的满足，与自然和谐相处。钱穆则认为，西方由于身处海洋和草原这样的自然环境之中，以游牧和航海作为他们的主要生活方式，所以，西方人比较注重与自然的对抗，强调人与自然之间的对立关系；而中国人则生活在黄河长江等资源丰茂的区域，能够直接从自然当中获得充足的生活资源，因此并未产生出征服自然改造自然的欲望，而是对自然具有更深的依赖性，愿意与自然和谐相处。在现代社会中，也有很多人从生产力和生产方式的角度深入地分析了中西之间在认识和处理人与自然关系上的差异。由于本书中也有关于马克思主义哲学在相关问题上的专门论述，所以，与环境相关的问题我们在这里就不再赘述，本章主要从哲学的角度对于如何认识和对待自然的问题再做些思考和阐述。

当人被抛到这个世界上的时候，西方人首先想到的不是将人当作自然的一个组成部分，考虑人与自然和谐相处的问题，而是主动将人从自然当中剥离出来，将自然当作一个研究的对象。就像古希腊时代最初的思想家都是自然哲学家，他们就是以自然作为研究对象，研究自然的起源、自然的始基问题。古希腊时代的自然哲学家后来受到了苏格拉底的严厉批判。在苏格拉底看来，研究这些自然问题没有价值，因为我们研究自然，研究风雨雷电，我们也不能改变自然，我们既不能在自然世界中制造出风雨雷电，也不能让风雨雷电在自然界中消失，所以，研究这些问题是没有价值的，我们应该研究政治、伦理道德等等与人类生活密切相关的问题。对于人类来说，最重要的问题是认识你自己，从而实现了人类目光由天上到地上、由外在到内在的转换。不过需要注意的是，不论是苏格拉底之前的自然哲学家，还是苏格拉底本人，实际上都有一个基本的预设，那就是将人从自然世界当中剥离出来、独立出来。中国古代的哲学家则与西方不同，中国古代的哲学家主要是政治家。就像牟宗三所说的那样，“希腊最初的哲学家都是自然哲学者，特别着力于宇宙根源的探讨”，而中国最初的哲学家则不然，“例如尧、舜、禹、汤、文、武诸哲人，都不是纯粹的哲人，而都是兼备圣王与哲人的双重身份。这些人物都是政治领袖”。① 中国古代的哲人为什么没有将目光紧盯在自然问题上，这是因为他们就其乐融融地生活在自然当中，并没有觉得自然是有问题的，所以就没有将自然作为一个对象来展开专门地研究，因此，也就没有将人从自然当中剥离出来、独立出来，而是与自然和谐共生，人生于自然，死于自然，出于自然，归于自然，一切都自然而然。

西方哲学家为什么要将人从自然世界独立出来，将自然作为一个对象来认识和处理？正如前文所言，他们是要为人寻找安身立命之所，实现人类自身的安居，不过问题在于，西方的哲学家认为，人无法在自然世界当中安居，人不能在现实世界的流沙之上为自身建造一个稳定的安居之所。因为在西方人眼中，自然的世界是一个变动不居的世界，赫拉克利特说，“一切皆流，无物常驻”，后来柏拉图也说，现实的世界就是现象世界，而现象世界是一个生生灭灭的世界，人们无法从这个世界中获得真理性的知识，只能获得相对的意见，现象世界本身也就包含了自然界，柏拉图的这样一种学说实际上也就否定了自然世界的稳定性与可靠性。既然自然世界是变动不居的，是不可靠的，那么，我们就不能将安身立命的希望寄托在自然世界之上，因此，我们要么让这个变动不居的世界稳定下来，要么重新寻找一块坚实的土地，从而使我们能够在其上生存繁衍，安居乐业。为了实现这个愿望，西方人对自然展开了深入的研究，寻找自然的根据。既然世界处于生灭之中，从而造成了世界的变动不居，那么，生生者为谁呢？如果我们抓住了这个生生

① 牟宗三：《中国哲学的特质》，上海古籍出版社 1997 年版，第 9—11 页。

者，也就是柏拉图所说的那个“不生不灭者”，那么，我们就可以将自己稳定下来，从而为自己筑居，让自己安居，从此让自己摆脱四处漂泊、颠沛流离的命运。因此，西方哲学家要面向自然世界，追问自然世界当中一切生灭发生的根据，这也就是我们经常所说的透过现象看本质，由果溯因，追问世界万物产生的原因。当然，对于自然世界当中的一切来说，它们既可以为因，也可以为果，因为自然界当中的一切都是处于生灭之中的，一旦我们把某一个自然事物确定为原因的时候，那么，这个原因就可以被看成另一个原因所产生的结果，这样一来，我们的追溯就会处于无限的回溯之中，就会成为一个无限倒退的恶的循环。为了避免陷入这样一个恶的循环，就必须设定存在着一个终极因，而且这个终极因必须不在现实世界之中，不存在于自然世界之中。如果这个终极因存在于自然世界之中，那么，它也就是自然物中之一物，它就是以其他事物为原因的，所以，终极因必须存在于自然世界之外，存在于现实世界之外，或者说超越现实世界，存在于现实世界之彼岸。

对于自然的这样一种观点，可以说是贯穿西方始终的。在古希腊时代，柏拉图就认为自然万物都是出于宇宙创造主的创造，自然万物都有它的原型——理念，自然万物都是对于理念的模仿。因此，柏拉图借助洞穴比喻就清楚地告诉人们，我们所面对的这个自然世界是一个不真实的世界，唯有洞外的理念世界才是一个真实的世界。后来在中世纪的基督教中，同样认为自然是上帝创造出来的，上帝创造了光，创造了水，创造了大地，以及地上的一切生命，并且神“要照着我们的形象，按着我们的样式造人，使他们管理海里的鱼、空中的鸟、地上的牲畜和全地，并地上所爬的一切昆虫。”① 这样一来，对于西方人来说，最真实的世界不是现实世界，不是自然世界，而是作为理念世界或天国的彼岸世界。因此，西方人不能在现实世界、自然世界当中安身立命，他们要超越这个自然世界而进入彼岸世界。柏拉图哲学要斩断束缚人类的锁链，逃到洞外的世界；基督教则要摆脱与自然世界紧密相

① 《圣经·创世记》1：26。

连的尘世而进入天国之中，所以，所有的人都要信上帝，要通过忏悔、祈祷和祝福，以期能够在千禧年来临之际，能够挤过“窄门”，顺利地进入天国。因此，当我们翻看《圣经》的时候就会发现，世俗中人非常热衷于建造通天塔，梦想天梯，而其中所蕴含的则是人们对于超越现实世界的向往。即使在现代西方，人们仍然没有放弃逃离自然世界而进入彼岸世界的向往。对于人类来说，最切近的自然就是地球，尽管西方人将地球称为“盖娅”，也就是母亲，但是他们却缺少对地球母亲的依恋，他们急切地希望离开母亲的怀抱，弃地球母亲而去，这表现在西方人对于“地外文明”的寻找和移居其他星球的期待。阿伦特在自己的著作中说到了 1957 年第一颗人造卫星上天时候人们的反应，“人们的欢呼并非胜利的喜悦，也不是在面对人力掌控自然的巨大力量时，充盈于心中的骄傲和敬畏之情。在事件发生的一瞬间，直接的反应是大松一口气，人类总算‘朝着摆脱地球对人的束缚迈出了一步’”“人类不会永远束缚在地球上”。[①] 因此，对于西方人来说，人们并不是期待在自然世界中安居，在自然世界中安身立命，而是期待通过建造通天塔或天梯的方式逃离自然世界，人要站在自然世界之外，对于自然世界指点江山，对自然进行征服改造，因此，人不是追求与自然和谐共生，而是始终试图站在自然之外，与自然处于一种敌对的状态。

第二节　复返自然：中国人的归宿

中国人与西方人不同，不仅觉得人根本就没有脱离自然世界的可能，而且也根本没有逃离自然世界的必要，因为人本身就是自然中之一物，人注定是要与自然为伍，生于斯而死于斯。现代人经常会强调人是“宇宙之精华，万物之灵长”，强调人类之于自然万物的特殊性，从而试图将人类从自然当

---

① ［美］汉娜·阿伦特：《人的境况》，王寅丽译，上海人民出版社 2009 年版，前言第 1 页。

中超拔出来，但是中国古人并不这样认为。像张载就讲过“民吾同胞，物吾与也”，强调人与自然万物之间的密切联系，而不是急切地要切断人与自然万物之间的联系。像庄子就曾经用一个寓言故事警告那些试图将人类超拔于自然万物之上的人。一个铁匠在打铁的时候，如果一个铁块在熔炉中上蹿下跳，大喊大叫，认为自己是一块好的材料，呼吁工匠一定要将自己锻造成像干将、镆铘这样的绝世宝剑，那么，铁匠就一定会认为这块材料是个妖孽，必定要将其抛弃；如果人类在天地这个大熔炉中同样天天大呼小叫，强调自己的与众不同，强调自己与自然万物之间的差异，那么，自然界一定也会认为人类是个不祥之物，从而将人类彻底抛弃。庄子的这一思想实际上与老子的思想是一脉相承的。老子就说过，人类不要指望自然界会给人类什么特殊的照顾，自然只会按照自己的规律运转，而人类也就是按照自然的规律生生灭灭，“天地不仁，以万物为刍狗，圣人不仁，以百姓为刍狗”。[①] 因此，人类是生于自然，死于自然的，人类就处在自然的循环往复之中，人类没有指望从自然当中逃脱出来，也不会得到自然的特殊对待。陶渊明说“死去何所道，托体同山阿”，强调的就是对自然的回归，回归自然是一件快乐的事情，“久在樊笼里，复得返自然”。当然，陶渊明所讲的“返自然”是从社会重新回归自然之中，过着一种“采菊东篱下，悠然见南山”的与自然朝夕相依的生活。然而，庄子就更加彻底，不仅要“同于禽兽居，族与万物并”，而且要“以天地为棺椁，以日月为连璧”，强调死亡实际上是对自然的一种真正的复归，所以，庄子妻死，鼓盆而歌，全然没有一种悲伤的感觉。正是因为中国人对于自然的这样一种依恋，中国人自觉地以自然为依归，而死亡作为一种回归自然的方式，被赋予了无上的美感。“大风起兮云飞扬，壮士一去兮不复还”固然是一种美，“落红不是无情物，化作春泥更护花”同样也是一种美。正是因为中国人强调人与自然之间的密切联系，将自己牢牢地固定在自然之中，因此，反对通过人为的方式脱离自然。对于中国人来说，自

---

① 陈鼓应：《老子注译及评介》，中华书局1984年版，第78页。

然是真是诚，是善是美，因此，做人做事要自然不造作，如果过多地加入人为因素，就变成了“伪”，与自然相对的人为就是“伪”，就是假恶丑，因此，做人要“清水出芙蓉，天然去雕饰”，这就是一种自然美。正因如此，中国人始终没有从自然当中超脱出来的想法，而是牢牢地将自己定在自然之中，因此，中国人不是像西方人那样建造通天塔或天梯，试图逃出自然之外，而是努力编织自然之网，将人固定在自然之中，从而使人类在自然中安身立命。孔子讲“临渊羡鱼，不如退而结网”，老子说“天网恢恢，疏而不失”，都是强调了“网”的意象，这恰恰与西方的天梯意象形成对照，而这背后则反映出中国人和西方人与自然之间的亲疏关系，中国人追求的是人与自然的和谐共生。

实际上，中国人对待自然的态度反映在中国人对于自然和文明的理解上。

中国人把自然看作自然，自然既是名词，也是动词，也是形容词，自然不仅是指未受到人类干预因而是其所是的事物集合；同时也指自然而然，也就是那些自然事物在未受到人类干预的情况按照自己的本性就变成了那个样子；同时它表示事物的一种天赋的秉性，代表着一种天然，不人为做作，如打扮自然，言行举止自然等等。从这个角度来说，人实际上就是在自然之中，人也是自然的，人不能从自然当中逃脱出来。因此中国人始终以自然作为追求目标，要求将自己置于自然之中，使自己符合自然的要求，做到一切自然而然。这与西方不同，西方人强调对于自然的超越，强调要将自己从自然当中超拔出来，从而实现人与自然之间的对立，而这种对立表现在人们把自然理解为环境，从而导致自然与环境的混用。

环境（Environment）这个概念是一个来自西方的概念，最初是由生物进化论者布丰和拉马克率先使用的，不过他们使用的是“周围环境”这个概念，哲学家孔德将“周围环境”简化为“环境”一词，后来又由地理学家将环境这个概念引入地理学中，19世纪下半叶，斯宾塞开始将环境一词又引入社会学领域，引起人们的广泛关注，使其逐渐成为一个常用词。据此，雷蒙·威廉斯说，“Environment 这个词在 19 世纪开始使用，其意为‘周围的环境’（surroundings）。”① 环境概念的提出表面上是自然概念的另外一种表述方式，在内容上并没有呈现出太大的变化，因而人们一般都是在相近的意义上使用环境和自然两个概念，甚至经常会发生混淆使用和混合使用的情况：一者是二者不分，自然就是环境，环境就是自然；一者则是将二者合二为一，从而创造出自然环境一词。不管哪种用法，总的来说，二者的共同点就在于都认为这两个概念在本质上没有区别。在近现代中国，人们由于受到西方文化的影响，也开始用环境概念来代替自然概念，也就在不知不觉之间接受了这种混淆、混同。不过，当我们讲人与自然和谐共生的时候，非常有必要对二者加以比较区分，指出我们是要与自然和谐共生，而不是与环境和谐共生。

第一，环境是以人为中心的，自然是无中心的。在中文当中，“环境”是由“环”+“境”组合而成，“环”是环绕，“境”是境域，环境就是环绕在……周围的境域，这与西方“周围的环境”（surroundings）是一致的。雷蒙·威廉斯在上述引文之后，接着说，“正如同 environs 一样（最接近的词源为法文 environner，意指环绕；可追溯的最早词源为古法文 viron，意指围绕）；其意被扩大解释，例如在卡莱尔（1827 年）的作品里：‘由各种情境组成的环境’（environment of circumstances）。”② 从“环”“环绕”“围绕”“周围”这些限定词和解释语当中，我们就能明显地感受到，环境是围绕着一个中心而展开的。这个中心是谁呢？当然是人，是人类，环境应该是以人为中心的围绕着人而展开的生存境域。为什么这么说呢？康德为我们解答了这一个疑问。在康德看来，自然万物乃是人类欲望的对象，其价值就在于能够满足人类的欲望，否则它们也就失去了存在的价值。因此，自然万物只有

① ［英］雷蒙·威廉斯：《关键词——文化与社会的词汇》，岳长岭、李建华译，生活·读书·新知三联书店 2005 年版，第 140 页。

② ［英］雷蒙·威廉斯：《关键词——文化与社会的词汇》，岳长岭、李建华译，生活·读书·新知三联书店 2005 年版，第 140 页。

一种手段的价值或工具的价值，而人与自然万物不同，人是理性的存在者，人类自身就构成了目的本身，这样一来，自然作为手段和工具要服务于作为目的的人类，人类不仅构成了自然万物服务的对象，也构成了自然万物的中心，“每个有理性的东西，在任何时候，都要把自己看作一个由于意志自由而可能的目的王国中的立法者。他既作为成员而存在，又作为首脑而存在。”[①] 虽然人的自然“成员”身份始终将人牢牢地束缚在自然之中，使得人类与自然同呼吸共命运，但是对于“首脑”地位的渴望又使得人类并不满足于与自然打成一片，生死与共，而是力争从自然当中摆脱出来，从自然当中独立，从而把人树立为主体，而自然则成为与人对立的客体，“人们往往相信并主张自然在人之外，在人周围并独立于人”。[②] 这也就是说，人与自然是相互独立、相互分离的，因此，二者的命运并不休戚与共，二者之间不是一损俱损、一荣俱荣的关系。

自然则与环境不同，自然是自己而然，在自然当中一切都按照自己的规律生长发育、出生入死，“万物静观皆自得，四时佳兴与人同”。自然万物与人一样都自在地消长，而人类也不过是自然当中的一个事物罢了，同样也会受到自然规律的束缚，因此，人类并不能从自然当中超脱出来，从而将自己独立于自然之外，也不能要求自然万物围绕着自己而展开。这也就是恩格斯所说的，人不能揪着自己的头发而脱离地球，人类连同自己的血肉和毛发都属于自然界，人不能一方面依赖自然而生存发展，另一方面又试图从自然当中脱离出来，实现对于自然的独立，并且要求自然以人类为中心围绕着人类而运行发展。实际上，这是永远也不可能实现的空想。在自然当中，“列星随旋，日月递炤，四时代御，阴阳大化，风雨博施”，一切都是按照自己的规律（常）而展开，不因为人类的善恶而改变，“天行有常，不为尧存，不为桀亡”，也不会因为人类的好恶而改变，“天不为人之恶寒也辍冬，地不为

---

① ［德］康德：《道德形而上学原理》，苗力田译，上海人民出版社 2002 年版，第 52 页。

② ［法］塞尔日·莫斯科维奇：《还自然之魅——对生态运动的思考》，庄晨燕、邱寅晨译，生活·读书·新知三联书店 2005 年版，第 295 页。

人之恶辽远也辍广”。[①] 实际上，在中国古代，人不仅不构成自然的中心，甚至是以自然为中心的，因为人类要遵守自然的规律，要效法天地，要“法自然”，这就说明中国人不是要求自然万物围绕人类而展开自身，向人类中心靠拢，而是人类主动向自然靠拢，追求与自然的和谐统一。

第二，既然环境是围绕着人而展开的，那么，环境就应该被用来满足人类的需要；而自然本身却是自在自为的。既然自然被看作人类生存的环境，而环境又是围绕着人而展开的，因此，人实际上就构成了世界的中心，一切都是服务于人的。在这种人类中心主义的视野当中，一切事物都失去了其自身存在的价值，其价值都变成了相对于人的价值，或者说正是人才赋予了自然万物以存在的价值。这也就是培根所说的，“如果这个世界没有人类，剩下的一切将茫然无措，既没有目的，也没有目标，……因为整个世界一起为人服务；没有任何东西不能拿来使用并结出果实。……各种动物和植物创造出来是为了给他提供住所、衣服、食物或药品的，或是减轻他的劳动，或是给他快乐和舒适；万事万物似乎都为人做人事，而不是为它们自己做事。”[②] 既然自然是依赖于人类而存在的，是服务于人类的，那么，人类就可以想尽一切办法，使用一切手段，迫使自然为人类自身服务。这样一来，在人与自然之间就出现了目的与手段的区分，人与自然之间的紧张关系就会空前的加剧，人类要压迫自然，控制自然，“对待自然就要像审讯女巫一样，在实验室中用技术发明装置折磨她，严刑拷打她，审讯她，以便发现她的阴谋与秘密，逼她说出真话，为改进人类的生活条件服务”，[③] “人与其自然环境更新因素的关系处在一个重要的历史阶段。这表明一种完全的控制自然在不久的将来已成为可能”。[④]

---

① 王先谦：《荀子集解》，中华书局 1988 年版，第 306—311 页。

② 吴国盛：《让科学回归人文》，江苏人民出版社 2003 年版，第 98 页。

③ 何怀宏：《生态伦理——精神资源与哲学基础》，河北大学出版社 2002 年版，第 231—232 页。

④ ［德］威廉·莱斯：《自然的控制》，岳长龄、李建华译，重庆出版社 1993 年版，第 16 页。

对于中国人而言，自然就是自然而然，在这种自然而然当中实际上就包含了对自然自身属性的一种肯定，自然是具有内在本性的，所以，荀子说它“不为尧存，不为桀亡”，“天不为人之恶寒也辍冬，地不为人之恶辽远也辍广”。这四个“不为”就生动地告诉人们，自然不是以人为中心而展开的，不是按照人的意愿而生存与发展的。因此，自然世界与人类社会之间虽然存在一定的相似性，但也存在一定的区别，我们不能简单地将二者混而为一，更不能简单地将自然看作实现人类自身欲望的工具，人类要看到自然的内在本性和自身价值，要参赞天地之化育，“不与天争职”，“天有其时，地有其财，人有其治，夫是之谓能参”。[①] 道家则将自然的发展变化，称为“自化”，也就是自然万物完全是按照自身的规律在发展变化的。就像自然界中的大块噫气，万窍怒号，都是自己而然，“夫吹万不同，而使其自已也，咸其自取，怒者其谁邪！”[②] 自然就这样按照自身之道而运行发展，从根本上否定了自然是为了所谓人类的目的而运行发展，否定了自然是以人类为中心而展开自身的，“道无终始，物有死生，不恃其成；一虚一盈，不位乎其形。年不可举，时不可止；消息盈虚，终则有始。是所以语大义之方，论万物之理也。物之生也，若骤若驰，无动而不变，无时而不移。何为乎，何不为乎？夫固将自化。”[③] 实际上，自然不仅不是以人类为中心的，反而人类是以自然为中心的，因为人类的一切活动乃是对自然之道的效法，“人法地，地法天，天法道，道法自然”。[④] 根据这样一个过程，我们可以得出结论：人是效法自然的。因此，人要“辅万物之自然而不敢为”，“不敢为”是指不敢强作妄为，是指要顺应自然规律而为。

第三，当自然变为环境之后，自然就失去了内在价值，失去了其神秘性，从而导致了自然的祛魅化，而在中国传统中，自然是附魅的，自然本身

① 王先谦：《荀子集解》，中华书局 1988 年版，第 308 页。
② 陈鼓应：《庄子今注今译》，中华书局 1983 年版，第 34 页。
③ 陈鼓应：《庄子今注今译》，中华书局 1983 年版，第 425 页。
④ 陈鼓应：《老子注译及评介》，中华书局 1984 年版，第 163 页。

充满了神秘性。诚如马丁·阿尔布劳所言，“正是现代性把自然（nature）改变成了环境（environment）。……以前别的文明曾经论述过人与自然之间的关系，认为它们之间是一种连续的、相互交织的关系。现代性则不同，它把自然界当作一种威胁、一种可以据为己有的资源、一种取之不尽的能源、一个机动的场所和一个竞技场。正是一种工具主义把人类对自然界做出的种种富于感情的、宗教性的反应中性化，并且把自然变成了仅仅围绕着人汇集起来的东西，亦即使之变成了环境。”① 自然变成环境也就意味着自然变成了资源库，自然实际上就成了自然物品的集合体，因此也就失去了其生命特征，失去了内在的本质属性，自然的本质属性以及价值都开始依赖于人类的赋予。因而，自然在人类面前就没有任何神秘性，人类为自然立法，自然接受人类所赋予的价值，自然遵守人类所制定的秩序进行机械地运作，在自然当中，一切都必须是有条不紊的，没有例外，没有偶然性。

在全球化的今天，国人不仅接受了西方的环境概念，而且也接受了环境概念中的自然祛魅，同样也把自然理解为单纯事物的集合。譬如，在《中华人民共和国环境保护法》当中，就把环境理解为“实质影响人类生存和发展的各种天然和经过人工改造的自然因素的总体，它包括大气、水、海洋、土地、矿藏、森林、草原、野生生物、自然遗迹、人工遗迹、自然保护区、风景名胜区、城市和乡村等”。从这里我们可以看出，在自然的环境化当中，自然已经没有任何神秘性可言，从而变成了一堆僵死物质的堆积。不过现代人对于自然或环境的这样一种理解，实际上并不是中国传统对于自然的理解模式，在中国古代，自然充满着神秘性，令人高度敬畏。自然就是自然而然、自己而然，这就说明，自然不是僵死的物质，而是生命的有机体，她有自己的规定性，她有自己的发展方向。因而在中国古代，自然事物经常会被赋予一种人格意识，譬如我们经常听闻的羊羔跪乳、乌鸦反哺，实际上就认

① ［英］马丁·阿尔布劳：《全球时代——超越现代性之外的国家和社会》，高湘泽、冯玲译，商务印书馆2001年版，第212页。

为动物像人类一样具有道德意识。当然，更为重要的是，在中国古代，自然万物往往被神化，山有山神，河有河神，树有树神，从而使得人们对于这些事物充满着神秘感和敬畏之心。像中国古代很多少数民族的图腾崇拜，实际上就是选取了自然当中的事物，而这些自然事物本身又被赋予了一种神秘的力量。即使在春秋战国时代，人们已经开始趋向高度的理性化，像孔子就开始“不语怪力乱神”，但是当时自然崇拜还是一个非常普遍的现象，像庄子就讲“藐姑射之山，有神人居焉，肌肤若冰雪，绰约如处子；不食五谷，吸风饮露；乘云气，御飞龙，而游乎四海之外”；① 墨子同样将世间万物与鬼神联系起来，认为如果顺应神明的意愿，自然就会为人类提供生活所需的物品，如果人类违背自然的意愿，就会受到各种自然灾害的惩罚，从而就把自然看作具有人格意志的神明，从而将自然神圣化。因而对于中国人而言，要敬畏自然，爱护自然，与自然和谐共生。如果随便地破坏自然，那么，就会遭受天谴，也就是受到自然的惩罚。

一旦人类将自身从自然当中独立出来，将自然看作围绕人类而展开的环境，以一种高高在上的姿态来审视整个自然世界，那么，人类就会觉得自然是杂乱无章、混乱无序的。现代人都是以文明人自居的，从个体来说，我们的目标是要把自己变成一个文明人，要把社会变成一个文明社会。文明的一个重要内涵就是有条理的、有秩序的，所以，弗洛伊德说，文明就是整洁、有序、卫生。关键的问题在于，这个秩序来源于哪里呢？秩序来自自然吗？不是。启蒙运动就是要帮助人们摆脱蒙昧而进入文明的状态。康德认为，启蒙实际上就是“人类摆脱了自己所加之于自己的不成熟状态”，所谓的“不成熟状态”，就是“当大自然早已把他们从外部世界的引导下解放出来以后，却仍然愿意终身处于不成熟状态”。② 这也就是说，人类的不成熟状态就是接受自然指引过一种自然的生活，这也就是说，自然被看作是蒙昧的、野蛮

① 陈鼓应：《庄子今注今译》，中华书局 1983 年版，第 21 页。

② ［德］康德：《历史理性批判文集》，何兆武译，商务印书馆 1990 年版，第 22 页。

的。人类需要由不成熟状态进入成熟状态，也就是不再接受自然的指引而是自我做主，要有勇气运用自己的理智，不仅要自我立法，而且要为自然立法，赋予自然世界以秩序，从而过上一种文明的生活。与此相对照，未经人类改造，没有接受人类秩序的自然则成了荒野，它们就是愚昧野蛮的代名词。因此，现代人拼命地征服改造自然，人们要把世界改造成心目当中的花园，我们也可以说，现代世界是一个造园世界，人们要建造花园城市、花园工厂、花园小区，从而让整个世界变得整洁有序起来，不过这里的前提都是认为自然世界是无序的，所以，我们要通过人类的努力，赋予自然以秩序，使自然呈现出人类所向往的样貌。

实际上，在中国古代，人们并没有把自然看作无序的荒野，认为自然本身是高度有序的。像孔子就说，“天何言哉？四时行焉，百物生焉，天何言哉？”① 孔子实际上就强调了自然界本身是有自己运行的规律的，而且当孔子说这句话的时候，其真实的目的是表达自己无言的愿望，而言说是属于人道的问题，自然的运行属于天道，因此，人道恰恰是对天道的模仿。儒家是强调人道的，尚且如此，那么，对于着重讲天道讲自然的道家，当然更会承认自然的内在规律，承认自然的秩序。因此，对于中国人来说，人们更加重视的是对自然秩序的遵守，对于自然的模仿，而不是用人为去对抗自然，“顺万物之自然而无容私”，“辅万物之自然而不敢为”。庄子讲了很多能工巧匠，这些人做出来的东西精彩绝伦，关键的问题在于，他们的东西是符合自然之道的，可以说是“鬼斧神工”“巧夺天工”，像梓庆削出来的鐻可以说是惊天地，泣鬼神，他为什么能够达到如此的境界？其中原因就在于他抛弃了人为，不是将人类的主观秩序强加于自然之上，而是“以天合天”，也就是顺应自然，“臣工人，何术之有！虽然，有一焉。臣将为鐻，未尝敢以耗气也，必斋以静心。斋三日，而不敢怀庆赏爵禄；斋五日，不敢怀非誉巧拙；斋七日，辄然忘吾有四枝形体也。当是时也，无公朝，其巧专而外滑

① 杨伯峻：《论语译注》，中华书局1980年版，第188页。

消；然后入山林，观天性；形躯至矣，然后成见鐻，然后加手焉；不然则已。则以天合天，器之所以疑神者，其由是与!”① 这就不是在自然之外再建构一个人为的秩序，而是充分地尊重、遵守自然的秩序。

正是因为人在自然中，而自然又按照自身的秩序在运行发展，所以对于人类来说，就是要顺应自然的规律生存发展，与自然和谐共生。孟子说“上下与天地同流”，也就是人与自然的和谐共处；老子说要回到小国寡民的状态，过着一种自然的生活，“使有什伯之器而不用；……虽有舟舆，无所乘之；虽有甲兵，无所陈之。使民复结绳而用之”；② 庄子则更加彻底，要求回到一种“同与禽兽居，族与万物并”彻底的自然状态，过着一种纯粹自然的生活，“居不知所为，行不知所之，含哺而熙，鼓腹而游”。③ 正是受到老庄这样一种自然观点的影响，中国人心目中的理想世界乃是一个人与自然和谐共生的世界。譬如，陶渊明所写的《桃花源记》可以说是中国人心目中的一个理想世界，在这样一个世界中，自然生态良好，人在自然中悠游自处。寻得桃花源的路径就是一条自然之路，“缘溪行，忘路之远近，忽逢桃花林，夹岸数百步，中无杂树，芳草鲜美，落英缤纷。渔人甚异之，复前行，欲穷其林。林尽水源，便得一山，山有小口，仿佛若有光。便舍船，从口入”；桃花源中的景象更是一副自然的田园风光，“土地平旷，屋舍俨然，有良田美池桑竹之属。阡陌交通，鸡犬相闻”；而桃花源中的人民百姓则过着日出而作、日落而息的男耕女织的自然生活。在西方同样也有类似于《桃花源记》的著作，像培根的《新大西岛》就是这样的一部著作。《新大西岛》实际上也是表达了西方人对于一种美好生活的向往，不过西方人心目中理想的生活就不是一种自然的生活，不是人与自然和谐共生的生活，而是人类对于自然征服改造后，使自然完全臣服于人类的生活，而这也为西方人征服与改造自然埋下了思想的种子，使其与中国文化走上了一条完全不同的道路。

---

① 陈鼓应：《庄子今注今译》，中华书局 1983 年版，第 489 页。
② 陈鼓应：《老子注译及评介》，中华书局 1984 年版，第 357 页。
③ 陈鼓应：《庄子今注今译》，中华书局 1983 年版，第 249 页。

第十一章 天人合一：人与自然和谐共生的基础

在上面一章中，我们通过中西比较的方式，比较全面地说明了中国人是以人与自然和谐共生作为一个重要的追求目标。现在我们需要进一步地说明，中国人为什么要追求人与自然和谐共生？其追求的根据和基础到底是什么？实际上，对于这些问题的解答都离不开天人合一。

第一节 天人相分与天人合一

在国学大师钱穆先生生前的最后一篇文章中，明确确认“天人合一”思想是中华文化对世界文化最重要的贡献，“中国文化中，‘天人合一’观，虽是我早年已屡次讲到，惟到最近始彻悟此一观念实是整个中国传统文化思想之归宿处。……我深信中国文化对世界人类未来求生存之贡献，主要亦即在此。……中国文化过去最伟大的贡献，在于对‘天’、‘人’关系的研究。中国人喜欢把‘天’与‘人’配合着讲。我曾说‘天人合一’论，是中国文化对人类最大的贡献。从来世界人类最初碰到的困难问题，便是有关天的问题。我曾读过几本西方欧洲古人所讲有关‘天’的学术性的书，真不知从何讲起。西方人喜欢把‘天’与‘人’离开分别来讲。换句话说，他们是离开了人来讲天。这一观念的发展，在今天，科学愈发达，愈易显出它对人类生存的不良影响。"① 在这篇文章中，钱穆对于中国文化中"天人合一"思想的强调，是站在现代的立场上，反思西方文化的过程中所得出的一个重要结论。由此可见，"天人合一"在中国传统文化当中的重要地位，诚如余英时所言，"'天人合一'的观念，是中国宗教、哲学思维的一个独有的特色，这是现代学人的一个共识"，虽然，钱穆的文章发表后引起了人们的广泛讨论，这说明"天人合一"观念还具有顽强的生命力和强大的活力，"'天人合一'作为一项思考范畴，在今天依然是中国人心灵结构中一个核心要素。它也许正是一把钥匙，可以开启中国精神世界的众多门户之一。"② 实际上，"天人合一"作为开启中国精神世界的一把钥匙，影响了中国人社会生活的方方面面，自然也会对于人与自然的关系产生至关重要的影响。

中国古代的传统是讲天人合一，而西方的传统则是讲天人相分。亚里士多德曾经说过："古往今来人们开始哲理探索，都应起于对自然万物的惊异；他们先是惊异于种种迷惑的现象，逐渐积累一点一滴的解释，对于一些较重大的问题，例如日月与星的运行以及宇宙之创生，作成说明"。③ "惊异"这个词说明了，西方的哲学家一开始就是将自然万物看作是异于人的存在，而且西方的哲学家是为了对于外部的自然世界做出一种纯粹的说明，这也就是亚里士多德所说的，"他们为求知而从事学术，并无任何实用的目的"。④ 从这里我们就可以看出，西方人对于外部世界的认识起初是与人生日用无关的，他们只是将其当作一种外部的对象来进行仰观俯察，因而去思考本源、始基这样一种脱离日常生活的玄之又玄的问题。因此，西方最初的哲学家都是一些自然哲学家，他们不关心现实，而专注于外部自然世界，正是由于这

---

① 钱穆：《世界局势与中国文化》，九州出版社 2011 年版，第 359 页。

② 余英时：《论天人之际——中国古代思想起源试探》，联经出版公司 2017 年版，第 71—73 页。

③ ［古希腊］亚里士多德：《形而上学》，吴寿彭译，商务印书馆 1959 年版，第 5 页。

④ ［古希腊］亚里士多德：《形而上学》，吴寿彭译，商务印书馆 1959 年版，第 5 页。

一点，苏格拉底借助色雷斯女仆之口嘲笑以泰勒斯为代表的自然哲学家们只关心外部自然世界，而不关心人类自身的命运。自从苏格拉底之后，人们将目光由外部的自然世界转向了人类自身，这样一来就将自然排除在人们的目光之外，从而造成了自然世界与人类世界的悬隔。虽然在文艺复兴时期，“人的发现”与“自然的发现”成了文艺复兴的两大主题，但是人与自然之间仍然缺乏内在的关联，人们发现自然的目的实际是用来服务于人的发现的，也就是说，通过对自然的征服与改造，从而为人类的生存发展服务，在这种目的与手段的二分之中，天人之间仍然没有实现真正的合一。

中国与西方不同，中国人自古以来就一直是讲天人合一的，天人合一构成了中国思想文化的一个重要传统，虽然在历史上也曾经出现过天人相分的思想，但这始终不是中国哲学的主流。早在西周时期，子产就反对用天象来附会人事，并断然拒绝用祭神的方式来祈求上天消除灾异，“天道远，人道迩，非所及也，何以知之?”[①] 认为人道与天道彼此悬隔，人事不会在天道中得到反映，天道也不会影响人道，人们要做的应该是尽人事。后来荀子更是旗帜鲜明地讲“天人相分”，并且要求人们“明于天人之分”。在荀子看来，自然界是按照自然的规律运行和发展，四时的更替，阴晴的变化，这些都不以人的意志为转移，“天行有常，不为尧存，不为桀亡”，“天不为人之恶寒也辍冬，地不为人之恶辽远也辍广”。因此，对于天与人来说，是各司其职的，“天有其时，地有其财，人有其治”。所谓“人有其治”也就意味着，人类不是向自然顶礼膜拜，而是要在正确认识自然规律的基础上，建立起良好的社会秩序，在遵循自然规律的基础之上利用自然为人类的生存发展服务，从而将天道与人道彻底地分割开来。在唐代的时候，柳宗元提出了“天人不相预”的思想，刘禹锡提出了“天人交相胜”的思想，都是主张“天人相分”的。在柳宗元、刘禹锡看来，天与人之间存在着功能的差别，“生植与灾荒，皆天也；法制与悖乱，皆人也。二之而已，其事各不相预”，

---

① 冯契：《中国古代哲学的逻辑发展》上，上海人民出版社 1983 年版，第 78 页。

“天之道在生植，其用在强弱。人之道在法制，其用在是非”，“天之所能者，生万物也，人之所能者，治万物也”。虽然二者在天人相分这一点上存在着相似之处，但柳宗元有点类似于荀子，主要是强调天人之间的区隔，而刘禹锡觉得这样是不够的，他进一步从二者功能出发，强调天人之间各有所长，各有优胜，“天之能，人固不能也；人之能，天亦有所不能也，故曰天人交相胜耳”。[1] 因此对于人类来讲，就是要发挥自己的优胜之处，做到人力胜天。讲“天人相分”不是中国哲学的主流，而这也从中国几千年文化发展中荀子长期湮没无闻当中窥视出“天人相分”思想在中国哲学中的边缘地位，中国哲学的主流是讲“天人合一”的。

中国本土文化流派中，对中国传统文化产生明显影响的，主要是儒道两家。[2] 道家讲天道，以天为宗，因而，人道必须是顺从天道、效法天道的，像老子就说“人法地，地法天，天法道，道法自然”。《老子》书中讲到了很多自然界的现象，不过老子并不是以讲自然现象为目的的，其目的是要通过这些自然现象让人们领悟到人世间的一些道理，让我们通过这些现象去学会如何与他人、与自然相处，所以老子通过“水善利万物而不争”、草木“其生也柔弱，其死也刚强”，告诉人们“辅万物之自然不敢为”，要居下守雌。后来庄子继承和发展了老子道法自然的思想，要求人们“顺物之自然而无容私”，反对强调人类的特殊性，反对人们将自身从自然当中超拔出来，认为人类不过是世界万物当中之一物罢了，人类没有必要获得上天的特殊对待。正是因为人不过是自然万物当中之一物，人来自自然又复归于自然，所以，人类要按照自然规律行事，不能违反自然规律，不能将人类自己的主观好恶强加于自然。像鲁侯养鸟，对于海鸟不可谓不爱，不可谓不尽心尽力，

---

① 瞿蜕园：《刘禹锡集笺证》，中华书局 1989 年版，第 138—148 页。

② 这里特别提出“明显影响”，主要是强调这种影响是以一种显性的方式进行的，实际上法家对中国传统文化也产生了非常深远的影响，中国人很多为人处事的方式实际上我们都能从《韩非子》那里找到根据，不过这种影响更多地是以一种隐性的方式进行的，因为在中国古代即使是帝王将相也是“阳儒而阴法”，人们在表面上不承认自己是以法家为宗的，也不愿承认自己思想中吸收了法家的思想。

但是鸟却眩悲而死，其原因就在于鲁侯是“以己养养鸟也”，鸟按照自己的自然本性应该浮游于江海，栖息于深林，以鱼虾为食，结果鲁侯供以美酒美食、奏以咸池九韶，这都违反了鸟的自然天性。鸟类如此，人类亦然。因此，以天为宗的道家是特别强调天人合一的。

与道家不同，儒家比较重视人道，不过虽然儒家讲人道，但是儒家并没有将人与天或自然截然分开，而是将天人统一起来。孔子说“天生德于予”，就将人类的德性看作是上天的馈赠，而且人道本身同样也是对天道的模仿。像孔子有一次跟弟子们说，我不想说话了，结果弟子们就很紧张，就跟孔子说，如果您不说话，不讲学，那么我们这些弟子以后有什么可教可学的呢？孔子就告诉他们，上天什么话也没说，但是世界仍然有序地运行着，四时代序，草木生长，一切都有条不紊。孔子实际上也就是说，我不说话是符合天道的。在《论语》中，孔子经常会用一些自然现象来说明人世的道理，像他就用江河的奔流来喻指人类的健强不息，用鸟儿的翔集和从容来喻指人类要适时而动。由此可见，孔子还是非常重视天道的，这也从孔子对弟子的教诲中可见一斑，“君子有三畏：畏天命，畏大人，畏圣人之言。小人不知天命而不畏也，狎大人，侮圣人之言”，① 而孔子本身也是在经过“知天命”的阶段之后，才通过“耳顺”，最后达到了“从心所欲不逾矩”的人生最高境界。当然，由于孔子很少谈论天命之类的问题，以致子贡说，“夫子之文章，可得而闻也；夫子之言性与天道，不可得而闻也”，② 可见，在孔子那里，重在讲人道，对天道论述得很少，更没有天人合一方面的直接相关论述。这种状况在《中庸》当中就有了改观。

《中庸》上来就说，“天命之谓性，率性之谓道，修道之谓教”，③ 认为天命下贯而为人性，人类率性而行，通过内在修养又能复返天道，从而达到

---

① 杨伯峻：《论语译注》，中华书局 1980 年版，第 177 页。
② 杨伯峻：《论语译注》，中华书局 1980 年版，第 46 页。
③ 宋天正：《中庸今注今译》，中国台湾商务印书馆 2009 年版，第 3 页。

天人相参，“诚者，天之道也，诚之者，人之道也”，① “唯天下至诚，为能尽其性；能尽其性，则能尽人之性；能尽人之性，则能尽物之性；能尽物之性，则可以赞天地之化育；可以赞天地之化育，则可以与天地参矣”。②《中庸》中天人相参的思想就已经明确地肯定了天人之间的内在合一性，唯其如此，人才能够“赞天地之化育”，才能够实现天人之间的互动。后来孟子继承了《中庸》这样一种做法，认为人性与天道之间本来相通，因此，他不像孔子那样很少谈论性与天道，而是“孟子道性善，言必称尧舜”，③ 到处讲先天性善论，将人性之善看作是天道发用流行，认为人类通过持志养气等修养手段来护卫先天善性，就能够达到天人相通的境界，“夫君子所过者化，所存者神，上下与天地同流”，而内在的修养之所以能与外在的上天合一，就是因为天命下贯而为人性，因此，我们通过内在修养对于人性的完善，实际上也就是对于天命的领会，所以，内在的修养身心本身也就是侍奉外在的天命，从而将天人由一种外在关系转化为一种内在的关系，人类无需向西方人那样通过外在的超越在天人之间架起桥梁，天人之间本来不二，“尽其心者，知其性也。知其性，则知天矣。存其心，养其性，所以事天也。夭寿不二，修身以俟之，所以立命也”。④

孔孟讲“天人合一”，但“子不语怪力乱神”，从而避免了将天人迷信化、宗教化的倾向，而墨子讲天志、鬼神，后来荀子讲“天人相分”，从而使得“天人合一”思想受到了挫折。董仲舒又试图接续天人合一的思想之链，不过他不再像孔孟老庄讲天人相通，而是讲天人相类、人副天数，从而使得“天人合一”的思想变得更加神秘化，更加具有宗教性的色彩。在董仲舒看来，“天”构成了世间万物的祖先，世间万物都为天所生，因此，“天”就像西方的上帝一样掌握着天道与人道，而为世间万物之主宰，“天者，万

---

① 宋天正：《中庸今注今译》，中国台湾商务印书馆 2009 年版，第 45 页。
② 宋天正：《中庸今注今译》，中国台湾商务印书馆 2009 年版，第 57—58 页。
③ 杨伯峻：《孟子译注》，中华书局 2005 年版，第 112 页。
④ 杨伯峻：《孟子译注》，中华书局 2005 年版，第 301 页。

物之祖，万物非天不生”，① “天者群物之祖也，故遍覆包函而无所殊，建日月风雨以和之，经阴阳寒暑以成之”，② “天执其道而为万物主”。③ 既然包括人在内的世间万物都为天所生，所以，世间万物都应该遵奉天地之道，对于人来说尤其如此，因为是上天按照自己的形象来创造人类的，我们可以从人的具体的身体构造中看出天人相副来，“天地之精，所以生物者，莫贵于人，人受命于天也，超然有以倚。物疢疾莫能为仁义。物疢疾莫能偶天也，惟人独能偶天地。人有三百六十节，偶天之数也；形体骨肉，偶地之厚也；上有耳目聪明，日月之象也；体有空窍理脉，川谷之象也；心有哀乐喜怒，神气之类也”，“人之身，首而圆，象天容也；发，象星辰也；耳目戾戾，象日月也；鼻口呼吸，象风气也；胸中达知，象神明也；腹饱实虚，象百物也”，“天以终岁之数，成人之身，故小节三百六十六，副日数也；大节十二分，副月数也；内有五藏，副五行数也；外有四肢，副四时数也；乍视乍瞑，副昼夜也；乍刚乍柔，副冬夏也”。④ 董仲舒通过这样一种推类比附的方式，认为天人相类，天人相副，因此，从源头上来说，人类是受命于天的，“天子受命于天，诸侯受命于天子，子受命于父，臣妾受命于君，妻受命于夫。诸所受命者，其尊皆天也。虽谓受命于天，亦可”。⑤ 既然人类是受命于天的，那么，人类就应该听天顺命，按照天地之道来立身行事，不能胡作妄为，“是故王者上谨于承天意，以顺命也；下务明教化民，以成性也；正法度之宜，别上下之序，以防欲也”。⑥ 因此，董仲舒把人世间的一切政治制度，一切礼仪教化都美化为天意的体现，从而将其形而上学化为不可违反的教条，“故圣人法天而立道，亦溥爱而亡私，布德施仁以厚之，设谊立

① 苏舆：《春秋繁露义证》，中华书局 1992 年版，第 410 页。
② 王继如：《汉书今注》，凤凰出版社 2013 年版，第 1494 页。
③ 苏舆：《春秋繁露义证》，中华书局 1992 年版，第 459 页。
④ 苏舆：《春秋繁露义证》，中华书局 1992 年版，第 354—357 页。
⑤ 苏舆：《春秋繁露义证》，中华书局 1992 年版，第 412 页。
⑥ 王继如：《汉书今注》，凤凰出版社 2013 年版，第 1495 页。

礼以导之”,[1]“王道之三纲，可求于天”,[2]将三纲五常、阳尊阴卑都看成是上天的安排，都看成天道。然而问题在于，天道不变，人道也就不能改变，从而将人世间的一切加以美化，并为它们寻找到形而上学的根基，使其变得牢不可摧，人们只能被动地服从天命，遵守上天的安排。

由于董仲舒的学说对于孔孟之学的延传当中实际上掺杂了许多阴阳五行说诸多内容，使其呈现出宗教神学化的倾向，而这与孔孟之学多有不合，因而引起了儒学家们的不满，认为道统中断，纷纷以接续道统为己任，宋明理学家们就是其中重要的代表。宋明理学家接续孔孟之学的一个很重要的方面，就是接续了孔孟的天人相通、天人合一的思想。当然，这其间也存在着气一元论、理一元论和心一元论的差别。

张载主张气一元论，认为世间万物都由气构成，生灭变化不过是气的运动，“凡可状，皆有也；凡有，皆象也；凡象，皆气也。气之性本虚而神，则神与性乃气所固有”。[3]“神，天德，化天道。德其体，道其用，一于气而已”。[4]正是因为通天下一气耳，世间一切最终都可以归结为气之化生，那么世间万物都不外于气，天与人、天道与人性都不过是气的变化而已，“由太虚，有天之名；由气化，有道之名；合虚与气，有性之名；合性与知觉，有心之名”,[5]天道、人性、人心都是内在相通的，当然气有清浊，人们在禀气而生的过程中会有所偏，但是“天地之性”与“气质之性”俱在人身，所以，人类要通过学习抑浊扬清，复返天地之性，这也就是说，天地之性决定了天人相通，因为人的德性就是上天赋予的。张载说，世间万物都是阴阳交感而成的结果，因此，乾父坤母，我与世间万物都是兄弟姐妹的关系，“民吾同胞，物吾与也”，这也就是著名的民胞物与的思想。

---

① 王继如：《汉书今注》，凤凰出版社 2013 年版，第 1494 页。
② 苏舆：《春秋繁露义证》，中华书局 1992 年版，第 351 页。
③ 《张载集》，中华书局 1978 年版，第 63 页。
④ 苏舆：《春秋繁露义证》，中华书局 1992 年版，第 63 页。
⑤ 苏舆：《春秋繁露义证》，中华书局 1992 年版，第 9 页。

程朱则主张理一元论。实际上程朱不仅讲理，同样也讲气，“天地之间，有理有气。理也者，形而上之道也，生物之本也。气也者，形而下之气也，生物之具也。是以人物之生也，必禀此理，然后有性；必禀此气，然后有形。”[①] 然而问题在于，按照亚里士多德的四因说，气不过是构成事物的质料因，而理则构成了事物的动力因和目的因，理则是最为根本的，理造起天地万物，“未有天地之先，毕竟也只是理，有此理，便有此天地；若无此理，便亦无天地，无人无物，都无该载了！有理，便有气流行，发育万物。”[②] 因此，对于程朱来说，宇宙之间不过一理而已，“心、性、天，只是一理”，“自理言之谓之天，自禀受言之谓之性，自存诸人言之谓之心”。[③] 由于理为世间之大本，人理即天理，所以人类要以人合天，程朱理学要“存天理，灭人欲”，主动追求与天为一。

陆王对于程朱理学向外求理的做法非常不满，认为世间万物都是统一于人的内在本心的，“四方上下曰宇，往古来今曰宙。宇宙便是吾心，吾心即是宇宙”[④] “良知是造化的精灵。这些精灵，生天生地，成鬼成帝，皆从此出，真是与物无对”。[⑤] 王阳明的“良知”就是陆九渊的“心”，因此，陆王之学乃是心学，在他们看来，心即是本体，“心外无物”“心外无理”，人类只要复返自己的内心，就可以得天理之正，因为天理就是人心，“吾心之良知，即所谓天理也。致吾心良知之天理于事事物物，则事事物物皆得其理矣”,[⑥] 所以，陆王把程朱格物致知向外追逐的路子变为向内，认为格物即是“格心”，一旦人们能够格正其心，那么事事物物就能各得其正，从而将天理统一于人心。

实际上，中国人天人合一的智慧，在其后的哲学发展中一直被延续着，

---

① 《朱子全书》第23册，上海古籍出版社、安徽教育出版社2002年版，第2755页。

② 《朱子全书》第6册，上海古籍出版社、安徽教育出版社2002年版，第113页。

③ 程颢、程颐：《二程集》，中华书局2004年版，第296—297页。

④ 陆九渊：《陆九渊集》，中华书局1980年版，第273页。

⑤ 王阳明：《王阳明全集》，上海古籍出版社1992年版，第104页。

⑥ 第45页。

譬如近代中国一直强调社会沿革与天道变与不变的关系，实际上也是一种天人合一观的反映，而且在农业、医药、饮食等生产生活领域，“天人合一”观都有丰富的体现。

第二节 天人合一：人与自然和谐共生的意蕴

上面我们简单地勾勒了“天人合一”观念在中国历史上的发展过程，下面我们再对“天人合一”的思想观念加以分析，看看“天人合一”到底包含了什么样的具体内容。

当然，在中国传统当中，天人合一的内容非常丰富，包含了社会人生等多个方面，不过，在这里，我们关注的主要是人与自然关系的问题，因此，我们主要从人与自然和谐共生的角度来分析“天人合一”的主要内涵。

第一，天人合一意味着人不能从自然当中脱离出来，人就在自然之中，并构成了自然的一个组成部分。我们在前面已经讲到，现代人要么将自己从自然当中超拔出来，从而通过脱离自然实现独立；要么强调自己的特殊性，强调自己与自然万物之间的区别，从而为人类获得一种优越感。天人合一就是告诉人们，人既不能实现从自然界的独立，也不能获得优越感，人不过是自然万物当中的一个普通事物罢了。虽然像孔子也讲过“天生德于予”，荀子也讲过，“水火有气而无生，草木有生而无知，禽兽有知而无义，人有气、有生、有知，亦且有义，故最为天下贵也”,① 利用道德将人与自然万物区分开来，但是从源头上来说，人与自然万物都是内在相通的，都是由气构成的，这就是气一元论的观念，也就是说，世间万物都是由气而生，通天下万物一气耳。庄子就曾经说过，“人之生，气之聚也；聚则为生，散则为死”，这也就是说，世间万物的生与灭都不过是气的聚散而已，即使是号称“最为

① 王先谦：《荀子集解》，中华书局 1988 年版，第 306—164 页。

天下贵”的人类也不能例外，所以天下万物是高度统一的，“通天下一气耳”。[①] 在中国历史上气一元论具有漫长的传统，像《周易》当中就说，“天地絪缊，万物化醇，男女构精，万物化生”，[②] 就把世间万物看作阴阳二气交感的结果。宋明理学中张载讲太虚即气，世间万物的产生与消灭都是气聚气散的结果，后来的王夫之、戴震等人将这种观点发扬光大。当然，在中国历史上也有理一元论等其他的一元论思想。虽然其间存在着一些差别，但是既然都是一元论，那么，一定就会强调人与自然万物的内在相通性，都应该是“道通为一”的。有些人则以更加形象化的方式，借助周易的乾父坤母的思想，把天地看作自然万物之祖，人与自然万物都是天地的子孙，这样一来，人与自然万物之间由于共同的祖先关系，结果就变成了兄弟姐妹关系。因此，人就成了自然大家庭当中的一个成员，人与自然之间不仅身气相通，而且生命相连，人与自然同呼吸共命运，人要求从自然当中脱离或违背自然都是对于自然的一种背叛。

第二，天人合一不仅意味着人要扎根于自然之中，而且意味着人要自觉地将自身融入自然，遵守自然的规律。既然人是自然万物中之一物，那么，这就意味着人对于自然万物具有依赖性，也就是人要从自然中吸取能量，要赖自然万物以生存，人不可能像神一样自给自足，实际上中国的神也还需要依赖于自然万物以生存，只不过他们所赖以生存的对象与人类有所不同，譬如人要吃饭喝水，神话故事当中的神则不食人间烟火，他们更是以自然事物作为食用的对象，像庄子所讲的姑射山的神仙就是“餐风饮露”，“风”与“露”就是自然万物，其他很多传说中的神仙也多是以鲜花、果蔬作为食物来源。既然神仙都没有脱离自然而生活，而且神仙更多地是过着一种自然的生活，那么，作为凡胎肉身的人就更不能脱离自然而生活，对自然更加具有依赖性。既然人要从自然当中获得生活资源，要依赖自然而生存，那么，人

---

① 陈鼓应：《庄子今注今译》，中华书局 1983 年版，第 559 页。

② 周振甫：《周易译注》，江苏教育出版社 2005 年版，第 301 页。

就必须遵守自然规律。像孟子说，“王欲行之，则盍反其本矣：五亩之宅，树之以桑，五十者可以衣帛矣。鸡豚狗彘之畜，无失其时，七十者可以食肉矣。百亩之田，无夺其时，八口之家可以无饥矣。”① “衣帛”“食肉”“无饥”讲的都是人的生活需求的满足，而这种需求的满足则是建立在“无失其时”“勿夺其时”的基础之上，也就是说按照季节来进行耕种、进行收获，也就是要遵循春耕、夏耘、秋收、冬藏的自然规律。对于高度重视自然之道的道家来说，人的一切活动都应该高度地顺应自然规律，做到“辅万物之自然而不敢为”“顺万物之自然而无容私”，这也就是“无以人灭天”，就是不以后天人为造作来违反自然之道。因此，这就是道家所讲的“无为”，无为并不是无所作为，什么事情都不做并不是无为，真正的无为应该是“无为而无不为”，也就是不强作妄为，顺应自然规律而为，有所作为但并不会给人以一种外在的强迫感，而是感到一切都是顺理成章、自然而然，这也就是一首古诗当中所说的“向来枉费推移力，船到中流自在行”，船顺流而下，既能达到人类的目的，又不会对自然造成任何伤害，这就是顺应自然的结果，这也就是庄子所讲的逍遥，“乘天地之正，而御六气之辩”。②

实际上，在中国古代，不仅是讲天人合一的学者重视遵守自然规律，就是讲天人相分的荀子同样也高度重视对自然规律的遵守。虽然荀子讲勘天役物，强调化性起伪，强调人力对于自然的改造，“枸木必将待檃、栝、烝、矫然后直，钝金必待砻、厉然后利”“工人斫木而成器，然则器生于工人之伪”，③ 但是这种对于自然的改造同样也是建立在对自然规律遵守的基础上，不是一种强作妄为、胡作非为，而是在充分认识自然规律基础上的顺应自然规律而为。荀子说：“大天而思之，孰与物畜而制之？从天而颂之，孰与制天命而用之？望时而待之，孰与应时而使之？因物而多之，孰与骋能而化之？思物而物之，孰与理物而勿失之也？愿于物之所以生，孰与有物之所以

① 杨伯峻：《孟子译注》，中华书局 2005 年版，第 17 页。
② 陈鼓应：《庄子今注今译》，中华书局 1983 年版，第 14 页。
③ 王先谦：《荀子集解》，中华书局 1988 年版，第 435、437 页。

成？故错人而思天，则失万物之情。”[1] 荀子这段文字的核心当然是告诉人们不要坐待天时，盲目地等待自然万物的繁荣滋长，强调要发挥人的主观能动性，主动地进行生产劳作，不过在生产劳作当中要尊重和利用自然规律，只有这样，自然万物才会生产繁多，才能满足人们的欲望需求。因此，在自然世界中，人们并不是无所不为和无所作为，而是按照自然规律有所为，有所不为，这样一来，不但自身的欲望得到了满足，而且也不伤身害性，自己的生命也不会遭到自然的祸害，“如是，则知其所为，知其所不为矣，则天地官而万物役矣。其行曲治，其养曲适，其生不伤”。[2] 因此，荀子同样反对违反自然规律的行为，“暗其天君，乱其天官，弃其天养，逆其天政，背其天情，以丧天功，夫是之谓大凶”。[3]

第三，天人合一不仅意味着人生活于自然之中，要主动地融入自然之中，也意味着人要主动地承担起维护自然的责任，促进自然的繁荣滋长，实现人与自然之间的和谐共生。正如前文所言，实现人与自然和谐共生是中国人自古以来就有的愿望，《周易》当中说“《易》与天地准，故能弥纶天地之道。仰以观于天文，俯以察于地理，是故知幽明之故。原始反终，故知死生之说，精气为物，游魂为变，是故知鬼神之情状。与天地相似，故不违。知周乎万物，而道济天下，故不过。……范围天地之化而不过，曲成万物而不遗”,[4] 这段话不仅说到了《周易》之道的神妙莫测，同时也强调圣人制《易》是建立在对于自然万物仰观俯察的基础上，圣人不仅全面深入地认识了解自然发展变化的规律，而且主动地要使自己所制之《易》与自然发展变化的规律相一致，并且利用这些规律推动自然万物的生长发育，从而实现人与自然的和谐共生。庄子作为道家的重要代表，就非常重视人与自然的和谐共生，就把人与自然和谐共生看作心目当中的理想社会，认为一个高度美好

---

① 王先谦：《荀子集解》，中华书局 1988 年版，第 317 页。
② 王先谦：《荀子集解》，中华书局 1988 年版，第 310 页。
③ 王先谦：《荀子集解》，中华书局 1988 年版，第 310 页。
④ 周振甫：《周易译注》，江苏教育出版社 2005 年版，第 301 页。

的社会一定是人与自然和谐相处，自然能够得到充分发展，“至德之世，其行填填，其视颠颠。当是时也，山无蹊隧，泽无舟梁；万物群生，连属其乡；禽兽成群，草木遂长。是故禽兽可系羁而游，鸟鹊之巢可攀援而窥。夫至德之世，同与禽兽居，族与万物并”。① 既然庄子把这种人与自然和谐共生的状态，看作人类“无为”，也就是不强作妄为或顺应自然规律而为的结果，那么，如果自然遭到破坏，就必然是人类没有尽到顺应自然规律而为的责任，是人类强作妄为的结果，“夫弓弩毕弋机变之知多，则鸟乱于上矣；钩饵罔罟罾笱之知多，则鱼乱于水矣；削格罗落罝罘之知多，则鸟乱于泽矣；……故上悖日月之明，下烁山川之精，中堕四时之施；惴耎之虫，肖翘之物，莫不失其性”。② 当然，庄子主要是以一种消极的姿态强调人们对于自然规律的遵守，从而达到人与自然和谐共生的目标，而儒家则采取了一种更为积极的姿态，主动地为促进自然的繁荣滋长和人与自然和谐共生而做出积极的努力。

对于儒家而言，“天生德于予”，“人有气、有生、有知，亦且有义，故最为天下贵”，人是一个道德的存在者，人对于这个世界负有不可推卸的道德责任，因此，儒家学者要勇敢地承担起道德责任，“士不可以不弘毅，任重而道远。仁以为己任，不亦重乎？死而后已，不亦远乎？”③ 人不仅对于人类社会具有责任，而且对于自然世界同样具有责任，人同样要为自然万物的繁荣滋长承担责任，人要把对亲人、对他人的仁爱推扩到自然万物身上，从而做到“亲亲而仁民，仁民而爱物”。④ 对于人类来说，如何爱物？必须对于自然有所帮助，也就是要推动自然万物的生长发育，这也就是“赞天地之化育”，这就要求人们推己及人，推人及物，就要求人们积极有为，“唯天下至诚，为能尽其性；能尽其性，则能尽人之性；能尽人之性，则能尽物之

---

① 陈鼓应：《庄子今注今译》，中华书局 1983 年版，第 246 页。
② 陈鼓应：《庄子今注今译》，中华书局 1983 年版，第 263 页。
③ 杨伯峻：《论语译注》，中华书局 1980 年版，第 80 页。
④ 杨伯峻：《孟子译注》，中华书局 2005 年版，第 322 页。

性；能尽物之性，则可以赞天地之化育；可以赞天地之化育，则可以与天地参矣”。[①] 赞者，助也，“赞天地之化育”，就是对自然的繁荣滋长有所帮助，可以说儒家是要对于自然有所作为的，要推动自然的生长发育，促进人与自然的和谐共生，而不是袖手旁观，任其自生自灭。至于儒家如何“参赞天地之化育”，这个问题我们留待下文再加以论述。总而言之，要实现天人合一，并不是坐享其成的，需要人类为此付出努力。

① 宋天正：《中庸今注今译》，中国台湾商务印书馆 2009 年版，第 57—58 页。

第十二章　道法自然：人与自然和谐共生之路

既然天人合一，天人本来不二，人是自然万物中之一物，人依赖自然而生活，那么，人就要推动自然的繁荣滋长，追求人与自然的和谐共生，并积极主动地承担起促进人与自然和谐共生的责任。在中国历史上，关于实现人与自然的和谐共生的路径有很多，但是我们整体上都可以将其归入“道法自然”这一框架之下。“道法自然”是来自道家的概念，源自老子所讲的“人法地，地法天，天法道，道法自然”，不过，这并不意味着儒家等其他各派就彻底地排斥这一观点。实际上，中国古代的各家各派基本上都是在“道法自然”的指导下来认识和处理人与自然的关系，“道法自然”并不是道家的专属思想，这对于儒家等学派同样也适用，因此，这一章我们就以“道法自然”来概括中国古人与自然的和谐共生之路。

第一节　救物与辅物：道家的道法自然思想

既然“道法自然”的直接来源是道家，那么，我们就先来探讨道家的人与自然和谐共生之路。

在如何处理人与自然关系问题上，老子说过，圣人“常善救物，故无弃物”，就是要“善救物”。“善救物”是什么意思呢？为了搞清楚这个问题，我们就必须考察这句话的完整语境。这句话来自《老子》二十七章，完整的表述是这样的，“善行无辙迹；善言无瑕谪；善数不用筹策；善闭无关楗而不可开；善结无绳约而不可解。是以圣人常善救人，故无弃人；常善救物，故无弃物。是谓袭明。”① 陈鼓应对于这段话做了这样一个翻译：“善于行走的，不留痕迹；善于言谈的，没有过失；善于计算的，不用筹码；善于关闭的，不用栓梢却使人不能开；善于捆缚的，不用绳索却使人不能解。因此有道的人经常善于做到人尽其才，所以没有被遗弃的人；经常善于做到物尽其用，所以没有被废弃的物。这就叫做保持明境。”② 当然，这段话本身是讲人如何处理与他人之间的关系，但是这里面却涉及了人与自然关系的问题，但是这种无心之举恰恰透露出老子在处理人与自然关系问题上的基本态度和策略。

“常善救物，故无弃物”与“善行无辙迹；善言无瑕谪；善数不用筹策；善闭无关楗而不可开；善结无绳约而不可解”之间是用“是以”串联起来的，这也就是说前者是以后者作为根据的，或者说它们之间是一种前因后果的关系：正是因为圣人做到了后面这些方面，所以，他们也就做到了前面这点。行、言、数、闭、结都是人们日常生活中常做的一些事情，普通人都能够为之，这不构成圣人与常人之间的重要差别，实际上，圣人与常人的差别在于他们不仅是行、言、数、闭、结，而是善行、善言、善数、善闭、善结，而后面的“无辙迹”“无瑕谪”“不用筹策”“无关楗而不可开”“无绳约而不可解”则是对于“善”的完美解释，只有做到了这种程度，才可以叫作善行、善言、善数、善闭、善结。善行为什么没有辙迹？这是因为好的行为是完全按照自然规律做成的，因此，行为的结果是自然天成，天衣无缝，没有人为造作、穿凿的痕迹，王弼说老子此处所讲的“善行”就是“顺自然而行，不造不施”，而对于后面的善言、善数、善闭、善结也都做了

① 陈鼓应：《老子注译及评介》，中华书局 1984 年版，第 174 页。

② 陈鼓应：《老子注译及评介》，中华书局 1984 年版，第 176 页。

“顺物之性”“因物之数”“因物自然”的解释。[①] 从王弼的解释当中我们可以看出，“善”就是对于自然规律的遵守，这就是老子所讲的“辅万物之自然而不敢为”。“不敢为”给人一种消极之感，似乎是人们对于自然无所作为，实际上正如前文所言，“不敢为”是不敢违反自然规律强作妄为，是要顺应自然的规律而为，因此，“辅万物之自然”与“不敢为”是内在统一的，都是对自然规律的遵守、顺应。既然“辅万物之自然”就是顺应自然规律而为，那么，为什么不用“顺”而用“辅”，这里面实际上要明白老子要利用“辅”中所蕴含的“助”的方面的含义，“辅”也就是说，人类在自然面前并不是无所作为的，而是要利用自然规律为自然的生成发展提供助力，从而推动自然万物的繁荣、人与自然的和谐。如果按照这样一种理解的话，我们来“常善救物”中的“善救”就是顺应自然规律而辅助自然万物，这也就是说，“善救物”是对自然规律的遵守和利用，从而使自己的所作所为符合自然之道，“老子认为任何事物都应该顺任它自身的情状去发展，不必参与外界的意志去制约它。事物本身就具有潜在性和可能性，不必由外附加的。因而老子提出‘自然’一观念，来说明不加一毫勉强作为的成分而任其自由伸展的状态。”[②]

人之所以要“善救物”，之所以要“辅万物之自然而不敢为”，是因为世界本身就是自然而然的，或者说世界本身就有其内在的规律。老子说“天网恢恢，疏而不失”，这个“天网”不是别的，就是天道，就是自然规律，世界万物都不能逃脱自然之道，都处在自然之道之中，都是秉道而生，都有其内在的规律与价值。老子说，“道生一，一生二，二生三，三生万物”，[③] 这个“生”不是人的生殖和物的生产，生者与被生者并不是彼此外在的，也就是说，道与自然万物之间并不是彼此外在的，而是混而为一的，或者说道

① 楼宇烈：《王弼集校释》，中华书局 1980 年版，第 71 页。
② 陈鼓应：《老子注译及评介》，中华书局 1984 年版，第 29 页。
③ 陈鼓应：《老子注译及评介》，中华书局 1984 年版，第 232 页。

本身就构成了自然万物的内在本质规定性。道不是自然万物之外独立存在的一个事物，这就像存在是存在者的存在一样，不是在存在者之外单独地存在着一个存在，道内在于自然万物之中，构成了自然万物的本质规定性，因此，没有办法在道与物之间做出清晰地划分，“道之为物，惟恍惟惚。惚兮恍兮，其中有象；恍兮惚兮，其中有物”。[①] 老子通过“恍惚”一词就形象地说明了道与物之间“剪不断，理还乱”的内在联系。既然道内在于自然万物，那么，自然万物都是按照自然之道在生存发展的，都具有自身的规律性，同时，在中国传统文化中，道不仅是规律，而且还是规则、规范，道被赋予了价值的内涵，因此，自然万物与自然之道的内在关联也就意味着自然万物是有内在价值的，我们不仅要遵守自然规律，而且要敬畏自然生命，不仅不能根据自我的好恶对自然万物强作妄为、胡作非为，而且要自觉地守护自然规律，守卫自然生命，要帮助自然万物自然生长。

庄子把老子关于自然具有自身规律、不依赖于人而运行发展的思想表述为无待。现实中的日常生活现象给人感觉都是有待的，譬如，我们讲任何事情都有前因后果，任何结果的产生都有其前提条件，这实际上就是肯定了任何事物都是有待的，就像鲲鹏要想扶摇直上，就要有云气的集聚，大船要想扬帆起航，就要水位高涨，列子要想御风而行，就必须要风起云涌，如果这些前提条件不具备，那么，他们都只能待在原地不动，因此，他们都是有待的。正是因为受到这种有待思想的影响，人们就认为自然的生存发展也是有所依赖的，并且认为人作为这个世界上特殊的存在者，构成了自然万物生存发展的原因和动力。不过，庄子并不这样认为。在庄子看来，自然是无待的，自然乃是自己而然，自然的生存发展就是自然而然的，并不需要什么外力的推动。在先秦时代，关于世界运行发展的问题比较有代表性的有两种观念，一种是或使说，一种是莫为说，而在当时更加流行的应该是以管子为代表的或使说。管子认为，天地之所以不沉不坠，是因为有一股力量在支撑着

---

① 陈鼓应：《老子注译及评介》，中华书局 1984 年版，第 148 页。

它；如果没有这种外在的力量，那么苍天就会坠落，大地就会沦陷，自然界的风雨雷电也就不会发生。庄子认为这种观点是极端错误的，世界上根本就没有这样一种外在的力量在支撑着这个世界，“天其运乎？地其处乎？日月其争于所乎？孰主张是？孰维纲是？孰居无事推而行是？意者其有机缄而不得已邪？意者其运转而不能自止邪？”① 自然发展变化的原因内在于自然本身之中，就像电闪雷鸣、万窍怒号，都是自然而然的，并没有什么外力使然，“夫吹万不同，而使其自己也，咸其自取，怒者其谁邪？”② 这也就是说，一切事物的运行发展都是遵循着其自身的自然规律在运行发展，并不要依赖一个所谓的外在力量。从表面上看，庄子的学说似乎更加接近于莫为说，不过在庄子看来，莫为说作为与或使说相对的一种学说，它实际上陷入了或使说所预先设定的陷阱，就是把事物的本原与事物自身对立起来，因此，二者是内在相通的，一种认为这种本原会干涉自然界的运行，一种认为这种本原不干涉自然的运行，任由自然万物自己生存发展，从而都把自然之道与自然割裂开来。

庄子认为道就是内在于自然万物之中的，自然万物当中莫不有道，当东郭子向庄子询问道在何处的时候，庄子就以无处不在来回答他，并且以“每况愈下”来对自己的观点加以说明。庄子指出，不仅一切有生之物身上有道，就连无生命之物身上也同样有道，即使是最为人鄙视的屎溺当中同样也蕴含着大道。正是因为世间万物当中都蕴含着道，都是秉道而生，所以，庄子一方面认为自然万物是“自化”的，“道无终始，物有死生，不恃其成；一虚一满，不位乎其形。年不可举，时不可止；消息盈虚，终则有始。是所以语大义之方，论万物之理也。物之生也，若骤若驰，无动而不变，无时而不移。何为乎，何不为乎？夫固将自化”；③ 另一方面庄子又认为自然万物都是无待的而且“齐一”的，也就是平等的，世间万物之间并无所谓的贵贱

① 陈鼓应：《庄子今注今译》，中华书局 1983 年版，第 360 页。
② 陈鼓应：《庄子今注今译》，中华书局 1983 年版，第 33 页。
③ 陈鼓应：《庄子今注今译》，中华书局 1983 年版，第 425 页。

之别、高低之等、是非之分，“物固有所然，物固有所可。无物不然，无物不可。故为是举莛与楹，厉与西施，恢恑憰怪，道通为一”。① 既然自然万物是“自化”的，而且自然万物之间又是高度平等的，那么，人就不能将自己超拔于自然万物之上，将自己的主观好恶强加于自然万物之上，要求自然万物按照人的意愿去生存发展，否则就是对自然规律的违反，从而造成对自然的破坏。譬如，庄子讲到一个叫云将的人，对于自然的内在规律就缺乏认识，所以感觉自然出现了紊乱的状况，“天气不和，地气鬱结，六气不调，四时不节”，就准备按照自己的主观想法赋予自然以秩序，“合六气之精以育群生”，结果由于云将的所作所为“乱天之经，逆物之情”，从而导致“玄天弗成，解兽之群，而鸟皆夜鸣；灾及草木。祸及止虫”。②

自然的内在规律是不容违反的，即使我们有时是出于一种善意，像现代社会中我们建造园林，进行所谓的生态保护，有时候实际上就是对于自然规律的一种违反，这种所谓的善意有时也会造成自然所无法承受的后果。庄子不仅反对对于自然的恶意破坏，同样也反对对于自然的善意保护，因为这些都是出自人的主观偏好而不是自然规律本身，都会不可避免地对自然造成破坏。庄子举了一个鲁候养鸟的故事。有一只大海鸟飞到了鲁国的郊外，鲁候觉得这是一个祥瑞之兆，就将这只海鸟引入太庙之中，并且以一种非常高的规格款待这只海鸟，“鲁候御而觞之于庙，奏《九韶》以为乐，具太牢以为膳”，饮用美酒，听着美妙的音乐，这大概是战国时代人们所能享受的最高礼遇，可以说，鲁候对于海鸟的保护可以说是细致入微，无所不用其极。关键的问题是鲁候的款待、保护并没有取得预期的效果，反而使这只海鸟“眩视忧悲，不敢食一脔，不敢饮一杯，三日而死”。问题出在哪里？是鲁候对海鸟的款待保护做得不够吗？显然不是，鲁候对于海鸟的款待保护可以说已经做到了所能做到的最高状态，关键的问题在于，鲁候是把善意对待人类的

① 陈鼓应：《庄子今注今译》，中华书局 1983 年版，第 61—62 页。

② 陈鼓应：《庄子今注今译》，中华书局 1983 年版，第 283 页。

方式用在了对待海鸟上，“此以己养养鸟也，非以鸟养养鸟也”。这也就是说，这种款待的方式虽然对于鲁候或者绝大多数人来说，都是适用的，都是非常好的，但是这并不符合鸟的自然本性，鸟的本性是在自然当中自由地嬉游，而非被供奉在庙堂之上，喝酒听音乐，“宜栖之深林，游之坛陆，浮之江湖，食之鳅鲦，随行列而止，委虵而处。”① 鲁候养鸟的故事就生动地说明尊重自然生命、遵守自然规律的重要性，只有这样，人与自然之间才不会发生冲突，人与自然才能和谐共生。

总而言之，道家强调的是对于自然规律的遵守。当然，这难免带有某种消极性，从而缺乏一种积极进取的精神，使人产生一种消极无为的错觉。与道家相比，在人与自然和谐共生的道路上，儒家显得就要积极有为得多，因为儒家本身就是讲刚健有为的，像《周易》就说，“天行健，君子以自强不息”，不仅世界健行有常，同样人也应该做到自强不息。

第二节　时中：儒家的道法自然思想

对于儒家而言，其思想核心当然是仁，仁的核心要义当然是“爱人”，不过，我们也不能僵化地认为仁就是爱人，对自然万物就缺少仁爱之心，这种理解就会过分地将儒家的仁爱矮化窄化了。实际上在儒家那里，仁者无不爱，不仅要爱亲、爱人，同样也要爱物，这也就是所谓的“亲亲而仁民，仁民而爱物”，最终要将亲人之爱推扩到自然万物身上。为什么要“推扩”？这一方面是因为“天下一家，万物一体”，人与自然之间具有内在的一致性，这也就是前面所说的“天人合一”，另一方面也是因为人不仅有“不忍人之心”，而且对于自然万物同样也具有不忍之心。譬如，按照《孟子》书中的说法，齐宣王应该是一个道德败坏之人，就连他自己都说自己好货、好色、好勇，认为自己不能在国内推行王道仁政。即使就连这样一位道德败坏的君

① 陈鼓应：《庄子今注今译》，中华书局1983年版，第456页。

主，孟子同样认为他具有仁爱之心，具有不忍之心，而这种不忍就在于他对于动物遭遇死亡威胁所自然流露出的仁慈恻隐之心。有一次，齐宣王坐在大堂之上，看到有人牵着一头牛去祭钟，就要求以羊易牛。齐宣王为什么要“以羊易牛”？这显然不是因为牛大羊小、牛贵羊贱，而仅仅是因为不忍之心，“不忍其觳觫”，“见其生，不忍见其死”。既然就连齐宣王这样的暴君尚且由于不忍之心而做出“以羊易牛”之举，那么，对于普通人来说，更是具有对于自然万物的仁爱之心，所以，孟子说，“君子之于禽兽也，见其生，不忍见其死；闻其声，不忍食其肉。是以君子远庖厨也。”① 正是这种不忍之心的存在，使得人能自觉地为自然万物的生死存亡、生存发展承担起责任来，“以羊易牛”就是齐宣王承担责任的一种方式，从而使得牛的生命得以延续。《周易》当中说，“天地之大德曰生”，“生生之谓易”，“生生”就是使生命得以延续，得以繁衍，得以生生不息，实际上，就是把促进自然万物生长发育、生存繁衍看作最高的德性，而对于人来说，就要把这个责任自觉地承担起来，否则就会“不忍”，就会遭受良心的折磨。那么，如何来承担对于自然万物的责任呢？我们可以说，就是做到“时中”。

“时中”是儒家的一个重要追求，一个道德高尚的人就应该做到“时中”，因此，能否做到时中也是君子小人之间的一个重要区别之所在。孔子说，“君子中庸，小人反中庸。君子之中庸也，君子而时中；小人之反中庸也，小人而肆无忌惮也。”② 孔子实际上就是用时中来解释中庸，如果做到了“时中”，那么，其所作所为就是符合中庸之道的，否则，就会变得肆无忌惮，胡作非为。在中国历史上，孔子是“时中”的一个重要代表，因为孔子在中国历史上独享“圣之时者”之美誉。

在“时中”这个词汇当中就包含了“时”与“中”两个方面，理解这个词，我们首先要从时入手，因为“中”与“时”有关。在中国古汉语当

① 杨伯峻：《孟子译注》，中华书局2005年版，第15页。

② 宋天正：《中庸今注今译》，中国台湾商务印书馆2009年版，第8页。

中，时一方面是时间。中国人所讲的时间不同于西方人所理解的时间，西方人的时间是一种空间化的时间，也就是说通过空间来理解时间，从而把时间理解为物体在空间当中的运动，从而把时间量化、同质化，从而使时间的运动最终变成一种数量的变化，变成一种位置的变动，这样一来，时间实际上是一种静止的状态，在这种时间观念当中，世界上并没有创新发展。在中国，时间是一种动态的过程，“四时行焉，百物生焉”，时间本身是在发展变化的，而处在时间当中的自然万物也处在生长发育的过程之中，一切都在发展变化，因此中国人经常以河流来比喻时间，以强调时间的流动特性，“子在川上，曰：‘逝者如斯夫，不舍昼夜。’”① 时间在发展变化的过程中，就会产生出季节的变化，而且这种变化总是具有一定的规律性。时的另一方面含义是时机。时间总是在发展变化的过程之中，这也就意味着没有什么是固定不变的，一切都在变化之中，虽然河流具有自己的航道，其方向是固定的，都是“百川东海到”，然而问题在于，存在着山洪暴发、洪水肆虐，江河改道的可能，同时也存在着河流干涸的可能，因而我们并不能总是固守原来的发展路线，在这各种各样的可能性当中，实际上也就为人们提供了不一样的机会，这也就是所谓的时机。在机会面前，我们就要做到恰到好处，不早不迟，不急不躁，不过不及，也就是要把握好这个机会，做到合宜适度。既然“时中”之“时”包含两个方面的含义，那么，“时中”也主要包含两个方面，一方面，遵守自然规律，根据季节变化进行生产劳作；另一方面，要抓住合适的时机对自然进行适度地开发利用，做到既“不过”也不“不及”。下来，我们就按照“时中”的这两个方面含义，来介绍一下儒家的人与自然和谐共生之路。

第一，以时禁发。

在人与自然共生这个问题上，最能体现儒家时中思想的就是“以时禁发”，禁是禁止，发是开发，以时禁发是说按照时间规律决定对自然进行开

① 杨伯峻：《论语译注》，中华书局1980年版，第92页。

发利用和禁止开发利用，到底是开发利用，还是禁止开发利用，都以“时”来决定：在收获的季节开发利用自然，在自然自我恢复、萌芽生长的季节让自然休养生息。以这样一种思想为前提，就是承认自然是有内在的发展规律的。

中国与西方有所不同。西方古人主要以游牧航海作为谋生的手段，这里面充满着偶然性，因此经常要突破常识，强调一种超常规思维。中国是一个农业国家，中国人主要以务农作为谋生的手段，农业的一个重要特点，就是规律性与稳定性，意外情况相对较少。譬如，在农业生产中，基本上都会遵照春耕、夏耘、秋收、冬藏这样一个基本的规律，在特定的时间阶段进行播种，在特定的时间进行收获。虽然在其间可能也会遇到少量的例外情况，如遭遇闰月、旱灾、水灾、风灾、虫灾等，但总的来说，这些例外的情况的数量有限，而且一旦积累了一定的生活经验，对于这些例外情况就能总结出一套规律，就会形成一套生活智慧，对于这些都能从容应对。正是在日积月累当中，中国人逐渐地形成了世界运行发展都遵照一定规律的观念，季节更替、日月盈亏、昼夜消长、作物荣枯都是有规律可循的。儒家虽然与道家不同，道家着重讲天道，儒家着重讲人道，但是人道是对天道的模仿，因为天人本来合一，天人本来不二，因此，儒家的人道是建立在天道的基础上，人道也要符合天道，人类也要遵守自然的规律，人类也要按照自然的规律对自然进行开发利用，人类的所作所为也要和自然生长发育的规律保持高度一致，从而更加充分地利用自然来为人类生存发展服务。正是缘此之故，儒家特别重视参赞天地之化育、与天地参，这个“参”既有参考、顺应之意，实际上也有参透之意，也就是说，我们既要有对于自然规律的准确把握，在把握了之后，也要遵守自然规律，严格地按照自然规律开发利用自然，从而与自然规律保持高度一致，这也就是《周易》当中所说的“与时偕行”，“与天地合其德，与日月合其明，与四时合其序，与鬼神合其吉凶，先天而天弗违，后天而奉天时”。[1] 孔子本身就是这方面的典范。《论语》当中记载孔子在饮食方面“不时，不食”，[2] 其意是说，孔子的饮食习惯是遵守自然规律的，该吃什么不该吃什么都不是按照自己的主观喜好，而是要符合自然规律，违反了自然规律，再诱人的美味也不享用。《论语》当中还说孔子“钓而不纲，弋不射宿”，在池塘湖沼中进行垂钓，但不使用横绝江河的渔网；进行狩猎活动，会射杀禽兽，但不射杀归巢的鸟儿，这些实际上都是对于自然规律的遵守，自然本身也需要可持续发展，人们的捕猎活动不能采取杀鸡取卵的方式，使自然失去发展的可能性，而是要为自然的生存发展留下充足的空间，从而使其能够在满足人类需要的同时，又能够持续地繁荣滋长，从而实现人与自然的和谐共生，自然能够为人类的生存发展提供更加丰富充足的自然资源。后来孟子在面见各位诸侯王时，劝说他们要不违农时，做到“无失其时”，“勿夺其时”，实际上就是告诫诸侯王要尊重自然的发展规律，只有这样才能让人民百姓过上丰衣足食的生活。当然，对于孔子和孟子来说，毕竟在义利之辩问题上，他们是站在义一边，他们是重义轻利的，所以，他们对于与利益生产密切相关的农业生产方面讲得并不多。荀子与孔子和孟子不一样，他既重视义，同样也高度重视利，并且认为就是在物质财富的生产分配当中才产生出礼义的问题，因此，不能离开利来谈论所谓的义，这也就决定了他必然高度重视物质生产的问题，这就导致他高度重视自然规律。前面我们讲到荀子批评时人坐待天时，要求人们勘天役物，就是要求人们在充分认识自然规律的基础上，利用自然规律生产出大量的物质财富，来为满足人们的物质需求服务，“草木荣华滋硕之时，则斧斤不入山林，不夭其生，不绝其长也。鼋鼍鱼鳖鳅鳣孕别之时，罔罟毒药不入泽，不夭其生，不绝其长也。春耕、夏耘、秋收、冬藏，四者不失时，故五谷不绝，而百姓有余食也。洿池渊沼川泽，谨其时禁，故鱼鳖优多，而百姓有余用也。斩伐

---

① 周振甫：《周易译注》，江苏教育出版社 2005 年版，第 42、44 页。

② 杨伯峻：《论语译注》，中华书局 1980 年版，第 103 页。

养长不失其时，故山林不童，而百姓有余材也”。[1] 虽然我们要爱护保护自然，但这并不意味着我们不能对自然加以开发利用，只不过要遵守自然规律而已，该开发利用的就一定要加以开发利用，这在后来的一首诗中得到了很好的体现，“花开堪折直须折，莫待无花空折枝”，应该开发利用自然的时候不开发利用自然，这也是对于自然的一种辜负，同样不符合自然之道。

上面所讲的是对自然的开发利用要遵守自然规律，只有这样，自然才会给人们提供丰富的物产以满足人们的物质需求，从而让人们过上富足的生活。不过需要注意的是，人的欲望是无限的，虽然每个人真正的物质需要是有限的，但是人的欲望却是无限的，就像人居不过一室，睡不过一床，这就是人的自然需求，但是人的欲望却是广厦万间、良田千顷，因此，人的欲望有时会走向无度，缺少“度量分界”。一旦人类放纵自己的欲望，任由欲望突破度量分界，那么，人类就会变得贪得无厌，那么，人类对于自然的开发利用就会失去限制，就必然会走向违反自然规律，强迫自然为人类生产所欲求的一切，从而最终造成对自然的破坏。实际上，前面讲要尊重自然规律，实际上也就从反面反对了对自然规律的违背，违背自然规律必然会走向与遵守自然规律相反的方向，既会造成对自然的破坏，也使人们的生产生活造成严重的影响。孔子之所以提倡“钓而不纲，弋不射宿”，既是对自然规律的遵守，也是因为他认识到如果人们用横断水平的渔网捕鱼，射杀宿鸟，结果必然是违背了自然的规律，从而造成自然难以为继，要对这种行为加以禁止。这也就是说，如果在应该禁止开发利用的时间不对开发利用禁止，那么，就必然会导致自然万物不能可持续发展。孟子就曾经举过一个牛山之木的例子。牛山上的树苗按照其本性而言，最终都应该长成大树，有些甚至要长成参天大树，所以，牛山上本来应该是树木葱茏、青草繁茂、鸟兽成群的繁荣景象。不过令人遗憾的是，这种应该出现的景象并没有在牛山之上出现，牛山之上不过是一片光秃秃的景象。为什么会出现如此巨大的反差呢？

① 王先谦：《荀子集解》，中华书局1988年版，第165页。

其中的一个重要原因就在于，人们对伤害自然的行为并没有进行禁止，人们常年在牛山之上放牛牧羊，刀砍斧斫，从而使得牛山的树苗被折断，青草被啃噬，导致自然万物无法在牛山之上生长。这个例子说明，我们对于自然要“以时禁发”，要让自然有一个充分地休养生息、自我修复的时间。

第二，无过与不及。

在儒家那里，中庸是一种重要的德行，像孔子就曾感叹“中庸之为德也，其至矣乎！民鲜久矣”,[①] 就把中庸看作一种至高无上的德行，可惜他生活的时代很少有人能够做到中庸了。正如前文所言，中庸实际上也就是时中之意，不过在时中当中实际上就包含着一个度的问题，我们要在特定的时间节点上面对特定的对象做出适当的行动，既不过度也不不及。当然在普通人的眼中，在善的方面、道德的方面肯定是过比不及要好，但是儒家并不这么认为，过与不及在儒家看来都是一种道德上的缺陷，过犹不及。譬如，孔子有两个弟子，一个叫子张，也就是颛孙师，一个叫子夏，也就是卜商，这两个人都是孔子的得意弟子，当然，也都有自己的不足，像子张就有点太过急躁，过分地追求完美，所以就有点过了，子夏稍微有点佛系，对自己对他人的要求都不是那么严格，所以离标准就稍微有点差距，就不及，不过二人基本上都应该是八九不离十，已经与标准非常接近了。面对子张与子夏之间的这种差异，有人就问孔子：是不是子张要比子夏强一点呢？孔子却答以“过犹不及”，这也就是说，人们的行为应该是符合礼仪规范的，超过与不及都不好，都是有问题的。然而问题在于，人们放弃了这样一种智慧，在过与不及的道路上越走越远，从而导致中庸之道湮没不彰，既不为时人所知，更不为时人所遵循，因此孔子说，“道之不行也，我知之矣：知者过之，愚者不及也。道之不明也，我知之矣：贤者过之，不肖者不及也。人莫不饮食也，鲜能知味也。”[②] 尽管时人不能了解和遵循中庸之道，不能做到无过与

① 杨伯峻：《论语译注》，中华书局1980年版，第64页。
② 宋天正：《中庸今注今译》，中国台湾商务印书馆2009年版，第11页。

不及，但这并不意味着我们就要投时人之所好，放弃对于无过与不及的追求，而是要“知其不可为而为之”，帮助人们回到无过不及的道路上，尤其在对待自然问题上更应该如此。

在对待自然问题上，普遍存在的问题就是利用太过，保护不足。因为人们普遍地持人类中心主义的观点，以自我为中心，以自我为主，自然为客，认为人类可以按照自己的意愿随意地利用自然来为满足人类的欲望服务。就像荀子所说的一样，人生下来都会有自然的欲望，而且都希望自己的欲望得到满足，所以，就会产生没有止境的追求，导致欲望和满足欲望的追求失去了“度量分界”。像商纣王一样，就过着一种酒池肉林、穷奢极欲的生活。一旦欲望的追求失去了度，那么，人们必然就要对自然进行过度地开发与利用，因为自然的产出本身是有限的，如果不使用一些超常规的手段，人们就不能满足自身迅速膨胀的物质欲望，因此，对自然的开发利用就不能不无所不用其极，即使对自然造成无法逆转的伤害也会在所不惜。这样一来，就必然会造成自然的破坏。不过这种伤害是双向的，人类在伤害自然的同时，自然也会对人类的生存安全造成威胁，“帝王好坏巢破卵，则凤凰不翔焉；好竭水搏鱼，则蛟龙不出焉；好刳胎杀夭，则麒麟不来焉；好填溪塞谷，则神龟不出焉”，如果人类一意孤行，“动不以道，静不以理，则自夭而不寿，妖孽数起，神灵不见，风雨不时，暴风水旱并兴，人民夭死，五谷不滋，六畜不蕃息。”[①] 因此，人类要顺应自然规律，对于自然进行适度地开发利用，朱熹在解释孟子“仁民而爱物”一语时就特别强调人对自然的开发利用要合理合度，不能过度，“物，谓禽兽草木。爱，谓取之有时，用之有节”，[②]“有节”就是适度，无过与不及。柳宗元就把那些无度开发自然、破坏自然的人称为害虫，认为他们威胁到了世界的生成发展，“人之坏元气阴阳也亦滋甚：垦原田，伐山林，凿泉以井饮，窾墓以送死，而又穴为堰溲，筑为墙

① 王聘珍：《大戴礼记解诂》，中华书局1983年版，第260页。

② 《朱子全书》第6卷，上海古籍出版社、安徽教育出版社2002年版，第440页。

垣、城郭、台榭、观游，疏为川渎、沟洫、陂池，燧木以燔，革金以镕，陶甄琢磨，悴然使天地万物不得其情，倖倖冲冲，攻残败挠而未尝息。其为祸元气阴阳也，不甚于虫之所为乎？"①

正如前文所言，为了人类自身的目的，对于自然的过度开发利用，当然会对自然造成严重的破坏，这是我们要坚决反对的，实际上，就是我们出于保护自然的目的，对自然进行过度的保护，这也是错误的，这同样也会对自然造成破坏。庄子所讲的鲁候养鸟的故事充分地说明了这一点。虽然我们对于自然的保护是出于我们的仁心善性，是抱着一种善良的愿望，但是问题在于，动机与效果之间并不能画上等号，良好的动机并不意味着良好的结果，这就是说，我们还必须在良好的动机和良好的结果之间架起科学的桥梁，以免发生良好动机和良好结果之间的错位，这种科学的桥梁就意味着我们要采取合宜的行动，我们对自然的保护也是要合度的，否则就会出现好心办坏事的尴尬结局。因为人类对于自然的保护往往是站在人类的立场上而做出的，从而导致这种保护的行为并不符合自然的生长发育规律，所以，我们的保护不仅不能起到应有的效果，反而会造成对自然的破坏。这对于人们来说是尤其需要加以关注的，现代社会自然保护已经成了一种热潮，这导致对自然的保护有时超过了必要的限度。譬如，有些动物保护组织反对食用某些动物，而这些动物以前就是人类食用的对象，如果我们对于这些动物进行过度的保护，这本身也是对食物链的一种破坏，从而会影响物种的平衡，从而会影响生态环境。因此，对于自然的保护应该建立在充分认识自然规律的基础之上，我们对于自然的保护必须是一种科学的保护，既不过度，也不不及，只有这样，人与自然万物才能相互依赖，相互支撑，才能和谐共生，共同走向繁荣昌盛。

---

① 瞿蜕园：《刘禹锡集笺证》，中华书局1989年版，第136页。

第十三章 和谐共生：中国传统哲学资源的当代贡献

从上面的分析当中我们可以看出，中国传统文化中具有丰富的人与自然和谐共生的思想资源。人们可能会认为，在中国古代人与自然之间并没有出现剧烈的冲突，也没有出现像现代社会这么严重的生态问题，人与自然之间关系并不像现代社会当中那么紧张，因此可能会觉得中国古人对于自然问题的思考在某种程度上并不与现代社会的具体情况高度吻合，我们为了解决现代社会中的生态问题，结果却去挖掘寻找中国古代的思想资源，这就会给人一种南辕北辙、"药方只贩古时丹"的时代错位之感。其实，这是一种误解。第一，我们在这里所讲的是人与自然和谐共生方略的中国传统哲学资源及其当代贡献，是强调中国传统哲学中某些思想对于当今时代实现人与自然之间的和谐共生具有一定启发意义和借鉴意义，而不是说中国传统哲学资源为我们提供了在现代社会中实现人与自然和谐共生的具体方案。随着时代的变迁，现代社会与传统社会之间出现了巨大的差异，时过境迁决定全盘照搬古代的方案必将在现代社会碰壁。第二，虽然历史在不断地向前发展，时代不断发生变化，我们的所思所想、我们所面临的问题都会出现巨大的差异性，但是这并不意味着历史是断裂的，历史是断裂与连续的统一，连中有断，断中有连，因此，历史与现实之间具有内在的相通性，历史就像一面镜子，我们通过历史能够反观现代社会的得失，从而知道现代社会中生态问题到底出在哪里。就像我们所说，在古代社会中并没有现代社会中这么严重的生态问题，既然古代社会没有这么严重的生态问题，那么，现代社会中的生态问题又是如何产生的呢？是不是我们后来的思想观点、行为方式与古代社会之间发生变化，而正是这些变化导致了这样一种结果呢？第三，《圣经》说，太阳底下无新事，这也就意味着我们所面对的很多问题也是古人面对过的问题，人与自然关系问题肯定是一个纵贯古今的问题，每一代人都要思考人与自然如何相处的问题，古人自然在几千年历史发展中积累了丰富的智慧。我们应该如何来对待这些智慧呢？牛顿说，我之所以看得远，那是因为我站在巨人的肩膀上。中国的荀子也说过，“吾尝终日而思也，不如须臾之所学也，吾尝跂而望也，不如登高之博见也”，之所以出现如此重大的差别，就在于是否“善假于物”，① 这也就是是否善于学习利用外部的资源。对于中国人来说，当然最直接的资源就是中国的传统文化资源，我们不仅对于传统资源相对比较熟悉，而且具有高度的亲近感、亲和性，更容易对我们的行为产生影响，因而，充分发掘人与自然和谐共生的中国传统哲学资源，更加容易在现实当中得到继承发扬，更加有利于贯彻执行，从而取得事半功倍的良好效果。通过前文的梳理，我们可以总结出中国传统哲学资源的以下几点贡献，或者说，中国传统哲学资源在人与自然和谐共生问题提供了如下几点启示。

第一节　人与自然是生命共同体

人与自然是一个生命共同体，他们的命运紧密相连，可以说是一荣俱荣，一损俱损的关系，因此，对于现代人来说，要增强这样一种命运共同体的意识。现代人类中心主义泛滥，导致人们将自己与自然世界对立起来，认为自己能够从自己所处的世界当中脱离出来。譬如现代人热衷追寻地外文明，热衷于探索星球移民，这实际上就是要将人从这个世界上超拔出来。既

① 王先谦：《荀子集解》，中华书局 1988 年版，第 4 页。

然人能够从这个世界上超拔出来，地球失去了人类摇篮、人类故乡的地位，那么，我们又何必爱护地球、保护地球呢？因此，我们就可以在地球上为所欲为，从而造成了对于地球的严重破坏，地球上千疮百孔，伤痕累累，“可以毫不夸张地说，从来没有任何一种文明，能够创造出这种手段，能够不仅摧毁一个城市，而且可以毁灭整个地球。从来没有整个海洋面临中毒的问题。由于人类贪婪和疏忽，整个空间可以突然之间从地球上消失。从来没有开采矿山如此凶猛，挖得大地满目疮痍。从未有过让头发喷雾剂使臭氧层消失殆尽，还有热污染造成对全球气候的威胁”。① 然而问题在于，当人类沉浸在破坏自然当中所取得的所谓丰硕成果的同时，自然也对人类进行了疯狂的报复，“一直威胁着地球生存的人类，现在又在狠狠地打击自然了。但是重要的是不要忘记了，自然将打出最后的一棒”。② 实际上每一个生活在地球上的人都能轻而易举地感受到“最后的一棒”的巨大威力，森林的消失、草场的退化、土地的沙漠化、酸雨、沙尘暴，以及各种灾害性天气和流行病，都在提醒着人们，人类对于自然所做的一切伤害也在伤害着人类自身。因此，我们必须改变这种状况，我们必须意识到，“如果人类仍不一致采取有力行动，紧急制止贪婪短视的行为对生物圈造成的污染和掠夺，就会在不远的将来造成这种自杀性的后果”。③ 对于中国人而言，我们更应该牢记中国传统哲学中的天人合一思想，天人一体、天人相通这些思想就告诉我们，我们与自然世界之间就是一个命运的共同体，是同呼吸、共命运的，我们在破坏自然的同时也就是在伤害我们自身，这也就是老子所说的，“常有司杀者杀。夫代司杀者杀，是谓代大匠斫，夫代大匠斫者，希有不伤其手矣”。④

---

① ［美］阿尔温·托夫勒：《第三次浪潮》，朱志焱等译，生活·读书·新知三联书店1983年版，第175—176页。

② ［美］R. T. 诺兰：《伦理学与现实生活》，姚新中译，华夏出版社1988年版，第434页。

③ ［英］阿诺德·汤因比：《人类与大地母亲》，徐波等译，上海人民出版社1992年版，第10页。

④ 陈鼓应：《老子注译及评介》，中华书局1984年版，第337页。

反过来，如果自然得到了完美的保护，那么，人类就会生活在一个美好的世界之中，对于人类来说，这也是一件快乐的事情。就像孔子的理想，就是在百花盛开、草长莺飞的春天，偕同友人，带着弟子，到沂河当中游泳嬉戏，在舞雩台上吹着微风，弹琴唱歌，谈天说地，畅谈人生，这种快乐实际上是建立在自然发展良好的基础上的。因为这样一种悠然自得、快乐愉悦心情离不开优美的自然风景，这也就是中国人所说的情景交融，因情生景，因景生情。再者，对于人类来说，人也不能脱离开这个世界，地球永远都是人类的生命之根，人类即使以后能够突破各种限制在别的星球上生存，但是地球都是人类的摇篮，我们对于地球都应该有份牵挂，最终都要"树高千丈，叶落归根"。西方人从盖娅传说出发，喜欢把地球称作母亲，实际上中国人同样如此，张载就说，"乾称父，坤称母；予兹藐焉，乃混然中处。故天地之塞，吾其体；天地之帅，吾其性。民吾同胞，物吾与也"。[①] 既然乾父坤母、民胞物与，人与自然万物之间就有一种内在的关联，我们就不能将自己与自然万物割裂开来，而是要自觉地将自己放入自然世界之中，与自然万物和谐共生。

第二节　人对自然负有守护之责

人类作为自然世界当中的一个特殊的存在者，应该承担起保护自然、实现人与自然共生的责任。海德格尔就认为，人是这个世界上一个特殊的存在者，因为人是这个世界上唯一能够领会自身存在的存在者，因而他赋予人在这个世界上以特殊的地位，不过，人这个存在者最终也被他扼杀在匿名的存在概念之中，人最终在这个世界上无所作为，徒劳地期待"只有一个上帝还能救渡我们"。对于中国人来说，人在这个世界上同样特殊，但不是无所作为的。在中国古人看来，尤其是在儒家学者看来，人是一个道德的存在者。

---

① 张载：《张载集》，中华书局1978年版，第62页。

孔子讲“天生德于予”，认为上天赋予了人道德本性，后来“孟子道性善，言必称尧舜”，他们都是性善论者；荀子则是性恶论者，认为人性是先天本恶的，他们之间就存在着一定的差距，孔孟在人性问题上带有先天论的倾向，荀子则带有后天性的倾向，实际上，真实的情况并非如此，孔孟讲性善论只是讲人先天就有向善的倾向，人性的最终形成还是后天不断培养的结果，荀子则完全讲后天的努力，人性则完全是后天改造的结果，人性的形成是一个“化性起伪”的过程。因此，对于儒家来说，道德最终构成了人之为人的本质规定性，道德将人与世间万物区别开来，“水火有气而无生，草木有生而无知，禽兽有知而无义，人有气、有生、有知，亦且有义，故最为天下贵”，最终是这个“义”字使人与自然万物之间存在根本性的差异。人作为道德的存在者就意味着人对于自然万物需要承担道德责任，一个道德高尚的人总是“仁以为己任”的，而且为了承担责任，不顾任重道远，死而后已。道德之为道德不在于享受权利而在于承担责任，一个人只有承担了救助别人的责任，我们才能说这个人是道德的；而且道德之为道德，往往是一种无端的责任，也就是说道德并不是像义务那样，因为我享受了权利，所以我要承担义务，道德责任往往是没有道德权利与之相对的，仅仅因为我是人，仅仅是因为我的不忍之心，仅仅是因为我的仁心善性，我就要为他者的生死存亡承担责任。因此，对于人类来说，在自然世界中，人对于自然万物就具有这样一种无端的道德责任，我们就应该保护自然，推动人与自然的和谐共生，更何况自然世界还构成了我们的生存处境，自然的兴衰成败直接影响了人类的生存呢？道家阻止人们违反自然规律，儒家劝导人们按照自然规律进行生产活动，对自然的开发利用要合宜合度，这些都是自觉承担人与自然和谐共生的重要方式。当然，人与自然和谐共生，不是某个人或某些人的道德责任，而是全体人类的道德责任，只有每个人都有这样一种自觉意识，每个人都在现实生活中承担起推动人与自然和谐共生的责任，人与自然和谐共生才真正能够变为现实。如果人与自然和谐共生仅仅停留在少数人的思想观念之中，或者只停留在专家学者的著作和政府所印发的政策文件当中，那么，人与自然和谐共生就是没有希望的。对于当今时代来说，人们的思想观念正在逐渐地发生改变，人们已经慢慢意识到人与自然和谐共生的重要性，但是这个过程还漫长遥远，需要不断地深入推进。

第三节　人类应该依自然规律行事

自然具有自身的发展规律，人类在利用自然的时候应该遵守自然的规律。在现代社会中，人通过科学技术手段将自己提升为世界的主宰者，从而取代了过去神所占据的地位，开始为世界建立秩序，为自然立法，试图将世界变成自己心目中的花园，因此，造园成了现代社会中的一个重要意象，现代文化是一个造园文化，现代国家是一个造园国家。造园就是赋予世界以秩序，像我们日常生活中所建立的公园、花园，以及各种花园式城市、花园式工厂、花园式学校、花园式小区，无不透露出严格的秩序规划，笔直的道路、鳞次栉比的房屋、成排的树木，无不透出人类的精心布局。置身于这样的城市之中，在这样的工厂中工作，在这样的学校中学习，在这样的小区中生活，确实令人心情愉悦，一切都是那么有条不紊，一切都是那么整洁、卫生、有序。这种做法虽然受到了人们的普遍欢迎，但是这种做法所反映出来的背后思想却是存在问题的，而且这个问题则是整个现代性的问题：自然本身是没有秩序的，自然的秩序有赖于人类的建构。自然真的是无序的吗？答案显然是否定的。中国人在几千年前就已经指出，自然就是自己而然，自然按照自身的规律在生成发展，从而一步一步地就变成了现在这个样子。孔子讲“四时行焉，百物生焉”，老子讲“天地有大美而不言”，荀子讲“天行有常”都是肯定自然具有内在的秩序和规律，不论人类存在与否，自然都会按照自身的规律运行发展，展现为一个秩序井然的状态。如果自然没有规律，自然如何能够延续繁衍至今，自然不早就灭绝了吗？恰恰相反，在没有人类在自然当中强作妄为的时候，自然倒是运行良好，而一旦人类强力干涉自然的发展，强行为自然赋予秩序以后，自然反而呈现出一种混乱的状态，这说明自然的无序恰恰不是自然造成的，而是人类造成的。为什么人类赋予自然以秩序的行为反而导致了自然的无序了呢？这是因为人类的赋序行为往往是违背自然秩序的，虽然人类的有些行为是符合自然秩序的，但是也存在着大量不符合自然秩序的行为。人类给自然建立秩序往往是从人类自身出发的，而不是从自然出发的，也就是说是以自我为中心的，根据自己的喜好或需要来规定自然应该这样或那样，从而为自然制定了一个秩序模板，然后将这个秩序模板套在自然身上，那些符合这个秩序模板的自然事物就获得继续按照自己的本性继续生成发展，而那些不符合这个秩序模板的自然事物要么接受改造，要么就被无情地铲除。这样一来，在自然当中就有了香花与毒草的区分，凡是符合人类造园需要的自然事物就是香花，就获得继续生存的权利，而那些不符合人类造园需要的自然事物就被当作毒草，就会被无情地铲除，它们之所以要接受如此悲惨的命运，是因为它们被认定为人类秩序的破坏者。然而问题在于，人类对于自然的认识和自己秩序涉及有时候是片面的，不过是出于我们的一偏之见，有时候则是出于我们的短视，譬如，在20世纪的“除四害”行为，虽然对于减少疾病传播和增加粮食生产，可能确实能够发挥一定的积极作用，但是这对于整个生态平衡显然具有破坏作用，导致整个生态系统的某些重要环节发生了突然性的变化，从而引起整个生态系统的动荡。因此，在自然面前我们要做谦虚的小学生，我们要承认自己在对自然的认识上还很有限，我们要深入地认识和了解自然规律，尊重自然规律，尽力使自己的所作所为符合自然规律，从而达到人与自然的和谐共生。

当然，遵守自然规律对于大多数人来说，主要意味着在对自然开发利用上要遵循自然规律，实际上，这是一种误解，遵守自然规律包含有两个方面：自然的开发利用和自然保护。人们往往忽视了按照自然规律对自然进行保护。正是由于这方面的误解，现在很多地方都出现了一种偏差，那就是对于自然采取过度的保护，导致对自然不能进行开发利用，从而导致生态环境出现了问题。譬如，我们国家过去由于对野生动物的捕杀过于严重，从而导致了有些野生动物绝迹和濒临绝迹，我们国家为了保护野生动物，颁布了一系列的保护野生动物的法律法规。实际上，我们国家的这些法律法规是分级的，也就是说，对于不同的动物采取不同的保护措施，对于一些保护级别较低的野生动物是可以以适当的方式进行捕猎的，结果这样的一种保护举措到了地方政府手里，就变成了一种过度保护。像有些地方由于禁止捕猎所有的野生动物，导致有些繁衍迅速的野生动物如野猪等泛滥成灾，对当地农民的生产生活造成了严重影响，结果生态保护成了当地农民的生态灾难。因此，我们对于自然保护也要尊重自然规律，要进行保护和利用的有机结合，只有这样，才能实现生态保护和经济发展的双赢，才能真正实现“绿水青山就是金山银山”这样一种人与自然和谐共生的理念，从而调动人们进行生态保护的积极性，才能吸引人们自觉自愿地加入生态保护中来。只有这样，生态保护才不会变成自上而下的政治运动，而是一种所有人都自愿加入的一股潮流，而且这股潮流随着时间的推移，必将会汇成江河湖海，滋养着整个自然世界。

行动方案篇

人与自然和谐共生方略的中国行动方案

坚持人与自然和谐共生方略的关键是行动，只有通过实际行动才能将这一方略落实到中国生态文明建设的实处，推进美丽中国建设进程。根据人与自然和谐共生方略制定中国行动方案，是贯彻执行党的十九大报告精神的题中应有之义，也是中国生态文明建设赢得国际认同的基础和关键所在。只有确立先进的行动理念，具有科学的行动目标，奠定合理的行动基础，才能形成人与自然和谐共生方略的中国行动方案，实现经济效益、社会效益和生态效益的统一，为中国参与和引领世界生态文明建设提供可能。

第十四章　人与自然和谐共生的行动理念

实现人与自然和谐共生的中国行动，首要前提是树立理念，任何行动都要有理念作为指引。理念正确必然导致行动正确，理念先进才能引领世界发展。在全球环境危机严重威胁人类生存之际，中国政府创造性地提出人与自然和谐共生方略，作为中国生态文明建设的行动指南。“人与自然是生命共同体”，是对人与自然和谐共生行动理念的深层思考和本体论追问。人与自然和谐共生何以可能，从根本上来说，是因为人与自然是生命共同体。“绿水青山就是金山银山”，是人与自然和谐共生行动理念的价值论层面，对破解经济发展与环境保护悖论难题具有重要意义。“像对待生命一样对待生态环境”，是人与自然和谐共生行动理念的规范论层面，回答人类应以何种态度对待自然。生态环境和人的生命具有同等重要的地位，人类怎样珍爱自己的生命，就应该怎样关爱生态环境。由此，尊重自然、顺应自然、保护自然成为人类对待自然的基本态度。

第一节　人与自然是生命共同体

把人与自然看作一个生命共同体，这是人与自然和谐共生行动理念的本体论维度。党的十九大报告指出，“人与自然是生命共同体，人类必须尊重自然、顺应自然、保护自然。”① 人类为什么要对自然讲道德，从根本上而言，是因为人与自然是生命共同体。人类善待自然，既不单纯为了人类自身的利益，也不仅仅为了大自然的利益，而是为了生命共同体的利益。这一论断，将人与自然视为一个生命共同体，整合和超越了人类中心主义和非人类中心主义的理论立场。人类尊重自然、顺应自然、保护自然，既是为人考虑，也是为自然着想，人与自然本来就是一个整体，这就从生态哲学的维度对人与自然和谐共生的内在根据进行了反思和追问。

生命共同体由“生命”和“共同体”两个词组成。“共同体”一词的英文是 community，社会学家往往把它理解为“社群”“社区”。鲍曼在《共同体》中将“共同体”理解为“社会中存在的、基于主观上或客观上的共同特征（这些共同特征包括种族、观念、地位、遭遇、任务、身份等等）（或相似性）而组成的各种层次的团体、组织，既包括小规模的社区自发组织，也可指更高层次上的政治组织，而且还可指国家和民族这一最高层次的总体，即民族共同体或国家共同体。”② 共同体是社会存在中的特殊组织，具有共同或相似的特征。在鲍曼看来，“共同体是一个‘温馨的地方，一个温暖而又舒适的场所。它就像是一个家，生活于其中，可以遮风避雨；它又像是一个壁炉，在严寒的日子里，靠近它，可以暖和我们的手”。③ 在共同体中，“我们能够互相依靠对方”。④ 生命共同体，指人与自然基于共同的境遇、生存而组成的特殊总体。人与自然是生命共同体，是把整个自然界视为一个有生命的存在，高山、流水、岩石等虽然没有生命，但其能够维护生命

① 习近平：《决胜全面建成小康社会 夺取新时代中国特色社会主义伟大胜利——在中国共产党第十九次全国代表大会上的报告》，人民出版社 2017 年版，第 50 页。

② ［英］齐格蒙特·鲍曼：《共同体》，欧阳景根译，江苏人民出版社 2003 年版，第 1 页。

③ ［英］齐格蒙特·鲍曼：《共同体》，欧阳景根译，江苏人民出版社 2003 年版，第 2 页。

④ ［英］齐格蒙特·鲍曼：《共同体》，欧阳景根译，江苏人民出版社 2003 年版，第 3 页。

的存在，属于自然界生命的不可或缺的部分。利奥波德提出了大地共同体概念，人类生活在生态系统和地球生物圈中，人类与大地一起共同构成生命共同体。在生命共同体中，人与自然共处一个地球，共享一片蓝天，实现和谐共生。马克思认为，人与自然是本质统一的，人类是自然的组成部分，自然是人的“无机身体”。人与自然构成生命共同体，缺失了人或自然任何一个方面，这个生命共同体都是残缺不全的，其生命活力必然受到重创。坚持人与自然和谐共生，需要我们把自然界的存在命运与整个人类命运联系起来、统一起来，建构真正意义上的生命共同体。

遵循人与自然是生命共同体的基本理念，就是要坚持整体主义，把人与自然看作是一个不可分割的整体，人在自然之中，自然在人之中。人与自然是生命共同体的理念，是对西方主客二分世界观的一种超越。文艺复兴以来，人被从大自然中超拔出来，成为高于自然、主宰自然的存在。在人与自然关系中，人是主体、自然是客体，人与自然之间是主客体关系，是认识与被认识、改造与被改造、控制与被控制的关系。人类为了满足自己的需要，可以对自然进行恣意的压榨，人与自然关系走向对立与对抗。建设生态文明，要求人类彻底改变以往关于人与自然主客体关系的错误认识，坚持人与自然是生命共同体，人与自然相互依存、不可分割。人与自然之间不是控制与被控制的关系，而是一种和谐共生关系。以人与自然是生命共同体为行动理念，就是要求人类改变对大自然的态度，从过去的藐视自然、征服自然、改造自然转为尊重自然、顺应自然和保护自然，这是人与自然是生命共同体理念的基本内涵及其实现要求。

现代人对自然的过度掠夺，带来了严重的环境危机。人与自然构成的生命共同体受到破坏，活力受损。要维系生命共同体的生机活力，需要人们加快推进生态文明建设，以自己的实际行动维系生命共同体，促进人与自然和谐共生。

第二节　绿水青山就是金山银山

绿水青山就是金山银山，是人与自然和谐共生行动理念的价值论层面。建设美丽中国，“必须树立和践行绿水青山就是金山银山的理念”①。作为一种直观性的表达，“绿水青山”意指“生态环境保护”和自然环境美好，“金山银山”则指“经济发展”。绿水青山就是金山银山，所要回答的是如何处理好经济发展与生态环境保护的关系，实现二者的共赢。

长期以来，无论是西方还是中国，在加快经济发展的道路上，都或多或少地存在着以牺牲“绿水青山”为代价获得“金山银山”的错误。“以我们今天的产业结构和经济增长模式，发展与环保必然是冲突的。你既然追求GDP 增长，就必然使用更多的能源和资源，从而导致更多的排放”，在当前复杂的国际国内背景下，“发展与绿色之间的矛盾，将会是一对长期存在的矛盾。”② 在人们饱尝环境破坏带来的苦果后，痛定思痛，又出现了否定经济发展或者要求停止发展，甚至回到前现代社会的观点，这就走向了两个极端，要么发展经济、要么保护环境，二者不可兼得。坚持“绿水青山就是金山银山”理念，就是改变这种单向思维，破解经济发展与环境保护的冲突悖论，改变传统经济发展中以牺牲环境为代价发展经济，或者以保护环境为名开经济倒车的状况，在环境保护中发展经济，在经济发展中保护环境，实现经济发展与生态环境保护相统一，这是经济发展与生态环境保护的辩证法。

“绿水青山”成为“金山银山”既是必要的，也是可能的。从必要性来看，“绿水青山”成为“金山银山”，是满足人民群众日益增长的美好生活需要的内在要求。仅有“绿水青山”，没有“金山银山”，这不是一种理想

① 习近平：《决胜全面建成小康社会 夺取新时代中国特色社会主义伟大胜利——在中国共产党第十九次全国代表大会上的报告》，人民出版社 2017 年版，第 23 页。

② 卢风：“人与自然和谐共生与生态文明建设的关键和根本”，《中国地质大学学报》（社会科学版）2017 年第 1 期。

状态，无法满足人民群众对美好生活的向往和追求。从可能性来看，“绿水青山”成为“金山银山”的可能性在于“绿水青山”的财富属性。习近平总书记指出：“绿水青山既是自然财富、生态财富，又是社会财富、经济财富。”① 根据这一论述，绿水青山的财富性质主要表现在两方面，一是具有自然属性的财富，一是具有社会属性的财富。作为自然财富和生态财富，绿水青山能够为人们提供优美的生态环境，满足人民群众对优美生态环境的需要。作为社会财富和经济财富，绿水青山能够为地方经济的发展提供优质的自然资源和生产资料。由于绿水青山是一种自然存在物，其生存和发展要遵循一定的自然规律，因此，人类将绿水青山转化为金山银山，要遵循一定的自然规律，按照客观规律办事。也就是说，绿水青山转变为金山银山是有条件的，探索绿水青山转化为金山银山的路径和机制迫在眉睫。

以“绿水青山就是金山银山”为行动理念，需要坚持系统思维，尊重区域特点，根据地方性资源禀赋的差异开展生态文明建设，实现共性与个性的统一。中国各地的自然环境有明显的差异性，在推进生态文明建设进程中，所要解决的具体问题、面临的具体难题和独特做法各不相同，这些带有地方性的生态文明实践经验的凝练和总结，能够形成更有针对性和实效性的生态文明建设中国经验和中国方案。根据中国各地的资源禀赋和经济发展状况的差异，中国大致可分为生态资源禀赋较好但经济发展落后地区（有绿水青山无金山银山）、生态环境恶劣同时经济发展也比较落后的地区（无绿水青山无金山银山）、生态资源禀赋较好经济发展水平较高地区（既有绿水青山又有金山银山）、生态环境恶劣经济发展速度较快地区（有金山银山而无绿水青山）。比如，山西岢岚自然环境恶劣，属于一方水土养不活一方人的地区，通过异地搬迁等方式进行生态扶贫，彰显社会主义制度的优越性和生态正义。江西抚州资源禀赋较好，自然条件较为优越，所存在的问题是如何让当地老百姓既保有绿水青山，又能够带来金山银山，地方政府通过建立云平

① 习近平：《习近平谈治国理政》第3卷，外文出版社2020年版，第361页。

台、发展绿色产业、采用生态技术等方式来引领公民积极参与生态文明行动，并通过生态产业的方式促进生态产品价值的实现。广东罗定、江苏镇江、山西右玉、海南海口等地区在推进生态文明建设，实现人与自然和谐共生的现代化进程中，也探索了符合地方特点、独具区域特色的生态文明建设新路。广东罗定侧重于用生态技术发展生态农业，带动生态工业和生态旅游，形成了生态农业、生态工业、生态旅游的幸福三部曲。江苏镇江的贡献在于低碳城市的创建，作为国家生态文明建设先行示范区，成为江苏省唯一的生态文明建设综合改革试点城市。山西右玉的生态文明建设则主要是源于右玉人对植树造林的多年坚守，形成了代代传承的右玉精神。山西右玉的贡献主要是丰富和拓展了生态文化的内涵，让生态文化成为生态文明建设的精神支撑。当前中国各地的生态文明建设实践，各地的条件虽然不同，但在发展思路上具有一定的共性，大多数地区都是通过发展生态工业、生态农业、生态文化、生态制度、生态旅游等来开展生态文明建设，但不同地区的侧重点不同，从而避免了生态文明建设的同质化，使得生态文明建设在全国的推行更为有效。中国各地生态文明建设的生动经验和可贵探索，是遵循“绿水青山就是金山银山”行动理念的生动表现。坚持系统思维、尊重区域特点，做到理论与实践相结合、共性与个性相统一，让中国的生态文明建设道路行稳致远，为实现人与自然和谐共生寻求可能、贡献力量。

树立和践行“绿水青山就是金山银山”的行动理念，以一种整体性的视角，一种长远性、全局性的眼光来重估经济发展与环境保护的关系，综合考虑中国与世界、现在与未来、当代人与后代人的可持续发展，采取人与自然和谐共生的中国战略与中国行动，将这一行动理念落到行动实践，实现绿水青山与金山银山的统一。要实现这样的价值目标，我们还面临很多挑战，也有许多瓶颈需要突破。政府、企业、社会组织、公民要群策群力，在人与自然和谐共生的理念、制度、技术、行动等层面进行创新。对于生态环境已经遭到破坏的，要采取行动进行生态修复，重现绿水青山。对于生态优势明显、经济发展比较落后的地区，要开展绿色创新，为人们提供优质生态产品的同时，通过低碳发展、循环发展等行动，促进生态产品价值的实现，走绿水青山就是金山银山的人与自然和谐共生新路。

第三节　像对待生命一样对待自然环境

像对待生命一样对待生态环境，是人与自然和谐共生行动理念的规范论层面。这一理念所要回答的是我们应该以何种态度，遵循何种行为规范来推进人与自然和谐共生。人与自然是生命共同体，人类要像对待自己的生命一样对待生态环境，需要确立生态自然观，树立尊重自然的伦理意识、遵循顺应自然的伦理法则、采取保护自然的伦理行动。

生态自然观是以劳动为基础实现人与自然和谐共生的根本观点。恩格斯在《自然辩证法》中关于人与自然关系的思想成为生态自然观的理论基础。学界对恩格斯自然观的生态意蕴进行了广泛研究，指出人与自然是相互作用的整体，在人与自然的互动关系中，要将人类行为限定在生态阈值之内。恩格斯生态自然观内涵主要包括三个方面：第一，自然界是普遍联系的存在，大自然处于不断的生成、演化和流变之中。只有把大自然看作是普遍有机联系的、运动的、流变的存在，才能正确看待人与自然的关系，认识人类自身活动对大自然所产生的影响，从而规范人类自身的行为，避免自然界本身所蕴含的报复能力对人类破坏自然界行为进行惩罚。第二，人与自然和谐共生的基础在劳动或生产。自然包括自在自然和人化自然，“自在自然的概念是一种思维抽象的产物，是一种极限概念”①，任何基于自在自然意义上的人与自然和谐共生都是一种浪漫主义想象。人化自然是人类劳动活动的形成物。人类起源初期，劳动对人手的形成、语言的产生、人脑和意识的出现、工具的创造等具有决定性意义。在人类社会发展中，劳动是人与自然相互交

① 王南湜：《“自然辩证法”的再理解》，《福建师范大学学报》（哲学社会科学版）2020年第4期。

换物质、信息和能量的过程。人类在劳动中形塑自然、改变自身，形成人与人化自然。劳动是人类生存的前提条件，是人与自然和谐共生的基础。第三，人类在正确认识人与自然本质统一基础上控制自身的生产活动。人与自然是一个整体，人类依靠劳动而生活，这是客观必然要求，但人类应能清醒地认识到人类的生产活动对自然可能产生的影响，从而自觉控制和调节自己的劳动活动。生态自然观坚持整体主义，拒斥还原论，主张人与自然是生命共同体，人类应改变自己的生产和生活方式，以生态劳动来控制人与自然之间的物质变换，维系生命共同体的美丽、稳定与平衡。

关系属性是生态自然观的基本属性。从方法论层面来看，生态自然观反对孤立地、片面地看待人与自然之间的关系，主张用普遍联系的观点，用运动、变化、发展的眼光来看待人与自然，主张人与自然之间是一种互动性、动态性关系，强调自然对人类具有关系价值。关系价值是环境伦理学的新兴理论①，这一理论的核心发现强调，"'人'与'自然'概念不能完全区分开来，人类社会对环境资源的使用、人与自然的相互作用受到社会价值的影响，而社会价值有时超越了经济问题的考量；与环境相关的价值体系既不是静态的，也没有孤立于更大的文化价值框架之外"②。关系价值理论主张人类保护自然的根据在于自然的关系价值，人类只有在与自然的互动关系中才能生存和发展。生态自然观在对人与自然之间关系问题上秉持的是关系价值论，强调人与自然是一个普遍联系、永恒运动、不断生成的关系整体。生态自然观把大自然看成一个生态系统，人与自然构成生命共同体，两者之间相互联系、相互影响、相互制约。人类不可能洞察自然的所有奥秘，无法成为

---

① Himes A., Muraca B., Relational values: the key to pluralistic valuation of ecosystem services. Curr Opin Environ Sustain, 2018, 35: 1-7; Chan KMA, Balvanera P, Benessaiah K, ed al. Opinion: Why protect nature? Rethinking values and the environment. Proc Natl Acad Sci, 2016, 113: 1462-1465.

② Alder Keleman Saxena, Deepti Chatti, Katy Overstreet, ed al. From moral ecology to diverse ontologies: relational values in human ecological research, past and present. Current Opinion in Environmental Sustainability, 2018, 35: 54-60.

大自然的主人。人类对大自然所做的一切，大自然最终都将以相同或数倍的方式作用于人类自身。人在大自然面前要始终保持谦虚理性的态度，尊重和善待自然。生态自然观是对自然界和人与自然关系图景的认识，强调自然对人类具有关系价值。

生态自然观在理论建构、目标指向和实践路径三个方面有其自身的规定性。在理论建构上，生态自然观以生态学基本法则为主要内容，强调人与自然之间的相互联系、相互影响和相互制约，注重对自然界的宏观把握，具有整体主义的方法论倾向。生态自然观是生态学与自然观的结合和统一。巴里·康芒纳在《封闭的循环》中提出了著名的生态学四法则："每一种事物都与别的事物相关""一切事物都必然要有其去向""自然界所懂得的是最好的""没有免费的午餐。"① 康芒纳借用经济学智慧，提出无论在经济学领域还是在生态学领域，任何获得都要付出相应的代价。生态自然观要求人们把生态学法则融入人类对自然和人与自然关系的理解。人与自然是一个整体，人类在劳动中从大自然获取自己所需要的物质、信息和能量，排放给大自然的废弃物应经过处理，能为大自然所还原和吸收。人类在与自然打交道时，要自觉遵循生态学法则，在劳动中成就自己，滋养万物，实现人与自然的统一。在目标指向上，生态自然观以在劳动中实现人与自然和谐共生为目标指向。从生态学法则来看，生态自然观强调人与自然相互联系、相互依存、相互影响。生态自然观坚持人与自然在劳动中相互交换物质、信息和能量，维系生命共同体的动态平衡与和谐共生。生态自然观主要聚焦于人与自然的关系，目标指向是实现人与自然和谐共生。在社会主义生态文明建设进程中，人类最新的科学和实践成果不断丰富和发展生态自然观的内涵，使得生态自然观成为我国绿色发展的理念引领和实践指南。在实现路径上，生态自然观目标指向的实现路径在于全民行动。社会主义制度对资本主义制度的替代，为实现人与自然和谐共生提供了制度保障，但仅有对资本主义的制度批判，

① 巴里·康芒纳：《封闭的循环》，侯文蕙译，吉林人民出版社1997年版，第25—35页。

人与自然的和谐共生目标不会自动实现。在社会主义生态文明建设条件下，实现人与自然和谐共生还需要确立全民行动观。“美丽中国是人民群众共同参与共同建设共同享有的事业。”① 生态文明建设需要全民共同参与、共同建设，生态文明建设成果最终由全民共同享有。只有政府、企业和社会公众都能自觉遵循生态学法则，共同参与生态行动，人与自然的和谐共生才有可能成为现实。

坚持生态自然观，需要树立尊重自然的伦理意识、遵循顺应自然的伦理法则、采取保护自然的伦理行动。人与自然是生命共同体，人类不仅要尊重和关心人类自身，还要尊重和关心自然，这是我们对待大自然应该持有的正确态度。利奥波德指出，在生命共同体中，我们要遵循土地伦理，“把人类在共同体中以征服者的面目出现的角色，变成这个共同体中的平等的一员和公民。它暗含着对每个成员的尊敬，也包括对这个共同体本身的尊敬。”② 人类要尊重自然，首先是要转变观念，坚持人与自然是生命共同体的理念，认识到自然作为生命共同体的一部分，与人类处于平等的地位，不仅具有工具价值，还具有内在价值和关系价值，理应得到人类的尊重。中国要推进人与自然和谐共生，不能仅仅停留在尊重自然的层面，还需要谋求高质量发展。在大自然所能承载的范围内发展生产，维系自己的生存和发展，需要顺应自然法则，遵循大自然的规律行事。马克思说过，“动物只是按照它所属的那个种的尺度和需要来构造，而人却懂得按照任何一个种的尺度来进行生产，并且懂得处处都把固有的尺度运用于对象；因此，人也按照美的规律来构造。”③ 人类虽然能够通过自己的实践创造对象世界，开展生产，但有一个大的前提，那就是遵循自然规律，按客观规律办事。像对待生命一样对待

---

① 中共中央国务院：《关于全面加强生态环境保护坚决打好污染防治攻坚战的意见》，人民出版社 2018 年版，第 5 页。

② ［美］奥尔多·利奥波德：《沙乡年鉴》，侯文蕙译，吉林人民出版社 1997 年版，第 194 页。

③ 《马克思恩格斯文集》第 1 卷，人民出版社 2009 年版，第 163 页。

生态环境，不仅需要我们尊重自然、顺应自然，还需要我们保护自然，将保护自然落实到行动。仅有口头的承诺、心底的敬意，千疮百孔的自然环境也无法好转，只有通过采取积极的生态行动，才能够将保护自然落到实处，人类的自然环境才有可能得到修复和改善。尊重自然的伦理意识、顺应自然的伦理法则和保护自然的伦理行动是一个整体，割裂了其中的任何一个方面，经济发展与环境保护的冲突都很难得到弥合，保护自然只能是美好的理想，难以成为现实。只有实现三者统一，人与自然和谐共生才有可能，经济发展与环境保护才能真正实现共赢。

“人与自然是生命共同体”是树之根，“绿水青山就是金山银山”是树之主干，“像对待生命一样对待生态环境”是树之冠。三大行动理念从本体论、价值论和规范论层面，为人与自然和谐共生方略的中国行动方案提供理念引领。

第十五章　人与自然和谐共生的行动目标

任何一种行动都有其鲜明的目标指向。改善生态环境质量，实现人与自然和谐共生的现代化，满足人民群众的生态需要，是人与自然和谐共生方略的中国行动目标。党的十九大报告指出，“我们要建设的现代化是人与自然和谐共生的现代化，既要创造更多物质财富和精神财富以满足人民群众日益增长的美好生活需要，也要提供更多优质生态产品以满足人民日益增长的优美生态环境需要。”① 中国把建设美丽中国，满足当代人和后代人的生态需要作为人与自然和谐共生方略的行动目标，采取生态行动，改善环境质量，保证人民群众享有充分的生存权、发展权，让人民群众在良好环境中获得美的享受。人与自然和谐共生行动的目标内涵丰富，从自然维度来看，以改善生态环境质量，建设美丽中国为行动目标；从社会维度来看，以实现人与自然和谐共生的现代化为行动目标；从价值维度来看，以满足人民群众的生态需要为行动目标，这是人与自然和谐共生行动目标的最终落脚点，彰显了社会主义生态文明建设的人民性价值诉求。

---

① 习近平：《决胜全面建成小康社会 夺取新时代中国特色社会主义伟大胜利——在中国共产党第十九次全国代表大会上的报告》，人民出版社 2017 年版，第 50 页。

第一节　自然维度:改善生态环境质量，建设美丽中国

从自然维度来看，人与自然和谐共生方略的中国行动旨在改善生态环境质量，实现山清水秀，建设美丽中国。习近平提出，“加快解决历史交汇期的生态环境问题，必须加快建立健全以生态价值观念为准则的生态文化体系，以产业生态化和生态产业化为主体的生态经济体系，以改善生态环境质量为核心的目标责任体系，以治理体系和治理能力现代化为保障的生态文明制度体系，以生态系统良性循环和环境风险有效防控为重点的生态安全体系。”① 也就是说，生态文明体系由生态文化体系、生态经济体系、目标责任体系、生态文明制度体系、生态安全体系五大体系构成。在生态文明体系中，目标责任体系是引领，生态文化体系是内核，生态经济体系是基础，生态文明制度体系是支撑，生态安全体系是保障，五大体系相辅相成，不可分割，共同构成了生态文明体系大厦。任何行动都会指向一定的目标，加快构建生态文明体系，首要目标就是要改善生态环境质量，建设天蓝地绿水清的美丽中国。

建设生态文明的最初动因就是人类所处的生态环境出现危机。从环境伦理、环境哲学、马克思主义生态学等与环境相关联的学科发展来看，对人类文明发展道路的反思大多源于人类面临着大气污染、水污染、土壤污染、生物多样性减少、自然资源短缺、枯竭等生态环境恶化的现实状况。大量环境危机的现象描述令人触目惊心，也引起了人类对现代工业文明的反思和对生态危机根源的诘问，人类为化解生态危机所开出的各种药方，其最为直接的目标是改善生态环境质量。基于这一目标考量，学界从哲学、经济学、马克思主义等不同学科视角对生态危机的根源进行追问，提出了环境哲学、生态经济学和社会主义生态文明理论，对人类如何改善生态环境质量提出了种种

① 习近平:《习近平谈治国理政》第 3 卷，外文出版社 2020 年版，第 366 页。

理论假说和实践方案，为人类走出生态危机，改善生态环境质量做出努力。

党和政府高度重视生态文明建设，表现在两个方面：一是制定了生态文明行动目标的战略步骤，二是提出了切实有效的生态行动方案。从战略步骤来看，党中央提出了“两步走”的战略安排。第一个阶段的战略目标是要“确保到2035年节约资源和保护环境的空间格局、产业结构、生产方式、生活方式总体形成，生态环境质量实现根本好转，生态环境领域国家治理体系和治理能力现代化基本实现，美丽中国目标基本实现。”① 第二个阶段的战略目标是“到本世纪中叶，建成富强民主文明和谐美丽的社会主义现代化强国，物质文明、政治文明、精神文明、社会文明、生态文明全面提升，绿色发展方式和生活方式全面形成，人与自然和谐共生，生态环境领域国家治理体系和治理能力现代化全面实现，建成美丽中国。”② 从时间安排和目标指向来看，生态文明建设战略目标与社会主义现代化建设的战略安排是同向同行的，也就是说，生态文明建设的战略目标内嵌于中国特色社会主义现代化建设的战略目标之中，体现了生态文明建设目标的阶段性与长期性相结合的特征。从战略安排的具体内容来看，改善生态环境质量，建设美丽中国一直是党和政府努力实现的自然目标。“生态环境根本好转”是第一阶段的目标，这一目标的实现既是为环境危机形势所迫，也是建设美丽中国的题中应有之义。“建成美丽中国”是第二阶段的目标，这一目标是在“建成富强民主文明和谐美丽的社会主义现代化强国”的基础上实现的。从战略安排来看，经过两个阶段的努力，到21世纪中叶，在生态环境质量得到根本好转的基础上，美丽中国的目标终将得到实现。

以改善生态环境质量为核心，党和政府提出了具体的生态行动方案，深入实施水、土壤、大气污染防治行动计划。水、土壤、空气是与人类生存密切相关的公共产品，这三大领域也是环境污染的重灾区，成为影响人类生态环境质

---

① 习近平：《习近平谈治国理政》第3卷，外文出版社2020年版，第366页。

② 习近平：《习近平谈治国理政》第3卷，外文出版社2020年版，第366—367页。

量的三大顽疾。打赢三大污染防治攻坚战，满足人民群众对蓝天、碧水和净土的生态需要，是人与自然和谐共生方略的具体的、阶段性的行动目标，三大污染防治攻坚战成为改善生态环境质量、建设美丽中国的行动保障。

第二节　社会维度：实现人与自然和谐共生的现代化

从社会维度来看，人与自然和谐共生方略的行动目标是建设富强民主文明和谐美丽的社会主义现代化强国。现代化是中西方社会共同诉求。与西方的现代化发展道路相比，中国的现代化发展道路有其特殊性，人与自然和谐共生成为中国现代化发展道路的重要标尺。西方较早地迈入现代化，发达资本主义国家在享受现代化带来的丰裕物质生活的同时，也带来了严峻的环境问题。西方现代化发展道路的反自然性植根于资本逻辑，人们对物质财富的狂热追求、对大自然生命的漠视、对享乐主义生活方式的倡导，带来了人与自然对抗的现代化。中国要从自己的国情出发，在反思西方现代化发展道路的同时，探索具有中国特色的人与自然和谐共生的现代化发展道路，满足人民群众对美好生活和优美生态环境的双重需要，实现对西方现代化发展道路的超越。

中西方现代化发展道路的内生动力不同。西方现代化发展道路的内生动力在于人们对享乐主义生活方式的向往和追求，并且都以牺牲自然的利益为代价。西方现代化发展道路的致命弊端就是人们对享乐主义、消费主义的过度追求。中国人也希望过上幸福的生活，也致力于实现现代化，所不同的是，中国人实现现代化的内生动力、实现手段和对自然的影响都与西方的现代化发展道路有所不同。中国要实现的是富强、民主、文明、和谐、美丽的现代化。中国实现现代化的内生动力，不仅是让自己过上幸福的生活，也让自然生生不息，是为了实现人与自然的和谐共生。也就是说，中国人所追求的现代化，是人与自然和谐共生的现代化。要实现这一目标，就要摈弃传统的享乐主义生活方式，确立绿色发展方式和生活方式。“中国的绿色机遇在扩大。我们要走绿色发展道路，让资源节约、环境友好成为主流的生产生活方式。”① 中国绿色发展道路，本质上是节约资源，保护环境的可持续发展道路，“坚持绿色发展，就是要坚持节约资源和保护环境的基本国策，坚持可持续发展，形成人与自然和谐发展现代化建设新格局，为全球生态安全作出新贡献。”② 只有推进绿色发展，并将绿色发展方式与绿色生活方式结合起来，才能实现现代化及人与自然和谐共生的双重目标。推进绿色发展是实现人与自然和谐共生现代化的重要手段。动机良善、手段合理，为实现人与自然和谐共生的现代化奠定了基础。

生态文明建设是一个系统工程，实现人与自然和谐共生的现代化，需要坚持系统思维，确立全国一盘棋的理念。习近平总书记指出：“我们要把生态文明建设放在突出位置，融入经济建设、政治建设、文化建设、社会建设各方面和全过程，牢固树立尊重自然、顺应自然、保护自然的生态文明理念”，要把生态文明建设的各项工作“融入工业化、信息化、城镇化、农业现代化过程中，要同步进行，不能搞成后再改造。”③ 无论是发展经济还是保护环境，都要有系统思维，让绿色成为我国工业化、信息化、城镇化、农业现代化的底色，实现人与自然和谐共生的现代化。长期以来，我们在实现现代化的追梦途中，走的是先开发、后污染、再治理的老路，没有把生态文明建设和经济、政治、文化、社会建设融为一体，这是破坏自然的现代化。当今，生态文明观念已经深入人心，在开展生态文明建设的过程中，仍然需要我们坚持系统思维，确立全国一盘棋的理念。当前，中国各地的生态文明建设如火如荼，形成了各具特色的生态景观。但这些“生态盆景”能否在全国推广，以星星之火，呈燎原之势，还不容乐观。因此，无论是在实现现代

① 中共中央文献研究室编：《习近平关于社会主义生态文明建设论述摘编》，中央文献出版社 2017 年版，第 26 页。

② 中共中央文献研究室编：《习近平关于社会主义生态文明建设论述摘编》，中央文献出版社 2017 年版，第 29 页。

③ 中共中央文献研究室编：《习近平关于社会主义生态文明建设论述摘编》，中央文献出版社 2017 年版，第 43 页。

化的顶层设计、整体布局还是在各地推广的生态文明建设实践层面，都要坚持系统思维，有整体的规划和设计，要“按照系统工程的思路，全方位、全地域、全过程开展生态环境保护建设”。① 在系统思维的引领下，全国各地的生态文明建设在彰显个性的同时，也有共性和普遍性的维度，即都是生态文明建设系统中的重要组成部分，相互依赖、相互支持，共同构筑生态文明建设的有机整体，促进人与自然和谐共生的现代化目标的早日实现。

第三节　价值维度：满足人民群众的生态需要

从价值维度来看，人与自然和谐共生方略的行动目标是满足人民群众的生态需要，这一目标体现了社会主义生态文明的人民性价值目标。需要是人类为了维系自身的生存和发展而产生的对物质、精神等方面的欲求。人只要活着，就会生发出各种各样的需要。马克思和恩格斯在《德意志意识形态》中指出，“全部人类历史的第一个前提无疑是有生命的个人的存在。”② 人类实现自己的在世生存，首先要解决自己的衣食住行，这是人的自然需要。人与动物不同，人既有最基本的衣食住行自然需要，也有对道德、文化、科学、艺术等方面的精神需要，还有对蓝天、碧水、净土的优美环境需要。人类需要及其满足是人类社会发展的目标指向。“已经得到满足的第一个需要本身、满足需要的活动和已经获得的为满足需要而用的工具又引起新的需要，而这种新的需要的产生是第一个历史活动。”③ 需要的内容及其满足方式也是多样的。在远古时期，早期的人类直接从自然界获取自然物来维系自己的生存，但随着人类社会的进化，人类的需要越来越多样化，满足需要的手段也越来越多元。黑格尔指出，“动物用一套局限的手段和方法来满足它

① 中共中央文献研究室编：《习近平关于社会主义生态文明建设论述摘编》，中央文献出版社 2017 年版，第 41 页。

② 《马克思恩格斯文集》第 1 卷，人民出版社 2009 年版，第 519 页。

③ 《马克思恩格斯文集》第 1 卷，人民出版社 2009 年版，第 531—532 页。

的同样局限的需要。人虽然也受到这种限制，但同时证实他能越出这种限制并证实他的普遍性，借以证实的首先是需要和满足手段的殊多性，其次是具体的需要分解和区分为个别的部分和方面，后者又转而成为特殊化了的，从而更抽象的各种不同需要。”① 黑格尔区分了动物的需要和人的需要，动物需要基于本能，满足需要的手段主要是依靠或借助自然条件，因而是有限度的。人的需要具有多元性，人有衣食住行的物质需要，有崇尚科学、追求真理、弘扬道德的精神需要，还有对碧水、蓝天、净土的生态需要。人的需要不断分解和细化，不断丰富和多样化，需要满足的手段也在不断发展和变化，推动人类社会政治、经济、文化、科学、教育的全方位发展。

进入资本主义社会，由于受资本逻辑的影响和制约，人的需要发生异化。“英国人所谓 comfortable［舒适的］是某种无穷无尽的和无限度前进的东西，因为每一次舒适又重新表明它的不舒适，然而这些发现是没有穷尽的。因此，需要并不是直接从具有需要的人那里产生出来的，它倒是那些企图从中获得利润的人所制造出来的。”② 为了获取利润，全社会都在鼓噪人们追逐时尚、舒适、幸福，与这些概念纠缠在一起的是虚假需要的出现，大量购买、大量消费、大量废弃成为资本主义社会人们最普遍的生产生活方式，消费社会出现。人的需要之所以被异化，根本原因在于资本主义私有制的存在。资本家为了让自己的资本增值，源源不断生产出新的商品，通过时尚文化熏染，为消费者制造新的需要，实现资本增值。劳动者也通过消费获得了一种延时的满足，出现了虚假繁荣，资本主义社会存在的阶级矛盾被遮蔽。伴随着消费社会的来临，尤其是过度消费、奢侈性消费和炫耀性消费的出现，奢侈成为很多人的追求。关于奢侈与资本主义的关系，一方面，资本主义是奢侈的产物，“奢侈，它本身是非法情爱的一个嫡出的孩子，是它生

---

① ［德］黑格尔：《法哲学原理》，范阳、张启泰译，商务印书馆 1982 年版，第 205 页。

② ［德］黑格尔：《法哲学原理》，范阳、张启泰译，商务印书馆 1982 年版，第 206—207 页。

出了资本主义。”① 另一方面，资本主义制度的确立又促进了奢侈的发展。现在动辄上万元的皮包和饰品、上千万甚至上亿元的鞋服令人震惊，一些奢侈品做工精致、考究，但只能穿戴几次便失去其使用价值。需要的异化和消费社会的到来，尤其是人们不断增长的奢侈性需求，对经济、社会和生态的可持续发展带来挑战。大量生产，意味着消耗更多的自然资源。大量废弃，意味着向自然倾倒更多的废弃物。对自然资源的大量掠夺和废弃物的大量排放，导致地球不堪重负，人与自然从统一走向对抗，资本主义周期性爆发的经济危机为全球性生态危机所取代。需要的异化和进入消费社会是由于人们对利润的追求而导致的，是资本逻辑的必然结果。对需要概念的重新审视，在于坚持马克思对资本主义生产方式的批判立场，扬弃需要的异化，确立一种生态需要，让人和自然都能从资本逻辑的桎梏中获得解放。从虚假需要转向真实需要，从异化需要转向生态需要，是推进社会主义生态文明建设的必然要求，是实现人与自然和谐共生的目标所在。

生态需要，是人类追求人与自然和谐共生的心理倾向，包含三个层次：生存、发展和审美。生存层次，是人类对基本物质生活资料的需要，是生态需要的最低层次。人类必须通过自己的劳动获取必要的物质条件，才能在这个世界生活、存在，这是人类最底线的需要。人要生存，动物也要生存。人与动物不同之处在于，人类在满足了生存需要的基础上，还有发展和审美的需要。发展需要，是人类对个体生活条件不断改善和社会日益进步的需要，是生态需要的第二层次。发展是人类社会永恒的主题。无论是个体还是人类社会都有向前发展的需要。美好生活是个体奋斗拼搏的目标。人类社会由低级向高级阶段演进，是历史进步的逻辑和外化。由此，生态需要包含着发展的层次，把生态需要理解为社会的停滞状态甚至是回到人类社会的原初状态，这是历史的倒退，是对人类历史发展规律的背离。审美需要是人类对美

① ［德］维尔纳·桑巴特：《奢侈与资本主义》，王燕平、侯小河译，上海人民出版社2005年版，第233页。

的需要，是生态需要的最高层次。人类在满足了生存和发展需要的基础上，还有追求美、欣赏美、创造美的需要。“从理论领域来说，植物、动物、石头、空气、光等等，一方面作为自然科学的对象，一方面作为艺术的对象，都是人的意识的一部分，是人的精神的无机界，是人必须事先进行加工以便享用和消化的精神食粮”①。人的意识来源于物质世界，优美的生态环境，不仅能让人们的生存和发展需要得到满足，还能满足人们审美的需要。生态需要是人的生存需要、发展需要和审美需要的统一。

生态需要的基本特征表现为三个方面：第一，生态需要是扬弃了异化的真实需要。所谓真实需要，是作为一个真正意义的人的需要，不是为了利润或是别的什么理由，仅仅是为了人的生存、发展和审美。那种基于利润的考量衍生出来的虚假需要，不属于生态需要的范畴。摒弃了虚假需要，奢侈性消费、炫耀性消费的现象将会得到有效抑制，消费逐步回归到本真状态，不再成为一种身份、地位的符号和象征。第二，生态需要是遵循正当尺度的合理需要。人类在满足自己的生存、发展和审美需要中要遵循一定的尺度。生态需要中所把握的正当尺度，本质上是人类干预自然的尺度。人类按正当尺度行动，就是“按照可对生态负责的尺度而行动。”② 对生态负责，既包括对当代人所生存的自然环境负责，也包括对子孙后代所生存的地球环境负责，是对当代人和后代人承担生态责任的统一。人的需要及其满足，不能只考虑自身的欲望，因为人的贪欲是无止境的，一个欲望被满足后又会生出新的欲望，一种需要被满足后又会生出新的需要。确立生态需要，就是让人类在不断满足需要及产生新的需要之际，要有一个尺度意识，本着对生态负责的尺度来确定自己的需要及其满足的程度。第三，生态需要是人之为人的需要，是劳动需要。劳动是人的目的和手段的统一。劳动创造了人本身，同时，自由自觉的劳动还是人的本质的实现。确立生态需要，就是要求人类明

---

① 《马克思恩格斯文集》第 1 卷，人民出版社 2009 年版，第 161 页。

② ［瑞士］克里斯托弗·司徒博：《环境与发展：一种社会伦理学的考量》，邓安庆译，人民出版社 2008 年版，第 5 页。

确人之为人的需要，从无止境的消费需要转向真正意义的劳动需要，“人的需要及其满足最终在于创造生活的劳动而不在于对商品的消费”，[①] 在人类自由自觉的劳动活动中，人的生存、发展和审美需要都能得到实现。

满足人民群众的生态需要，既要着眼当代，又要心系未来。要坚持执政为民理念，把损害群众健康的突出环境问题作为工作的重中之重。当前，损害群众健康的突出问题包括大气污染、水污染、土壤污染、固体废弃物和垃圾污染等。中央下大力气着力解决突出环境问题，提出“坚持全民共治、源头防治、持续实施大气污染防治行动，打赢蓝天保卫战”“加快水污染防治”“强化土壤污染管控和修复”“加强固体废弃物和垃圾处置”[②] 等举措，切实改善环境质量，努力为人民营造优美生态环境，让良好生态环境成为人民生活质量的增长点，为子孙后代留下可持续发展的“绿色银行”。由于后代人不在场，当代人肩负着为子孙后代生态投资的重任。一代一代的“种树”，让今天的“绿水青山”成为未来的“金山银山”，保障子孙后代在未来收益，这是中国共产党对人民长远利益的道德关怀，彰显了中国共产党以人民为中心的执政担当和民生情怀。

人与自然和谐共生方略的行动目标是自然维度、社会维度和价值维度的有机统一。改善生态环境，建设美丽中国是自然维度的行动目标，实现人与自然和谐共生的现代化是社会维度的行动目标，满足人民群众的生态需要是价值维度的行动目标，这三个维度的目标相互联系，相互影响，不可或缺。改善生态环境，建设美丽中国，是实现人与自然和谐共生现代化的前提条件。只有生态环境发生根本好转，富强民主文明和谐美丽的社会主义现代化强国才能成为现实。满足人民群众的生态需要则是建设美丽中国、实现人与自然和谐共生现代化的价值取向，彰显了社会主义生态文明建设的人民性价值诉求，三者共同构成人与自然和谐共生方略的行动目标体系。

---

① 张盾：《马克思与生态文明的政治哲学基础》，《中国社会科学》2018 年第 12 期。

② 习近平：《决胜全面建成小康社会 夺取新时代中国特色社会主义伟大胜利——在中国共产党第十九次全国代表大会上的报告》，人民出版社 2017 年版，第 51 页。

第十六章　人与自然和谐共生的行动基础

追问人与自然和谐共生的行动基础，对开启新世界具有重要意义。在哲学家对可能的新世界的各种构想中，都需要为新世界的存在奠定合理的哲学基础，即从哲学本体论高度为新世界的存在提供根据和理由。尼采对中世纪基督教所倡导的道德和近现代所倡导的理性进行了无情的讽刺与嘲笑，认为未来世界一定是由“超人”创造的，“超人”由此成为尼采哲学的基点。麦金泰尔认为，现代性对道德的谋划已经失败，要想重构道德的社会，就必须回到亚里士多德，以美德伦理取代规范伦理。海德格尔对以往哲学的批判也是深刻的，他认为自柏拉图以来，西方传统哲学始终是将“存在者”混同于“存在”，因而要开启新的哲学道路，就必须回到古希腊巴门尼德的存在哲学，以便为哲学找到真正的原点。列维纳斯则干脆把包括胡塞尔、海德格尔哲学的一切哲学都归属于存在论哲学，认为存在论哲学的一个根本要害是对“他者”的谋杀，即把任何一个“他者”都同一化到自我之中。因此，新的哲学起点必须是以“他者”为出发点，这样才能建构出超越认识论哲学、而以伦理为本体的第一哲学。然而，无论是分析哲学、超人哲学、现象学哲学、存在主义哲学，还是麦金泰尔的美德伦理学、列维纳斯的他者哲学，都忽视了一个基本的实践问题，即马克思所说的“哲学家们只是用不同的方式解释世界，问题在于改变世界。”① 我们知道，从古至今，世界发生了翻天覆地的巨大变化，古人曾经作为神话故事而传说的许多东西，现在已经变成了现实。面对这种世界本身的变化，我们必须思考一个形而上学的问题是：导致世界发生巨大变化的根本原因是什么呢？无疑人们会回答，是生产，是劳动。因为是劳动创造了世界和创造了人，是劳动改变了世界和改变了人。尽管人们的思想可以先行，但思想如果没有落实到劳动生产上，思想终归是思想，不可能结出现实的花朵和果实。要想实现对旧世界的批判和对新世界的开启，必须回到劳动本身，对劳动的本质重新加以审视，并以真正的劳动为出发点，完成对现代性社会的救赎和人与自然和谐共生新世界的开启。

第一节　劳动是世界生成变化的本体论根据

哲学不同于任何其他学科的地方在于探究整个世界生成变化的根源，探究世界之为世界的根据。因为任何存在必定要有根据，“没有根据便一无所有。”② 哲学上把这种根源、根据称为本体、本原、始基，认为整个世界依赖于这种本体、本原而发端，依赖于这种本体、本原而存在，依赖于这种本体、本原而变化。由此，本体、本原就成为整个世界的出发点和存在变化的根据。哲学研究锲而不舍的努力目标就是要追问到这种本体和本原，以便对什么是真实的世界作出合理的解释。基于此，对世界的存在和变化，只有追问到本体、本原，追问到这种最为根本的原因，才算是真正解释了世界，才算是真正解释了世界的生成和变化。从西方哲学发端处来看，哲人们始终认为世界上存在的众多事物都是转瞬即逝的，因而是不真实的，它们仅仅作为世界表现出来的现象而存在，唯有众多事物背后那永恒存在的唯一本质即本体、本原才是真实的，哲学追问到本体、本原才算是真实地把握了世界。就

① 《马克思恩格斯文集》第1卷，人民出版社2009年版，第502页。

② ［德］海德格尔：《路标》，孙周兴译，商务印书馆2000年版，第147页。

像海德格尔认为的那样，作为本体、本原的根据是一切存在者之为存在者的真理，它为一切存在者何以存在奠基。

古希腊哲学是一种本体论哲学，无论是把世界的本真性解释为水、气、火、原子，还是把世界的本真性解释为理念、数、努斯，都试图穿透杂乱无章的众多世界现象而把握其背后的本质。古希腊哲学家所阐述的各种本体，无疑有一个基本缺陷，即都属于独断论或一种预设，缺乏对本体何以为本体的论证。近现代哲学的奠基者笛卡尔试图改变这种缺乏普遍论证的问题，以便为本体、本原找到确凿无疑的基础。笛卡尔从普遍怀疑出发，运用演绎的方法，认为要想追求真理必须对以往的一切知识和观念都加以怀疑，然而，所有知识和观念都可以怀疑，但唯独不能对怀疑本身即我在怀疑再进行怀疑，因为我在怀疑是真实的，是无可怀疑的。我在怀疑说明我在思想，正是我在思想证实了我的存在。于是，笛卡尔得出了著名的结论："我思故我在"，将世界的本体、本原奠基于思维和主体自我身上，并把研究本体、本原的哲学作为第一哲学。笛卡尔由此开辟了一条思考本体、本原的方法论路径，这就是所确立的本体、本原必须是无可怀疑的。近代哲学集大成者黑格尔进一步拓展了笛卡尔的这一思想，提出本体、本原本身必须是无规定性的，必须是无预设的。因为本体、本原一旦有了规定性，就不再是本体、本原，有了规定性就意味着在其之前还有一个先于其存在的理由或根据。既然本体、本原是无规定性，那么在黑格尔看来，无规定性的存在只能是纯存在，这种纯存在只能是且必定是思维本身。世界的本质是思维，而思维一旦思维世界的本质，思维本身就演化为精神，由于精神本身没有任何规定性和任何前提，因而是绝对的，于是"绝对精神"就成为黑格尔哲学关于整个世界的本体和福音。笛卡尔和黑格尔将思维、思想视为世界的本体、本原，虽然其论证充满了逻辑合理性，但无疑存在着一个明显的漏洞，那就是世界是被思维、思想出来的，而不是被创造出来的。

思想可以想象世界，但不能创造世界，因为现实世界是物质性的存在，要改变、创造世界必须要有加工改造世界的实践力量和物质力量。"批判的武器当然不能代替武器的批判，物质力量只能用物质力量来摧毁”。[①]“只有在现实的世界中并使用现实的手段才能实现真正的解放。”[②] 因此，马克思和恩格斯对黑格尔哲学表示了强烈不满，并决心扬弃其唯心主义哲学立场，把哲学的本体、本原奠基于现实的物质力量基础上。“德国哲学从天国降到人间；和它完全相反，这里我们是从人间升到天国。这就是说，我们不是从人们所说的、所设想的、所想象的东西出发，也不是从口头说的、思考出来的、设想出来的、想象出来的人出发，去理解有血有肉的人。我们的出发点是从事实际活动的人，而且从他们的现实生活过程中还可以描绘出这一生活过程在意识形态上的反射和反响的发展。”[③] 在这一与黑格尔决裂的标志性论述中我们可以清晰地看到，马克思和恩格斯批判唯心主义哲学，并没有放弃为世界的存在找到“出发点”的哲学立场，因为没有这个哲学“出发点”，世界何以存在就无法得到合理的解释与改造。那么，马克思和恩格斯为哲学所确立的这一现实“出发点”是什么呢？马克思和恩格斯为“从事实际活动的人”所确立的这一现实“出发点”是生产活动，劳动本身。“我们首先应当确定一切人类生存的第一个前提，也就是一切历史的第一个前提，这个前提是：人们为了能够‘创造历史’，必须能够生活。但是为了生活，首先就需要吃喝住穿以及其他一些东西。因此，第一个历史活动就是生产满足这些需要的资料，即生产物质生活本身，而且这是这样的历史活动，一切历史的一种基本条件，人们单是为了能够生活就必须每日每时去完成它，现在和几千年前都是一样。”[④] 马克思和恩格斯确认的“生产物质生活本身”，指认的就是人的劳动活动和生产活动，这种劳动活动作为“人类生存的第一个前提”和“一切历史的第一个前提”，其无疑是本体性和本原性的。所谓“第一个前提”就是没有前提的前提，没有根据的根据，就是绝对

---

① 《马克思恩格斯文集》第 1 卷，人民出版社 2009 年版，第 9 页。
② 《马克思恩格斯文集》第 1 卷，人民出版社 2009 年版，第 74 页。
③ 《马克思恩格斯文集》第 1 卷，人民出版社 2009 年版，第 73 页。
④ 《马克思恩格斯文集》第 1 卷，人民出版社 2009 年版，第 74 页。

性的出发点和始基。由此可以看出，马克思哲学将劳动作为世界的第一前提，也就是将劳动作为世界的本体、本原，现实世界归根结底是由劳动创造出来的。不仅如此，当马克思和恩格斯说“现在和几千年前都一样时”，也就回答了劳动不仅是“出发点”和“第一前提”，还是整个世界历史发展的基本动力，即不论过去还是现在，劳动都是世界的本体和本原。

劳动作为世界的本原和始基，并不是马克思和恩格斯的一种预设，也不是人类比较选择的后果，而是世界历史存在与发展的必然，即必须如此，别无其他。人类生成的历史知识告诉我们，当人类祖先打造出第一块石器并作为工具加工改造自然界时，人与猿就揖手相别了，原初的世界由此打上了人的印记，并由此而发生了根本性变化，即原来的自然进化发生了中断，而改变为社会性的进化和人类历史的发展。“如果完全抽象地来考察劳动过程，那么，可以说，最初出现的只有两个因素——人和自然（劳动和劳动的自然物质）。人的最初的工具是他本身的肢体，不过，他自身首先占有的必然正是这些工具。只是有了用于新生产的最初的产品——哪怕只是一块击杀动物的石头——之后，真正的劳动过程才开始。”① 由此可以说，没有劳动的出现，就没有世界的开启与改变；没有劳动的出现，世界的一切都会处于原生状态，即使有变化也只不过是生物学的进化，根本不会有辉煌灿烂的人类文明和社会进化。诚如马克思和恩格斯所言：“这种生产，正是整个现存感性世界的基础，它哪怕只中断一年，费尔巴哈就会看到，不仅在自然界将发生巨大的变化，而且整个人类世界以及他自己的直观能力，甚至他本身的存在也会很快就没有了。”② 也就是说，劳动是整个现存感性世界存在的基础，劳动一旦中断或停止，整个人类世界就没有了。

劳动是世界的“出发点”和“第一前提”在于：第一，劳动创造了世界。人类正是通过自身的劳动，创造了一个完全不同于以往的世界。自人类

---

① 《马克思恩格斯全集》第 32 卷，人民出版社 1998 年版，第 108 页。

② 《马克思恩格斯文集》第 1 卷，人民出版社 2009 年版，第 77 页。

通过劳动参与世界进化过程以来，世界就发了天翻地覆的变化，可以说，现实的世界完全是人的世界，而这个人的世界完全是奠基在劳动的基础上，并由劳动创造出来。“整个所谓世界历史不外是人通过人的劳动而诞生的过程，是自然界对人来说的生成过程，所以关于他通过自身而诞生、关于他的形成过程，他有直观的、无可辩驳的证明”;[①] 第二，劳动创造了人本身。恩格斯在《自然辩证法》中指出，“劳动是整个人类生活的第一个基本条件，而且达到这样的程度，以致我们在某种意义上不得不说：劳动创造了人本身。”[②] 在从猿到人的转变过程中，劳动发挥了重要的作用，从直立行走、手的自由、语言的产生、人脑的形成，到人类社会的出现，劳动是最重要的推动力量。我们这里所讲的人，不是抽象的人，而是现实的人，“人不是抽象的蛰居于世界之外的存在物。人就是人的世界，就是国家，社会。”[③] 人是现实的、具体的、有生命的存在，“人创造了宗教，而不是宗教创造人。”[④] 宗教作为“一种颠倒的世界意识”，无法实现对人的创造，只有现实的劳动才能创造现实的人，创造人的世界。第三，劳动是人类自由自觉的活动。劳动作为世界的本体、本原和出发点，本身一定是自由自觉的。因为本体、本原本身意味着没有外在原因支配它，而是绝对地自己支配自己，自己以自身为原因，这种自己支配自己的行为就是自由。就像康德所言，人为自身立法就是人的自由。因此，“劳动是生产的主要要素，是‘财富的源泉’，是人的自由活动，但很少受到经济学家的重视。”[⑤] 在马克思看来，劳动本身是自由自觉的活动，不受外力支配，这是劳动的本真状态。总之，只要你承认劳动创造了世界，劳动创造了人，劳动是人的自由自觉活动，就必然地逻辑性地将劳动置于本体、本原的地位。

---

① 《马克思恩格斯文集》第1卷，人民出版社2009年版，第196页。
② 《马克思恩格斯文集》第9卷，人民出版社2009年版，第550页。
③ 《马克思恩格斯文集》第1卷，人民出版社2009年版，第3页。
④ 《马克思恩格斯文集》第1卷，人民出版社2009年版，第3页。
⑤ 《马克思恩格斯文集》第1卷，人民出版社2009年版，第72页。

在马克思的那里，劳动的内涵非常丰富，但我们可以基本把握的是：劳动是人们以结成一定的社会关系进行加工改造自然界的活动形式，是人的一种物质性的生产活动。它包括劳动目的、劳动对象、劳动资料和劳动主体。马克思将劳动奠基于本体论地位，无疑是对以往哲学本体论的一场革命，即由传统的解释世界和观念的逻辑论证转向对世界的实践改变和创造。恩格斯曾把马克思和自己称为“在劳动发展史中找到了理解全部社会史的锁钥的新派别。”① 德裔美国哲学家汉娜·阿伦特虽然对马克思的劳动思想有过批评意见，但她仍然花费了不少笔墨，对马克思的劳动思想即劳动的基础性地位大加赞扬。她说：“只有马克思以极大的勇气，坚持不懈地认为，劳动是人类创造世界的最高能力。”② “在现代发展中，马克思的杰出贡献不在于他的唯物主义，而在于他是唯一一个一以贯之地把他的唯物主义利益理论建立在人类无可置疑的物质活动基础上，建立在劳动上，即人身体与物质的新陈代谢基础上的政治思想家。”③ 由此可见，马克思关于劳动思想具有重要的现实意义，其为马克思开辟一个不同于以往的新世界奠定了坚实的本体论基础。

在此，笔者不得不承认，阐述马克思把劳动作为本体的思想，面临着一定的理论风险，因为对马克思终结了以往的思辨形而上学而发生了哲学的实践转向，人们形成了普遍共识，但争执不休的问题是：马克思哲学本身有没有本体论？由于马克思本人对自己的哲学并没有使用过“本体论”概念，因此对马克思哲学有没有本体论问题，始终是人们对马克思哲学理解和诠释的问题。笔者在此并无意讨论马克思哲学本身到底有没有本体论问题，而是主要想表明，马克思哲学发生了实践转向之后，并不仅仅是强调物质生产活动较之哲学思辨活动的重要性，而是开辟了哲学研究的新方向，把改造世界作

---

① 《马克思恩格斯选集》第4卷，人民出版社1995年版，第258页。

② ［美］汉娜·阿伦特：《人的境况》，王寅丽译，上海人民出版社2009年版，第74页。

③ ［美］汉娜·阿伦特：《人的境况》，王寅丽译，上海人民出版社2009年版，第193页。

为哲学的基本任务。改造世界的活动是劳动，没有劳动，就没有世界的存在和人的存在，因而劳动不可避免地成为马克思创造世界的出发点和基础。当马克思说“人的思维是否具有客观的真理性，这不是一个理论的问题，而是一个实践的问题”① 时，无疑表明“真理性”有一个实践的基础、有一个实践的根据。实践作为真理的基础和根据，说明实践是真理的本体。实践的主要形态是劳动，实践是真理性的本体，意味着劳动是真理性本体。哲学上的本体、本原概念，实际上指认的是万事万物存在的基础、原因、根据，万事万物之所以如此存在，是通过本体、本原而得到说明的。亚里士多德认为，形而上学是“一门研究第一原理和原因的知识”“我们认识了事物的第一原因时，我们才说我们认识了该事物。”② 据此，海德格尔认定，所谓本体、本原，实际上就是万物存在的根据。海德格尔的存在本体论，就是存在者何为存在者的根据。“存在是作为存在而起根据作用的。存在者只有据此才每每有其根据。”③ 即使是将亚里士多德的本体论思想诠释为“是论”，认为“是”本身才是本体，“是”仍然是万事万物存在的根据，万事万物依据“是”而成全为本质、成为该事物，没有“是”任何事物都“是”不起来。根据亚里士多德和海德格尔的本体论思想，我们可以认为，劳动是本体、本原，是说劳动是世界存在和人存在的第一原因和根据，世界存在以及改造的合理还是不合理，人存在的合理还是不合理，都依据劳动而得到解释，依据劳动而得到改造。劳动合理，所创造的世界就合理，所创造的人就合理；劳动不合理，所创造的世界就不合理，所创造的人就不合理。马克思正是根据这一逻辑，认定资本主义劳动是不合理的异化劳动，因而批判资本主义世界是异化的世界，批判资本主义社会中的人是异化的人；超越资本主义建设社会主义，在于生产力的先进性，把劳动作为第一需要，而生产力的先进性无

① 《马克思恩格斯文集》第1卷，人民出版社2009年版，第500页。

② ［古希腊］亚里士多德：《形而上学》，李真译，上海人民出版社2005年版，第19、21页。

③ ［德］海德格尔：《根据律》，张柯译，商务印书馆2016年版，第107页。

疑包含着生产力即劳动的合理性与正当性。实际上马克思和恩格斯对自己的哲学已经说得很明白了，“生产”是“人类生存的第一个前提”和“一切历史的第一个前提”，就是告诉人们，劳动对人类生存和人类历史具有奠基性作用，他们哲学就是要从能够改造世界的劳动出发，即以劳动为本体，创造一个新的世界。宫敬才教授专门论证了马克思的劳动哲学本体论地位，认为“马克思前无古人地揭示了劳动的原型性质”，并强调“在马克思的思想体系中确实存在哲学本体论。它既不是物质哲学本体论，也不是实践哲学本体论，更不是社会生产关系——实践本体论，而是劳动哲学本体论。”① 也就是说，马克思把劳动看作是本体、本原，是具有一定共识的，可以说是对马克思主义哲学理解的创新。

第二节　人与世界的异化及其原因

既然劳动创造了世界，劳动创造了人，劳动为整个人类历史的发展奠基，那么，我们必须要追问的一个基本问题是：从古至今经过几千年的人类历史发展，劳动所创造的这个现实世界怎么样呢？或者说劳动为我们创造了一个怎样的现实世界呢？原始社会被奴隶社会所取代，表达了奴隶社会对原始社会的不满；奴隶社会被封建社会所超越，意味着封建社会优越于奴隶社会；资本主义社会造了封建社会的反，说明资本主义社会先进于封建社会。资本主义社会经过几百年的发展开创了以往一切社会所没有的新局面，其所创造的世界发展奇迹令人眼花缭乱、瞠目结舌。当今世界，正处于资本主义全球化扩张时期。资本主义社会虽然带来了在物质丰饶中能够纵欲无度的丰功伟绩，但也造成了严重的社会问题和环境问题。马克思在赞扬资本主义生产力的功绩时，也宣告资本主义社会只不过是人类的“史前史”，资本主义劳动是一种异化的劳动，其所创造的世界是一个不平等的异化世界，它将在

① 宫敬才：《诹论马克思的劳动哲学本体论》上，《河北学刊》2012 年第 5 期。

一种真正的共产主义社会面前宣告终结。卢卡奇在马克思的拜物教理论基础上进一步认定，资本主义社会是一个“物化”的社会，“物”占据了社会的主导地位而成为资本主义社会的新神。马尔库塞则进一步证明，资本主义社会是单向度社会，制造了单向度的人和单向度的思想，整个社会丧失了对现实批判的精神。科西克则表明，资本主义所创造的社会只不过是一个“伪具体的世界”，在“伪具体的世界”中，实在世界被遮蔽，呈现在人们面前的是“形相世界”。“在拜物教化实践中，即在操持和操控中，暴露在人面前的世界不是真实的世界，尽管它带有真实世界的‘坚实性’和‘功效性’。它是一个‘形相世界’。事物的观念假扮物自体，并且，构造出一种意识形态的形相。但是它不是事物和实在的自然特性。相反，它是某一僵化了的历史环境在主体意识中的投射。”① 鲍德里亚则指认资本主义社会是一个“生产主人翁”让位于“消费主人翁”的“消费社会”，人们完全处在醉生梦死的“我消费故我在”之中，没有浪费式的消费，资本主义社会就可能土崩瓦解。德波则不无讽刺地证明，资本主义社会是一种“景观”，“景观是一种表象的肯定和将全部社会生活认同为纯粹表象的肯定”，② 即景观是一种纯粹的“影像”，真相只不过是虚假的一个瞬间，景观导致人们生活在一种光怪陆离的虚假幻象世界中。用霍克海默和阿多诺在《启蒙辩证法》中的说法便是：近现代启蒙已经走向了他的反面。

西方生态马克思主义则围绕着自然环境问题进一步指证了资本主义社会是生态危机发生的原因，是自然环境遭受破坏的罪魁祸首。福斯特在《生态危机与资本主义》中认为，资本主义生产完全操控在“利润之神”手中，“把以资本的形式积累财富视为社会的最高目的”，其必然导致自然环境的破坏。“资本主义经济把追求利润增长作为首要目的，所以要不惜任何代价追求经济增长，包括剥削和牺牲世界上绝大多数人的利益。这种迅猛增长通常

① ［捷克］卡莱尔·科西克：《具体的辩证法》，傅小平译，社会科学文献出版社 1989 年版，第 7 页。

② ［法］居伊·德波：《景观社会》，王昭风译，南京大学出版社 2007 年版，第 4 页。

意味着迅速消耗能源和材料，同时向环境倾倒越来越多废物，导致环境急剧恶化。"[1] 奥康纳在《自然的理由》中则表明，资本主义是一个充满危机的制度，因为资本主义社会存在着双重基本矛盾：第一重基本矛盾是马克思所揭示的生产力与生产关系的矛盾，这种矛盾的社会运动会造成有效需求不足而引发生产过剩的经济危机；第二重基本矛盾则是生产力和生产关系同生产条件之间的矛盾，这种矛盾的社会运动必然造成自然环境的破坏而引发生态危机。

通过上述论证我们可以清晰地看到，自古以来劳动所创造的世界是一个异化的世界，人是异化的人。不仅马克思主义如此认为，就是后现代主义也是如此看待现代性社会的。于是我们不得不发问，为什么劳动创造了一个异化的世界和异化的人呢？这是因为长期以来人们仅仅把劳动当作手段，没有看到劳动作为世界的本原和开端的意义，对劳动的目的存在严重的误读。在古希腊，劳动被看作是创造生存必需品的手段，与维持人的肉体存在相连，劳动意味着辛苦、辛劳。亚里士多德在《尼各马可伦理学》中将人们所过的生活区分为三种："享乐的生活""公民大会的或政治的生活"和第三种"沉思的生活"。"一般人显然是奴性的，他们宁愿过动物式的生活"。[2] 在亚里士多德看来，劳动的生活被排除在享乐的生活、政治的生活和沉思的生活之外，属于奴性生活，是一种动物式的生活。劳动只是一种手段，而不是人生的目的，因此，人生的幸福不是在于劳动，而是在于沉思，"我们身上的这个天然的主宰者，这个能思想高尚［高贵］的、神性的事物的部分，不论它是努斯还是别的什么，也不论他自身也是神性的还是在我们身上是最神圣的东西，正是它的合于它自身的德性的实现活动构成了完善的幸福。而这种

---

① ［美］福斯特：《生态危机与资本主义》，耿建新等译，上海译文出版社 2006 年版，第 2—3 页。

② ［古希腊］亚里士多德：《尼各马可伦理学》，廖申白译注，商务印书馆 2003 年版，第 11 页。

实践活动，如已说过的，也就是沉思。”① 幸福在于沉思或爱智慧的活动，而不是劳动。这是因为劳动只是一种手段，而不是目的。劳动的过程充满了辛劳，作为手段的劳动是低贱的、奴性的、不幸福的。阿伦特在《人的境况》中将人的根本性活动区分为三种：劳动（labor）、工作（work）和行动（action），阿伦特用这三种人类活动来对应人在地球上被给定的生活境况，在阿伦特看来，“劳动是与人身体的生物过程相应的活动，身体自发的生长，新陈代谢和最终的衰亡都要依靠劳动产出和输入生命过程的生存必需品，劳动的人之境况是生命本身。”② 而工作是与人存在的非自然性相应的活动，行动是直接在人们之间进行的活动。在希腊习语中，那些像“奴隶和驯畜一样用他们的身体供应生活必需品”的人所从事的活动就是劳动，劳动的目的是劳动者用自己的身体为人们供应生存必需品，维持人的肉体生存。正是由于劳动成为人们创造生存必需品的手段，因此，劳动者的地位是低贱的，处于社会的最底层，“对劳动的蔑视，最初源于摆脱生存必需性而追求自由的强烈渴望，和同样强烈的、对所有留不下痕迹——没有纪念碑，没有值得记忆的伟大作品——的活动的不屑一顾。”③ “随着城邦生活越来越要求公民付出更多时间，越来越需要他们放弃所有其他活动而完全投身于政治，最终劳动涵盖了一切需要辛苦付出的活动。”④ 在古希腊时期，从事劳动的人主要是那些战败了的敌人，他们被带回来从事劳动，为主人生产生活必需品，他们所从事的活动主要是体力劳动，像牲畜一样用自己的身体去劳动、去服役。人们在劳动中感到的是痛苦、劳累、疲惫。正是由于劳动仅仅是为人们生产生活必需品的手段，是劳作，不是为人类创造伟大的文化艺术作品，也不是所从事的政治活动。劳动是生产生活必需品的手段，古代社会将这些从

① ［古希腊］亚里士多德：《尼各马可伦理学》，廖申白译注，商务印书馆2003年版，第305页。

② ［美］汉娜·阿伦特：《人的境况》，王寅丽译，上海人民出版社2009年版，第1页。

③ ［美］汉娜·阿伦特：《人的境况》，王寅丽译，上海人民出版社2009年版，第61页。

④ ［美］汉娜·阿伦特：《人的境况》，王寅丽译，上海人民出版社2009年版，第61页。

事劳动的农夫称为“贱民”，人成为劳动动物。可见，劳动成为生产生活必需品的手段时，劳动是低贱的、被迫的、不自由的，“由于我们的身体需求而成为必须的劳动是奴性的”,[①] 劳动是供应生活必需品的手段，劳动者成为像动物一样的存在，而不是真正意义上的人。

在中世纪基督教神学那里，劳动也同样被视为一种恶。例如，《圣经·旧约》创世纪篇中，人类祖先亚当在伊甸园违背了上帝的禁令，偷吃了智慧果，上帝对此行为非常愤怒，将亚当驱逐出伊甸园，并令其汗流满面的劳动，以作为对亚当的惩罚，即劳动是令人痛苦的手段。到了近代，经过宗教改革运动，劳动才彻底改变了自己地位，不再作为一种恶，而成为一种善。尽管劳动的道德性质发生了完全的转换，但劳动作为手段的地位并没有发生改变。宗教改革时期，人们普遍信仰宗教，渴望自己得到神的垂青，以成为上帝的选民，进入彼岸世界，享有永恒的安息。人要得到上帝的垂青，必须辛勤劳动，为上帝所创造的世界添砖加瓦，为上帝增加荣耀。由此，劳动不再是卑贱的、奴性的活动，而是一种崇高的、神性的活动。“世界的存在只不过是为了服务于上帝的荣耀，被上帝选召的基督徒的唯一任务就是竭尽全力地服从上帝的圣诫，从而使上帝的荣耀大大增加。同这种宗旨相吻合的就是，上帝要求他的选民都能够取得社会成就，因而上帝要根据他的圣诫组织社会，所以说尘世中的基督徒的一切社会活动，仅仅就是为了‘增加上帝的荣耀’；即使是那些为社会的尘世生活服务的职业也体现着这一特征”。[②] 按照这样的教义，人类劳动成为增加上帝荣耀，满足人们精神需要的一种手段。人类劳动不是为了生产生活必需品，满足肉体的需要，而是完成上帝交给人类的日常工作，是服务于上帝为了人类方便而创造的整个宇宙，“这样一来，就使那些非人格化的社会劳动也显得好像在为上帝的荣耀添砖加瓦，所以说，这种社会劳动也变成了上帝的意愿。”[③] 劳动成为完成上帝意愿，

---

① ［美］汉娜·阿伦特：《人的境况》，王寅丽译，上海人民出版社 2009 年版，第 62 页。
② ［德］韦伯：《新教伦理与资本主义精神》，龙婧译，群言出版社 2007 年版，第 91 页。
③ ［德］韦伯：《新教伦理与资本主义精神》，龙婧译，群言出版社 2007 年版，第 92 页。

增加上帝荣耀的一种手段，具有道德上的正当性与合理性。为了成为上帝的选民，人们辛勤劳动，“上帝本身就是通过他的选民因劳动获得的成就而赐福于他们的”，① 劳动从奴性活动跃为神性活动，人们把辛勤劳动作为自己进入彼岸世界的手段。“清教徒们认为，只有到达彼岸的世界，自己才能得到永恒的安息；在现世生活中，为了确保自己能够获得神的垂青，必须‘将主所赐予的工作圆满完成，直至白昼隐退’。完全依照主的意旨生活，惟有辛勤劳作而非闲适享乐才不失为一名上帝真正的信徒。”② 由此，劳动成为荣耀上帝的手段，成为满足人们精神需要的一种手段，备受推崇。

进入资本主义社会，人们从宗教的桎梏中解放出来，劳动的神性色彩逐渐消退，劳动彻底成为人们创造物质财富和追逐利润的手段。罗素认为，劳动价值论在洛克的思想中已经存在。所谓劳动价值说，是指“生产品的价值取决于耗费在该产品上的劳动之说。”③ 在产品上耗费的劳动越多，产品的价值就越高。人类要创造更多的价值和财富，就要付出更多的劳动，“生产品的价值应当与耗费在这产品上的劳动成正比。”洛克承认，价值的十分之九都是由于劳动，“给一切东西加上价值差异的是劳动。”④ 劳动创造价值、劳动创造财富的观念逐渐深入人心。人们对劳动的理解再次发生转变，劳动不再是人类荣耀上帝的手段，而是物质财富的源泉。人类劳动的目的是生产劳动产品，创造物质财富。人类的劳动越多，创造的劳动产品越多，获得的物质财富也越多，劳动成为创造物质财富的手段。在资本主义社会，人类的劳动创造了大量的物质财富，这种物质财富比以往人类社会所创造的物质财富的总和还要多。资本主义社会是一个经济社会，人们对劳动的理解主要是在经济意义上来理解的，“经济意义上的劳动是财富的特殊历史形式的创造者。从经济的角度看，劳动表现为生产中社会关系的调节者和能动结构。作

---

① ［德］韦伯：《新教伦理与资本主义精神》，龙婧译，群言出版社 2007 年版，第120 页。
② ［德］韦伯：《新教伦理与资本主义精神》，龙婧译，群言出版社 2007 年版，第145 页。
③ ［英］罗素：《西方哲学史》下卷，马元德译，商务印书馆 2008 年版，第 169 页。
④ ［英］罗素：《西方哲学史》下卷，马元德译，商务印书馆 2008 年版，第 169 页。

为一个经济范畴，劳动是创造某种特殊社会财富的社会—生产活动。”① 经济意义上的劳动总是与物质财富的创造联系在一起，因而劳动在西方经济学那里仍然是一种增加财富的手段。

马克思看到了资本主义社会人们的劳动创造了大量的物质财富，以此为出发点，对资本主义制度与物质财富的生产、占有、使用、分配之间的关系，对劳动者生产劳动产品，却不能占有劳动产品及所创造的物质财富的制度根源进行反思，引出了对劳动的哲学思考。马克思在《1844年经济学哲学手稿》中认定，资本主义社会之所以是一个不合理的、需要被共产主义超越的社会，是因为资本主义的劳动是一种异化劳动，异化劳动中的人是一种非人。马克思说，“劳动在国民经济学中仅仅以谋生活动的形式出现。”② 也就是说，劳动对工人来说，仅仅是一种谋生的手段，工人靠劳动来养活自己，满足必要的肉体需要，没有劳动，工人就会饿死，“国民经济学把工人只当做劳动的动物，当做仅仅有最必要的肉体需要的牲畜。”③ 当劳动仅仅被当作一种谋生手段，工人也就只能是一种劳动动物，而不是真正意义上的人。马克思把劳动看作是世界的生成和人的生成的自由自觉活动，但“异化劳动把自主活动、自由活动贬低为手段，也就把人类的生活变成维持人的肉体生存的手段。”④ 不仅如此，随着马克思对政治经济学研究的深入，在《资本论》中马克思进一步揭示了劳动成为资本家榨取工人所创造的剩余价值的手段。“工人为取得每天的一定数目的工资而把自己的劳动力卖给资本家。在不多的几小时工作之后，他就把这笔工资的价值再生产出来了。但是，他的劳动合同却规定，工人必须再工作好几个小时，才算完成一个工作日。工人用这个附加的几小时剩余劳动生产出来的价值，就是剩余价值。”⑤

---

① ［捷克］卡莱尔·科西克：《具体的辩证法》，傅小平译，社会科学文献出版社1989年版，第158页。

② 《马克思恩格斯文集》第1卷，人民出版社2009年版，第124页。

③ 《马克思恩格斯文集》第1卷，人民出版社2009年版，第125页。

④ 《马克思恩格斯文集》第1卷，人民出版社2009年版，第163页。

⑤ ［德］马克思：《资本论》第1卷，人民出版社2004年版，第368页。

资本主义制度是工人阶级陷入贫困的总根源。在资本主义制度下，工人的劳动包括必要劳动和剩余劳动，工人的必要劳动生产的是工资价值，工人的剩余劳动生产的是剩余价值。资本家通过无偿占有工人的剩余价值来获取利润，这就是资本主义制度压迫和剥削工人的秘密所在。“作为资本家，他只是人格化的资本。他的灵魂就是资本的灵魂。而资本只有一种生活本能，这就是增殖自身，获取剩余价值，用自己的不变部分即生产资料吮吸尽可能多的剩余劳动。”① 由此可见，马克思对资本主义劳动异化的批判，表明劳动在资本主义社会里成为谋生的手段，成为资本家榨取剩余价值的手段，从而导致劳动走向了全面异化。

由上观之，人和世界发生异化的根本原因在于把劳动作为手段。劳动失去了本来的意义，成为异化劳动。异化劳动割裂了劳动目的与手段的统一，所创造的世界是“伪具体的世界”。从人类劳动观念的发展史来看，无论是古代社会把劳动作为供应生活必需品的手段，或是近代宗教改革把劳动看成是荣耀上帝的手段，还是资本主义社会把劳动作为资本家获取剩余价值的手段，尽管对劳动的理解各不相同，劳动的地位也发生了根本变化，但他们存在的共性之处在于，都是把劳动作为一种手段，作为满足人类某种需要的一种手段。对于劳动，无论是卑贱还是崇高，劳动与人的关系都没有得到澄明。劳动是外在的，无论是满足现世的生存需要，还是满足来世永享幸福的精神需要，劳动都是外在于世界、外在于人本质的一种手段，都未能在世界之为世界，人之为人的意义上来理解劳动的本质。把劳动作为满足人的物质需要和创造剩余价值的手段，虽然在一定意义上创造了丰裕而舒适的生活，却带来了人与人、人与自然之间严重的矛盾和冲突，给人的生存和人类文明的发展带来多重危机和发展困境。因此，把劳动当作手段是否具有合理性，值得我们深思。

---

① 《马克思恩格斯文集》第1卷，人民出版社2009年版，第269页。

第三节　劳动对人与自然和谐共生新世界的开启

既然把劳动当作手段，创造了一个异化的世界和异化的人，那么扬弃异化的世界和异化的人，重新开启新的世界，使人向合乎人性的人发展，就必须批判把劳动当作手段的错误，将劳动真正地当作目的，回归劳动本体论地位。劳动是本体、本原，本身就意味着劳动是人类生活的终极目的，而不能成为纯粹的手段。马克思在批判资本主义社会把劳动作为手段之后，提出未来共产主义社会是把劳动当作“第一需要”。马克思在《哥达纲领批判》中指出，“在共产主义社会高级阶段，在迫使个人奴隶般地服从分工的情形已经消失，从而脑力劳动和体力劳动的对立也随之消失之后；在劳动已经不仅仅是谋生的手段，而且本身成了生活的第一需要之后；在随着个人的全面发展，他们的生产力也增长起来，而集体财富的一切源泉都充分涌流之后，——只有在那个时候，才能完全超出资产阶级权利的狭隘眼界，社会才能在自己的旗帜上写上：各尽所能，按需分配!”① 在马克思所构想的未来理想社会中，劳动已经不是谋生的手段了，劳动成为生活的第一需要。在这里毫无疑问的可以看出，劳动成为生活的“第一需要”，就是指把劳动当作生活的根本目的、终极目的，指劳动本身成为目的。劳动成为第一需要，与马克思所说的生产是“人类生存的第一个前提”和“一切历史的第一个前提”是相同的。马克思批判资本主义劳动异化和商品生产，就是批判资本主义把劳动当作纯粹的谋生手段，而扬弃作为手段的异化劳动，无疑是复归劳动本体，把劳动作为生活的“第一需要”，把劳动作为生活的根本目的。人只有在这种真正劳动中，才能感觉到自己作为一个人而存在，没有这种真正劳动，人就是一个物性的存在。劳动作为人的第一需要，是人的自由自觉本性的呈现。人类需要劳动，不是因为劳动对人类所具有的效用，不是因为劳

---

① 《马克思恩格斯文集》第3卷，人民出版社2009年版，第435—436页。

动能给人带来收入，而是劳动本身就是人的目的，人类只有在劳动中，才能发展自己的能力，以人的方式屹立于世。从马克思的理想社会愿景来看，人们不是因为劳动的结果是善的，对人类有功利性价值而去进行劳动，而是因为劳动本身就是生活的终极目的，本身就是一种善，值得人们追求。

劳动本身是有目的的，劳动是一种有目的的活动。劳动作为目的性活动，本身就是一种创造。如果说劳动创造了世界，劳动创造了人，那么创造世界和创作人就是劳动本身的目的。马克思指出，“通过实践创造对象世界，改造无机界，人证明自己是有意识的类存在物，就是说是这样一种存在物，它把类看作自己的本质，或者说把自身看作类存在物。诚然，动物也生产。动物为自己营造巢穴或住所，如蜜蜂、海狸、蚂蚁等。但是，动物只生产它自己或它的幼仔所直接需要的东西；动物的生产是片面的，而人的生产是全面的；动物只是在直接的肉体需要的支配下生产，而人甚至不受肉体需要的影响也进行生产，并且只有不受这种需要的影响才进行真正的生产；动物只生产自身，而人再生产整个自然界。”① 人与动物不同，就在于人是有意识的类存在物。劳动作为人的有意识活动，有其自身的目的。所谓“真正的生产”是实现自身目的的生产，这种生产不是为了满足人们的肉体需要，而是证明人是有意识的存在物，而且能够再生产整个自然界。由此可见，在马克思那里，人的真正劳动（生产）是证明人是类存在物与再生产整个自然界的统一，也就是创造人与创造世界的统一。

劳动是人的劳动，人是劳动的主体，因此，劳动目的与人的目的是统一的。那么，人在这个世界上存在的目的是什么呢？是实现人之为人的存在，即“人的根本就是人本身”，“人是人的最高本质”。② 当马克思说劳动是人的自由自觉活动时，意味着劳动与人是一体的，人在劳动之中，劳动在人之中，人通过自由自觉的劳动活动实现自己的人之为人本质。劳动成为谋生的

---

① 《马克思恩格斯文集》第1卷，人民出版社2009年版，第162页。
② 《马克思恩格斯选集》第1卷，人民出版社1995年版，第9页。

手段，则意味着人与劳动的分离和分裂，劳动不再能呈现人的本质，劳动扭曲了人的本质。人通过劳动创造自己，但人对自己的创造是通过对世界的创造实现的。这就是创造人必须与创造世界统一起来。人的本质是人的内在方面，我们无法直观其本质，因此，人的本质必须呈现出来才能够被认识，被发现。人本质的对外呈现是通过劳动实现的，人在劳动活动中将他的本质印刻在他所加工改造的对象之中，用马克思的话说是对象化给他所创造的世界，因而现实世界是人本质的对象化，通过现实世界人就能够反观自身的形象。“人的感觉、感觉的人性，都是由于它的对象的存在，由于人化的自然界，才产生出来。”① 既然自然界是人本质的对象化，那么自然界的美意味着人性美，自然界的善象征着人性的善，自然界的真反映着人性的真。自然界的真善美是人性真善美的生动呈现。这就是马克思为什么强调人一定要按照美的规律来再生产整个自然界。“动物只是按照它所属的那个种的尺度和需要来构造，而人却懂得按照任何一个种的尺度来进行生产，并且懂得处处都把固有的尺度运用于对象；因此，人也按照美的规律来构造。”② 进而言之，劳动对世界的创造，意味着创造一个美丽的世界，只有创造美丽的世界，才能见证人性的美丽。在一个臭气熏天，垃圾遍地，到处充满死亡和残破的自然界身上，不可能见证到人性的真善美。

劳动目的虽然与人的目的是统一的，人的目的贯穿于劳动目的之中，但人的目的并不是一种主观的任意想象，除了必须要实现人之为人的存在之外，对世界的创造还必须遵循自然规律，尤其是遵循生态规律。如果违背了这一生态规律，无疑会遭到恩格斯所说的自然界的报复。既然劳动不是人的任意行为，这表明劳动目的具有客观性。如果说自然界的生态规律就是自然界的目的，那么劳动目的就是人的目的与自然界目的的统一。这种统一在马克思那里表现为劳动是人与自然之间的“物质变换的过程”。马克思在《资

① 《马克思恩格斯文集》第1卷，人民出版社2009年版，第191页。

② 《马克思恩格斯文集》第1卷，人民出版社2009年版，第163页。

本论》中指出，“劳动首先是人和自然之间的过程，是人以自身的活动来中介、调整和控制人和自然之间的物质变换的过程。”① 人与自然之间的物质变换是指人与自然之间的生态过程，一方面人必须把自然界中的物质资料加工成为有用之物以供养人自身，另一方面人必须反馈自身的能量以养育自然环境，保持和维护自然界的欣欣向荣，再生产整个自然界。人向自然界提取自然资源是人的权利，而反馈自身能量养育自然环境则是对自然界必须承担的责任与义务。把劳动理解为人与自然之间的物质变换过程，意味着劳动目的是通过人与自然之间的物质变换实现的，在物质变换过程中完成人向自然的生成和自然向人的生成，完成对世界的创造和人的创造。进而言之，物质变换的劳动的深刻本质是：对世界的创造必须维护人与自然之间的生态平衡，实现人与自然的和谐共生。因此，以物质变换为基本内容的劳动还具有生态意义，是生态劳动。人类再生产整个自然界，实现自然界的复活，需要能够实现人与自然物质变换的生态劳动。人在使自然界欣欣向荣过程中才能够使自己处于美好生活之中，人在使自然界欣欣向荣过程中才能够完成自己的真善美的人性。

以往的劳动总是把劳动当作手段，因而其所创造的世界是一个异化的世界，所创造的人是一个异化的人。当我们扬弃了这种异化劳动，实现劳动向自身目的的真正复归，即把劳动当作目的，把劳动当作对美好世界的创造，当作对真善美人性的创造，那么一个与以往世界根本不同的新世界就必然会冉冉升起。用马克思的话说便是，当劳动成为生活的第一需要时，人类的“史前史”就会终结，一个真正的人的世界就会来临。新世界是对异化世界的扬弃，是万物和谐的世界，实现了真、善、美的统一。首先，新世界是一个真世界。与伪具体的世界相对，新世界是一个真世界。所谓“真”，是真实，反映了世界的本质和人的本性。劳动创造美好世界，这是世界本身的真实性；劳动创造人，这是人的真实性。真实的世界反映真实的人性。劳动为

① ［德］马克思：《资本论》第1卷，人民出版社2004年版，第207—208页。

目的所开创的新世界是一个真实的世界，不是虚幻的世界。在资本主义社会，人们所看到的是一个被物所包围的世界，世界是庞大商品的堆积和物的聚集，只有琳琅满目的商品和财富才能让人们感觉到世界的真实。由此，大量生产、大量消费、大量废弃成为人们的生产生活方式。物的世界的增值带来的是人的世界的贬值，世界越是被物所控制，人越是在物的世界中迷失自己。真实的世界，是万物和谐的世界，而不是万物聚集的世界。因为万物和谐、人与自然和谐共生，才是世界本身的真实生态形态。因此，真实的世界，把万物和谐、人与自然的和谐共生作为最核心的关切。唯有如此，世界才可以持续存在。其次，新世界是一个善世界。所谓善世界，即好世界、幸福的世界。以创造美好世界和创造人为劳动目的，这本身就使劳动活动成为一种伦理性的善活动，使人为世界存在和为自己存在先行担当道德责任。也就是说，人只要从事创造美好世界的劳动活动，本身就决定了人以道德存在为先决条件，人要从关怀、爱护自然界的道德立场出发，进行加工改造自然界的劳动活动。亚里士多德认为，“财富显然不是我们在寻求的善。因为，它只是获得某种其他事物的有用的手段。”① 把善世界看成是物的聚集，认为人类为世界创造的物质财富越多，这个世界越美好，是有失偏颇的。“财富”不是真正意义上的善，世界的美丽、人性的崇高，才是真正意义上的善世界。世界的美丽内在于人的生活之中，没有人愿意生活在污染残破的自然界当中，人生活在良好的社会环境和优美的自然环境中，才会感到幸福。列维纳斯苦思冥想出一个“他者”，认为只有将“他者”放在优先的本体论地位，才有可能使伦理学成为第一哲学，才有可能使人先行成为伦理的存在。但是从马克思主义哲学立场来看，这是没有必要的，只要将劳动作为目的，作为人的第一需要，劳动就先行成为伦理的活动，劳动创造的世界必然是善的世界，劳动创造的人必然是真正的人。最后，新世界是一个美世界。生态

① ［希腊］亚里士多德：《尼各马可伦理学》，廖申白译注，商务印书馆2003年版，第13页。

学马克思主义者莱斯在《自然的控制》中提出，现代社会控制自然的根本目的是为了控制人。也就是说，把劳动作为征服自然的手段必然导致对自然的破坏，导致人与人之间关系的紧张和冲突。人与人之间的对立与冲突，人与自然之间的紧张和对抗，给人类带来的往往是战争和死亡，给自然环境带来的往往是污染和破坏，这样的世界无法给人带来美的享受。但是从劳动目的出发，本身就把美好世界和美好生活当作人的追求对象，世界美丽和人性崇高是目的性劳动的必然后果。因此，劳动是目的而不是手段，意味着劳动创造的世界一定是美的世界。

劳动不仅是目的性活动，也是一种创造性活动，创造的意蕴是指使世界生成和美丽，而不是使世界毁灭和残破；使人生成，而不是使人异化。就此而言，劳动具有超越性，不断指向未来，或者说劳动是向未来开放的，具有历史性和无限趋向性。正是劳动的这种超越性质，决定了劳动对世界的创造和对人的创造不是一次完成的，而是一个不断趋向完善、趋向丰富、趋向崇高的渐进过程。虽然人类历史经历了几千年，尤其是现代工业社会生产出来极其丰盛的物质产品，使发达国家中的人的生活达到了富裕的程度，但在马克思的视域里，其仍然是不完善和不美好的。按照历史唯物主义的观点，人类只有经历把劳动作为手段的苦痛，才有可能真正的觉醒；只有经历“史前史”，才有可能进入真正的人的历史。因此，劳动是目的，劳动创造美好世界与崇高人性，是人类历史在经过苦痛之后的必然选择。劳动的目的、人的目的、自然的目的三者统一，将实现自然界的真正复活，将重新开启一个人与自然和谐共生的新世界。

把现象、存在、他者作为世界的原点，只能为世界提供一种解释图景，但却无法真正改变世界。劳动是世界生成变化的本体论根据，对世界的讨论要重新回到原点。劳动创造了人及人类历史，创造了人类生活于其间的世界，劳动才是世界的真正原点，是世界生成和人的生成的“第一前提”。当劳动成为本体、本原时，意味着劳动是生活的终极目的和“第一需要”。劳动作为终极目的在于，劳动要创造美好世界，创造人之为人的存在。劳动成为终极目的，劳动才能实现自己的本质，并成为真正的劳动。从人类发展到目前的历史来看，人们始终没有把劳动视为目的，而总是将劳动作为满足生理需要和获取物质财富的手段，劳动创造世界的目的始终被遮蔽。把劳动作为手段，人类的劳动就不可避免地成为异化劳动，人类所创造的世界成为异化的世界。在“伪具体的世界”中，世界是物的聚集，人类以自己的劳动创造了物质财富，但物最终成为控制人的力量。人与人之间、国与国之间展开了基于物质利益的博弈和争夺，人与自然之间的本质统一被割裂，异化劳动从人这里夺走了他的“无机身体”，人与自然的物质变换发生断裂，生态环境遭到破坏。人类在异化世界中反观自身，人成为非人的存在。要终结人类的“史前史”，开启人类的真正历史；要终结劳动对自然界的破坏而开启新的世界，就必须批判把劳动作为手段的观念以及社会，厘清劳动的真正目的，重新回到劳动本体论的原点。把劳动作为目的，亦是再生产整个自然界，使遭受破坏而面临死亡的自然界得以真正复活。自然界的真正复活与人向合乎人性的人复归是同步发生的，世界的美丽、美好象征着人性的崇高。实现创造美好世界、创造人的劳动目的，具体路径应当是完成人与自然之间的物质变换，做到人与自然和谐共生。劳动成为生活的终极目的和“第一需要”，而不再是纯粹的手段。以劳动目的为本位，就是扬弃异化劳动，以生态劳动开启新世界，以新世界的真善美来映现人性之美，实现人与自然的和谐共生，促进自然界的复活。

第十七章　人与自然和谐共生的行动动力

坚持人与自然的和谐共生是新时代中国特色社会主义思想的基本方略之一，对实现中华民族永续发展具有重要意义。探讨人与自然和谐共生的行动动力，有利于促进人与自然的和谐共生。学界从主体、技术手段及其融合、生态意识、民生需要、话语形态、价值共识、环境管制、开放合作等不同维度探讨人与自然和谐共生的动力，形成了主体动力论①、需要动力论②、创新动力论③、开放动力论④。这些研究成果为人与自然和谐共生的动力研究提供了不同的视角，颇具新意。但如何将主体需要与人的劳动实践、生产方式变革相结合来研究人与自然和谐共生的动力问题，尚不多见。本章基于历史唯物主义的分析视角，探讨劳动和生产方式的内在逻辑及其对人与自然和谐共生的推动意义。人类社会的发展以劳动为基础，在劳动中人类将自己的本质对象化到自然界的能力就是生产力，先进的生产力与生产关系构成先进

---

① 徐绍华、蔡春玲、秦成逊：《生态文明建设中的“政企学民”四位一体动力机制研究》，《前沿》2014年第10期。

② 蔺雪春：《在民生改善中探寻生态文明建设的关键动力》，《鄱阳湖学刊》2013年第3期；郭斌：《绿色需求视角的企业绿色发展动力机制研究》，《技术经济与管理研究》2014年第8期。

③ 王辉龙、洪银兴：《创新发展与绿色发展的融合：内在逻辑及动力机制》，《江苏行政学院学报》2017年第6期。

④ 黄承梁：《以全面开放合作为中国生态文明建设注入全球动力》，《鄱阳湖学刊》2018年第6期。

的生产方式。作为人与自然和谐共生的动力基础和动力指向，生态劳动和生产方式的革命性变革紧密相连，形成人与自然和谐共生的行动动力。

第一节　人与自然和谐共生的动力基础：生态劳动

劳动是人类社会存在和发展的基础。进入资本主义社会，人类的劳动发生了异化，劳动成为异化劳动，劳动的生态异化带来了人与自然的对抗。建设社会主义生态文明，人类的劳动要从异化劳动转向生态劳动，为人与自然和谐共生提供动力基础。

生态劳动是人与自然之间的良性物质变换过程。劳动是马克思主义理论的重要范畴，从人的存在论意义来看，劳动是人类满足自身生存和发展需要的过程，也是人与自然实现物质变换的过程。马克思把劳动看成是人与自然之间相互交换物质、信息和能量的过程，人类从自然界获取自己所需要的物质、信息和能量进行生产，在满足了自己需要后将废弃物排向自然，实现人与自然之间的循环与统一。但在私有制的条件下，人类的劳动发生了异化，异化劳动造成了人与自然物质变换的断裂，人类从自然中获取的物质、信息和能量在满足人类生存和发展需要之后，排向自然却无法被自然所还原和吸收，人与自然之间出现分裂。生态劳动是对异化劳动的扬弃，通过否定之否定，生态劳动实现人与自然之间物质、信息和能量变换的良性复归，促进人与自然的和谐共生。

生态劳动是满足人类生态需要的活动。劳动满足了人的需要，生态劳动则满足了人类的生态需要。劳动是满足人类需要的最基础的活动，整个人类社会、人类文明和人类历史的形成，都是建立在人类的劳动活动基础上的。生态劳动强调人们在以劳动方式满足自身的生存、发展、审美需要的同时，要能够实现人与自然物质、信息和能量的良性交换，因此，生态劳动所满足的仅限于人类的生态需要，不支持超出了自然所能承载的限度，超出了人类生态需要的虚假需要、奢侈性需要、炫耀性需要。异化的需要必然带来劳动的异化，人与自然的物质变换出现裂缝，导致人与自然的分裂。生态劳动要求人类兼顾人与自然的和谐共生要求，既满足当代人和后代人的生存和发展需要，也能促进自然的可持续发展，这就要求人类要合理限定自己的需要，从单纯消耗自然界的物质资源和恣意向自然界排放废弃物的过度物质需要，转向对美好生活的需要，让优美自然环境和生态产品成为人们的基本需要，这才是真正意义上的生态需要。生态劳动在满足人类需要的基础上，推动了人类社会的发展。

生态劳动是推进人与自然和谐共生的桥梁和基础。按照马克思的观点，人是自然的一部分，自然是人的“无机身体”，自然与人是本质统一的，但这种统一不是静态的，而是在劳动中的动态统一。生态劳动既是人类满足自身需要的过程，也是人类以自己的活动作用于自然界的过程，是沟通人与自然关系的重要通道。人类有生存和发展的权利，人类通过劳动满足自身的合理需要；人类也有尊重自然、顺应自然和保护自然的义务，这就要求人类的劳动具有亲自然性。生态劳动是能够促进人与自然和谐共生的活动，在生态劳动中，人与自然相互交换物质、信息和能量，在满足人类需要的同时，也符合自然的生态法则，成为推动人与自然和谐共生的动力基础。

第二节　人与自然和谐共生的动力指向：生产方式的变革

人类在劳动中将自己的本质对象化到自然界的能力是生产力。人们在劳动过程中结成的社会关系是生产关系。一定历史发展形态的生产力与生产关系的统一构成生产方式。资本主义工业文明的迅猛发展，为人类社会创造了大量的物质财富，形成了大量生产、大量消费、大量废弃的生产生活方式，但这种“脚踏车式”的生产生活方式也带来了严重的环境危机，资本主义生产方式成为环境危机的深层根源，资本主义生产方式受到严峻的生态批判。

以社会主义生产方式取代资本主义生产方式，用社会主义生态文明超越资本主义工业文明，在人与自然和谐共生中促进生产力的高质量发展，实现生产方式的革命性变革，对于推进美丽中国建设具有重要的意义。

一、生产力是促进人与自然和谐共生的根本动力

生产力是人类在劳动中形成的力量。人类社会的发展进步，归根到底是由生产力的发展水平所决定的，“生产力是社会文明进步的主要动力。”① 人类社会从资本主义黑色发展转向社会主义绿色发展，其内在动力在于生产力的高质量发展要求。生产力作为人类在劳动中形成的一种力量，可以从共时性和历时性维度进行考察。从共时性维度来看，生产力包括质和量两个方面。生产力的质是指人类联合起来实现对人与自然物质变换的控制力量，生产力的量是人类在劳动中从自然获得的物质财富的数量。人类通过自己的劳动来实现人与自然物质变换的控制力量越是强大，生产力的质的水平越高。人类在劳动中获得的物质产品和物质财富越多，生产力的量的水平越高。生产力是质和量的辩证统一。从历时性维度来看，人类社会的生产力发展历经低质低量、低质高量、高质低量、高质高量四个阶段。生产力不是一个永恒的、固定不变的范畴，它随着历史的发展和变化而不断发展和演进，“生产力的增长、社会关系的破坏、观念的形成都是不断运动的”，② 不同的文明形态和发展模式，具有不同的生产力发展能力和水平，从根本上来说，人类社会形态的演化和更迭都是由生产力推动和决定的。人类社会发展的不同样态也是由生产力发展要求所推动的，从渔猎文明、农业文明、工业文明到生态文明的演进，人类的生产力发展变化体现了从低质低量、低质高量、高质低量、高质高量的发展演进历程。前工业文明时期，生产力的发展处于低质低量阶段，生产力的发展质量和水平长期以来维持在一个较低的水平。直到

① 黎祖交主编：《生态文明关键词》，中国林业出版社2018年版，第151页。

② 《马克思恩格斯文集》第1卷，人民出版社2009年版，第603页。

工业革命以来，人类进入了资本主义社会，现代工业文明获得了飞速的发展，人类社会的生产力发展出现了极大的飞跃，发达的生产力为人类社会带来了丰裕的物质财富，进入了生产力发展的低质高量阶段。进入生态文明时代，生产力必将走向高质量发展阶段。在社会主义初级阶段，生态文明建设刚刚起步，绿色发展正在逐步推进，这一阶段的生产力发展处于从低质高量向高质量发展的转型阶段，可能会经历一个高质低量的过渡期，到未来共产主义社会，人类将迎来生产力的高质高量发展阶段。实现生产力的高质量发展，迫切要求人类转变传统的不可持续的发展方式，从黑色发展转向绿色发展，从人与自然分裂对抗走向人与自然和谐共生。

二、资本主义生产关系阻碍生产力的高质量发展

在渔猎文明和农业文明时期，由于生产力发展水平较低，人类在劳动中获得的物质财富较少，也没有联合起来控制人与自然物质变换的力量，这是生产力发展的低质低量阶段。进入资本主义工业文明时期，生产力发展水平有了极大的提升，资本主义社会所创造的物质财富超越了以往任何时代所创造的物质财富的总和。但资本主义生产力的发展是片面的，给人类文明的发展和自然环境的存在带来了破坏。这种片面性的根源在于资本主义生产关系。“在私有制的统治下，这些生产力只获得了片面的发展，对大多数人来说成了破坏的力量，而许多这样的生产力在私有制下根本得不到利用。”①资本主义私有制阻碍了资本主义生产力的发展，资本家对剩余价值的无止境追求，导致生产力的发展具有片面性，带来生产力的高量与高质的断裂。也就是说，资本主义生产力发展水平虽然有了极大的提升，创造了大量的物质财富，但却带来了人与人之间关系的对抗和人对自然的破坏。自然成为被压迫、被奴役的存在。资本家越富有，工人越贫穷。资本家从自然中获得的财富越多，自然越贫瘠。资本主义生产关系成为资本主义社会生产力高质量发

① 《马克思恩格斯文集》第1卷，人民出版社2009年版，第566页。

展的桎梏。“由于大工业的发展，第一，产生了空前大规模的资本和生产力，并且具备了能在短时期内无限提高这些生产力的手段；第二，生产力集中在少数资产者手里，而广大人民群众越来越变成无产者，资产者的财富越增加，无产者的境遇就越悲惨和难以忍受；第三，这种强大的、容易增长的生产力，已经发展到私有制和资产者远远不能驾驭的程度，以致经常引起社会制度极其剧烈的震荡。只有这时废除私有制才不仅可能，甚至完全必要。”① 资本主义生产关系加剧了生产力的质与量的分裂，带来了生产力与交往形式之间的矛盾，“一切历史冲突都根源于生产力和交往形式之间的矛盾。”② 资本主义生产关系阻碍生产力高质量发展，最终必将制约人类社会的发展速度和水平，成为绿色、先进生产力发展的绊脚石。就像福斯特所言，资本主义制度是生态危机发生的最深刻根源，“资本主义经济把追求利润增长作为首要目的，所以要不惜任何代价追求经济增长，包括剥削和牺牲世界上绝大多数人的利益，这种迅速增长通常意味着迅速消耗能源和材料，同时向环境倾倒越来越多的废物，导致环境恶化。”③

三、生产方式的变革成为人与自然和谐共生的动力指向

生产力的高质量发展，是指生产力的高质与高量发展的统一。改变生产力的质与量的分离状态，实现生产力的高质量发展，迫切需要实现生产方式的革命性变革。以社会主义生产关系为基础，发展社会主义生态文明，以先进生产关系促进生产力的高质量发展，彰显社会主义制度在推进人与自然和谐共生中的优势和作用。生产力的高质量发展，就是要求人类在劳动中既能获得大量的物质财富，又能在人与自然之间相互交换物质、信息和能量中促进人与自然的和谐共生，在经济发展与环境保护之间实现共赢。只有实现人

---

① 《马克思恩格斯文集》第1卷，人民出版社2009年版，第684页。

② 《马克思恩格斯文集》第1卷，人民出版社2009年版，第567—568页。

③ ［美］约翰·贝拉米·福斯特：《生态危机与资本主义》，耿建新、宋兴无译，上海译文出版社2006年版，第2—3页。

与自然和谐共生才能促进生产力的高质量发展，形成先进的生产力，从而促进生产关系的变革，推动人类社会不断向前发展。同时，以公有制为基础的社会主义生产关系，摒弃了利润至上、剩余价值至上的逻辑，把道德关怀的对象扩大到普通大众和自然万物，注重社会整体利益、子孙后代利益和大自然的权利，对促进生产力的高质量发展起推动作用。

先进的生产力与生产关系的良性互动，带来了生产方式的革命性变革，成为人与自然和谐共生的动力指向。生产力的高质量发展必须建立在生态劳动的基础上。人类只有在生态劳动中，才能实现生产力的质与量的统一。在生态劳动中实现质与量的辩证统一的生产力，是一种新的、先进的生产力。“社会关系和生产力密切相联。随着新生产力的获得，人们改变自己的生产方式，随着生产方式即谋生的方式的改变，人们也就会改变自己的一切社会关系。手推磨产生的是封建主的社会，蒸汽磨产生的是工业资本家的社会。”① 人与自然和谐共生的社会是社会主义社会，“随着联合起来的个人对全部生产力的占有，私有制也就终结了。”② 人与自然和谐共生是建立在生态劳动的基础上，要弥合资本主义社会人与自然之间物质变换的断裂，只有在未来的共产主义社会，由联合起来的生产者共同控制人与自然之间的物质变换，才能实现劳动的生态化。在生态劳动中形成的力量就是一种先进的生产力。这种新的、先进的生产力，必然会带来生产关系的变革，引领人类迈进社会主义生态文明社会。这种生产力是一种高质量的生产力，在社会主义初级阶段，有时会表现为高质低量，到未来的共产主义社会，将实现生产力的高质与高量的内在统一，“在共产主义社会高级阶段，在迫使个人奴隶般地服从分工的情形已经消失，从而脑力劳动和体力劳动的对立也随之消失之后；在劳动已经不仅仅是谋生的手段，而且本身成了生活的第一需要之后；在随着个人的全面发展，他们的生产力也增长起来，而集体财富的一切源泉

① 《马克思恩格斯文集》第1卷，人民出版社2009年版，第602页。
② 《马克思恩格斯文集》第1卷，人民出版社2009年版，第582页。

都充分涌流之后，——只有在那个时候，才能完全超出资产阶级权利的狭隘眼界，社会才能在自己的旗帜上写上：各尽所能，按需分配！”①

人与自然和谐共生由生态劳动和生产方式的变革共同推动。生态需要是人与自然和谐共生的行动目标，人类的生态需要通过生态劳动得到满足。生态劳动是人与自然和谐共生的动力基础，只有在满足人们生态需要的生态劳动中才能实现人与自然和谐共生。人类在生态劳动中最终推动了生产力的高质量发展，进而引发了生产方式的变革，为人与自然和谐共生提供动力指向，二者紧密相连，共同构成人与自然和谐共生的行动动力。

---

① 《马克思恩格斯文集》第3卷，人民出版社2009年版，第435—436页。

第十八章　人与自然和谐共生的国际认同

环境问题是全球性难题。美国前总统特朗普对世界环境危机置若罔闻，悍然宣布退出《巴黎协定》，亨廷顿的文明冲突论对世界影响深远，中国威胁论在西方甚嚣尘上。人与自然和谐共生方略的行动方案为促进中国生态环境的改善和世界环境难题的破解提供了中国智慧和中国经验。在全球绿色新政背景下，人与自然和谐共生方略的中国行动方案能否赢得国际认同，是一个具有重要理论和现实意义的课题。生态文明建设是学术界关注的热点，但从现有的研究成果来看，学界主要从解决中国环境难题的现实需要出发，探讨中国生态文明建设的内涵、理念、制度、模式、路径等理论和现实问题，取得了较为丰硕的成果，对推进人与自然和谐共生做出了重要的理论贡献。但在如何赢得国际认同方面，学界关注不多，迫切需要展开研究。本章以人与自然和谐共生方略的中国行动方案如何赢得国际认同为问题导向，分析国际认同的内涵、全球绿色新政的经验与困境，探讨人与自然和谐共生方略的中国行动方案赢得国际认同的内在机制，为完善中国方案、助力中国方案走向世界提供决策咨询和道义辩护。

第一节 人与自然和谐共生的国际认同内涵

认同问题是学界研究的热点。认同是自我在与他者的比较中形成的一种自我认知和自我界定，是自我持有观念和他者持有观念的互动建构，“两种观念可以进入认同，一种是自我持有的观念，一种是他者持有的观念。认同是由内在和外在结构建构而成的”。① 从词源学上来看，认同由“认”与“同”二字组成。“认”的含义非常丰富，有“辨明；当作；承担；根本无亲密关系的建立起某种亲密关系”这四层含义。“认同”可以有三个维度的理解：第一，共同认可；一致承认。第二，在社会学中泛指个人与他人有共同的想法。人们在交往过程中，为他人的感情和经验所同化，或者自己的感情和经验足以同化他人，彼此间产生内心的默契。第三，亦称“自居”。精神分析理论术语。个体通过潜意识模仿某一对象而获得心理归属感的过程。可分为个体把外界某人或某群体的特征和性质内化进自己人格中的发展认同，和视别人和团体所具有的优点和荣誉为自己所具有的知觉认同两种。后者是一种防御机制，个体把自己模仿、比拟成某个成功的或优秀的人，以减少挫折导致的焦虑或获得满足。② 我们这里讲的认同，主要取“共同认可，一致承认”之意，指不同行为主体之间达成某种共识，一致承认。爱德华·萨义德认为，自我认同的建构牵涉到与自己相反的“他者”认同的建构，而且总是牵涉到对与“我们”不同的特质的不断解释和再解释。每一个时代和社会都重新创造自己的“他者”。③ 认同的行为体之间相互独立，本来没有什么紧密关系，但基于某种原因，两者之间共同认可，一致承认，建立起某

---

① ［美］亚历山大·温特：《国际政治的社会理论》，秦亚青译，上海人民出版社 2001 年版，第 282 页。

② 夏征农、陈至立：《辞海》第 3 卷，上海辞书出版社 2009 年版，第 1890 页。

③ ［美］爱德华·W. 萨义德：《东方学》，王宇根译，北京三联书店 1999 年版，第 426 页。

种紧密联系。

国际认同，“是一种认知过程，旨在通过相互接纳，产生同一性，继而建立更广泛的利益和身份共同体。”① 有学者用宽泛意义的国家认同概念来研究国际认同问题，“国家认同体现出个体与集体、国内与国际的双重维度。就国内维度而言，国家认同是国民归属感及为国奉献的心理和行为，是国家凝聚力、向心力的重要表现，是国家治理合法性的重要来源。从国际维度看，国家认同关乎一个国家相对于国际社会的定位与角色，‘是一个现代意义上的主权国家与主导国际社会的认同程度’。”② 在这样的研究中，国内认同和国际认同都包含在国家认同的范围之内。笔者所指的国际认同，是指中国和国际社会这两个不同行为体之间建构的一种承认，主要关注的是中国和世界之间的认同建构。学界对中国梦③、社会主义核心价值观④的国际认同展开了研究，对我们理解和把握人与自然和谐共生方略的中国行动方案的国际认同具有启示意义。中国与国际社会是不同的行为体，两者如何相互接纳、共同认可，建立人类命运共同体，这是中国在建设现代化强国过程中面临的挑战和亟待解决的问题。人与自然和谐共生的中国行动方案的国际认同，是指国际社会对中国生态文明建设理念和行动的承认。

人与自然和谐共生的中国行动方案，不是对资本主义发展道路的追随和模仿，而是建立在社会主义制度基础之上的一种新的发展理念和行动，是对资本主义发展模式的反思和超越。西方生态马克思主义对资本主义展开了生态批判，把生态危机的根源归结为资本主义制度，认为资本主义是全球生态

---

①　刘传春：《中国梦的国际认同——基于国际社会对中国和平发展道路质疑的思考》，《当代世界与社会主义》2015 年第 2 期。

②　李西杰：《国家认同视野下的公民意识“他者”化问题》，《哲学研究》2015 年第 12 期；门洪华：《两个大局视野下的中国国家认同变迁（1982—2012）》，《中国社会科学》2013 年第 9 期。

③　李辽宁：《对外话语体系创新与“中国梦”的国际认同》，《思想教育研究》2016 年第 11 期。

④　林伯海、易刚：《社会主义核心价值观国际认同的机理和实现路径》，《思想理论教育》2014 年第 10 期。

危机的幕后黑手。福斯特认为，全球环境问题的根源不在于个体或类，而在于经济和社会秩序，在于资本主义生产方式本身，“成为环境之主要敌人者不是个人满足他们自身内在欲望的行为，而是我们每个人都依附其上的这种像踏轮磨坊一样的生产方式。”① 人与自然和谐共生的中国行动方案以社会主义为制度基础，确立的是一种社会主义生态文明观。发达资本主义国家的发展道路的制度基础是资本主义，受利润至上的发展逻辑所支配。人与自然和谐共生的中国行动方案是在反思和批判西方现代性发展理论和发展道路的基础上，剔除其不合理的发展理念和路径，遵循人类社会发展规律和自然规律，致力于解决人类面临的共同环境难题，面向共同的未来而提出的中国行动方案，所遵循的是促进人与自然和谐共生的生活逻辑。国际认同，是中国与国际社会之间建构的一种承认关系。由于中西方制度基础不同，在人与自然和谐共生的理念和行动方案方面具有很大的差异。讨论人与自然和谐共生的中国行动方案的国际认同，需要对全球绿色新政展开批判性分析，把握国际社会对人与自然和谐共生方略认同的一般机理，在此基础上，探讨中国行动方案赢得国际认同的内在机制。

第二节　人与自然和谐共生的国际认同机理

西方发达国家在发展现代工业文明的过程中，比中国更早地出现了环境污染事件和生态危机，因而他们较早地开展了环境运动，推行绿色新政。人与自然和谐共生的中国行动方案是在全球绿色新政背景下提出的一种发展战略，要让中国的人与自然和谐共生方略为世界所认同，离不开对全球绿色新政的内涵、行动经验、面临的困境进行反思。在对全球绿色新政进行反思的基础上，探讨全球生态文明建设的一般机理，为人与自然和谐共生方略的中

① ［美］约翰·贝拉米·福斯特：《生态危机与资本主义》，耿建新、宋兴无译，上海译文出版社2006年版，第37页。

国行动方案赢得国际认同奠定基础。

一、全球绿色新政的提出

为了摆脱国际金融危机和应对气候变化危机，2008 年 12 月联合国秘书长潘基文提出全球"绿色新政"倡议。2009 年联合国环境规划署公布《全球绿色新政政策概要》，启动"全球绿色新政及新政计划。"绿色新政由"绿色"和"新政"两词组成，"绿色"指政府投资、公共支出、税收等财政政策工具，侧重于推进新能源、环境和资源保护、公共服务等领域的发展；"新政"借 20 世纪 30 年代罗斯福"新政"的寓意，强调政府主导作用以及建立"后危机"时代的可持续发展模式的变革意义。① 绿色新政是指政府以加强绿色投资和实施绿色政策改革为手段，大力发展绿色经济，促进经济发展与环境保护共赢的经济发展模式。全球绿色新政的基本要义是提高政府的"绿色领导力"，基本目标是发展"绿色经济"，基本方法是致力于"绿色投资"，基本保障是实行"绿色政策改革"，实质是以低碳绿色经济体现绿色发展，即将环境与发展从对立与冲突关系转向共存共赢关系，最终实现环境与经济发展的良性循环。②

二、全球绿色新政的经验

国际社会在积极推进绿色新政的过程中，积累了丰富的经验。综观美国、德国、日本、韩国等绿色新政推进状况，虽然各个国家的国情不同，绿色新政的侧重点和一些内容不尽相同，但也形成了一些共同的基本经验和发展共识。第一，以政府为主导，多元主体参与。从主体来看，全球绿色新政主要采取的是强政府模式，政府在推进绿色新政中起主导作用，企业、非政

① 苏立宁、李放：《全球"绿色新政"与我国"绿色经济"政策改革》，《科技进步与对策》2011 年第 8 期。

② 中国行政管理学会，环境保护部宣传教育司：《实施中国特色的绿色新政 推动科学发展和生态文明建设》，《中国行政管理》2010 年第 4 期。

府组织、公民等主体积极配合和参与其中。虽然欧美、日韩是发达资本主义国家，但在推进绿色新政方面，政府还是发挥了非常重要的领导作用。强有力的政府是各国推进绿色新政的重要主体。如果说西方的环境运动主要依赖各种民间力量和非政府组织，绿色新政则需要政府制定全国“绿色新政”战略和行动方案，采取绿色环境政策，给予大量的绿色投资，与企业、非政府组织、公民等多边主体相互沟通、合作才能取得实效。第二，制定人与自然协同进化的行动方案。各国制定人与自然协同进化行动方案的路径不同，主要有两种，一是基于技术，一是基于自然。基于技术的解决方案，重视绿色科技的开发运用，运用先进的工程技术手段来促进人与自然协同进化。这类方法依托于先进的工程技术，偏重于追求社会经济效益的最大化，在处理人与自然关系上存在一定局限，遇到灾害风险时缺乏韧性。基于自然的解决方案，主要依靠自然的力量，促进经济、社会和生态的可持续发展。2008 年世界银行发布报告《生物多样性、气候变化和适应性：来自世界银行投资的 NBS》，最早在官方文件中提出了“基于自然的解决方案”，指“一种保护、可持续管理和修复生态系统的行动”。“基于自然的解决方案”具有五方面特点：（1）包罗万象，服务于经济、生态和环境等多重目标；（2）以生态环境保护为前提，将维护生物多样性和生态系统服务作为基础性任务，制定长期稳定的方案；（3）作为具有创新性和综合性的治理手段，可单独实施或与其他工程技术手段协同实施；（4）因地制宜，以跨学科专业知识为支撑，便于交流、复制和推广；（5）可应用于多维空间尺度，与陆地和海洋景观有机融合。”① 尽管各国发展“绿色新政”的路径不同，但都在积极行动，寻求有效解决方案。第三，以促进经济发展与环境保护共赢，提升国家实力为战略目标。全球绿色新政的深层目的和意图，至少包括三个方面，“一是培育新的经济增长引擎；二是确立新的经济发展模式；三是争夺全球竞争的主

① 庄贵阳、薄凡：《从自然中来，到自然中去——生态文明建设与基于自然的解决方案》，《光明日报》2018 年 9 月 12 日。

导权。”[1] 多维的战略目标，使得全球绿色新政在促进经济发展与环境保护共赢的同时，提升了国家的经济硬实力和文化软实力，对广大发展中国家的传统发展道路带来挤压和挑战。

三、全球绿色新政的困境

国际社会在推进绿色新政的过程中，取得了一定的成绩，但也面临严重的困境，值得我们反思。首先，资本逻辑主导。国际社会推行绿色新政的初衷是为了摆脱金融危机，寻找新的经济增长极。受资本逻辑主导和制约，发达国家无论是基于技术的解决方案还是基于自然的解决方案，其根本出发点都是为了寻找新的经济发展路径，追求物质财富的不断增长。地球的自然资源和环境承载能力都是有限的，经济的高增长与地球资源能源的减少、生态环境的破坏之间仍然呈正相关。当前发达国家对经济发展与环境保护的共赢虽然进行了积极的探索和实践，也提出了一些很好的做法，局部环境有所改善，但从整体上来说，经济发展与环境保护共赢的矛盾没有能够得到根本的解决。其次，污染风险转嫁。发达国家为保持自身经济的高速增长和自然环境的持续改善做出了很大努力，但也存在污染转嫁的做法，增加了广大发展中国家和地区环境问题治理的难度。发达国家将高污染企业和洋垃圾转移到广大发展中国家，把垃圾扔进别人家的后院，违反了环境正义原则。国际社会亟待转变观念，从关注一国自身的发展，到关注整个人类命运共同体的发展。实现环境正义，不仅仅是本国内部人们在权利的享有和义务的承担上实现公平公正，还要关注广大发展中国家和地区的贫困和生态破坏问题，努力在全球范围内实现环境正义。最后，责任意识淡薄。发达国家打着“国家利益优先”的旗号，在应对国际气候变化等全球性环境问题时，缺乏应有的责任意识和担当精神，使得全球性环境污染难题的治理变得更加复杂。如何跳

---

① 张来春:《西方国家绿色新政及对中国的启示》,《中国发展观察》2009 年第 12 期。

出资本逻辑怪圈和“国强必霸”逻辑，促进人与自然和谐共生、人与人平等共享、国与国合作共赢，这是世界人民的共同期盼。任何一个国家的人与自然和谐共生要赢得国际社会的普遍认同，必然会在这三个方面提出新的理念和积极有效的行动方案。

第三节　人与自然和谐共生的国际认同应对

人与自然和谐共生方略的中国行动方案是在全球绿色新政背景下，为适应生态文明建设提出的理念和行动方案。要赢得国际社会的普遍认同，需要从理念引领、行动示范和价值导向三方面统筹推进生态文明建设。人与自然和谐共生的国际认同机制建构，为全球绿色新政走出困境贡献新思路，为中国生态文明建设赢得国际认同提供可能。

一、理念基础

人与自然和谐共生方略的中国行动方案能够赢得国际认同，首先要有先进的理念。只有理念科学、进步，才能有先进的行动方案，为国际上那些既渴望加快发展又希望保持自身独立性的国家提供理念引领和行动示范。人与自然和谐共生方略的中国行动方案遵循“绿水青山就是金山银山”“人与自然是生命共同体”“像对待生命一样对待生态环境”三大理念。

“绿水青山就是金山银山”，为建立经济发展与环境保护共赢机制提供理念引领。资本主义工业文明秉持“大量生产、大量消费、大量废弃”的生产生活理念和生产生活方式，在带来丰裕物质财富的同时，造成严重的环境污染和生态破坏，经济发展与环境保护之间形成悖论。“绿水青山就是金山银山”理念，将经济发展与保护环境作为人类社会发展的车之两轮、鸟之两翼，不可或缺。可持续发展理念在国际社会已经深入人心，为国际社会所普遍认同。中国要实现经济、社会和生态的可持续发展，经济发展与环境保护二者不可偏废。“绿水青山就是金山银山”理念，既摈弃了以牺牲环境保护为代价发展经济的短视行为，也抛弃了以保护环境为借口阻碍经济发展的乌托邦理念，把经济发展与环境保护统一起来，坚持绿水青山就是金山银山，彰显人们对可持续发展的共同诉求。“绿水青山就是金山银山”理念，反映了世界上大多数国家实现经济发展与环境保护共赢的共同追求，彰显人类社会发展的共同价值诉求，成为人与自然和谐共生方略赢得国际认同的基本理念。

“人与自然是生命共同体”，为实现人与自然和谐共生的现代化奠定理念基础。把人与自然看作一个生命共同体，二者共生、共存、共荣，这一理念是对人与自然对抗观念的一种超越。无论是古代社会的自然奴役人，还是近代社会的人奴役自然，都是人与自然对抗关系的理念写照，带来了人与自然的分离，要么人被自然所控制，要么自然被人所控制，这两种状况都不利于促进人与自然的和谐共生。全球性环境危机的爆发，让人们重新审视人与自然的内在关系，中国传统文化中的“天人合一”思想、马克思关于自然界是人的“无机身体”理论受到人们的重视，罗尔斯顿的自然价值论、施韦泽的敬畏生命思想、利奥波德的大地伦理学等，为人类善待自然找到了哲学根据。“人与自然是生命共同体”理念，实现了人与自然的本质统一，与中国传统文化中的天人关系、马克思的人与自然关系理论和现代西方生态哲学、生态伦理学的基本观点内在相融，为人与自然和谐共生方略的中国行动方案赢得国际认同提供理念支撑。

“像对待生命一样对待生态环境”，体现了人对自然的伦理态度。西方环境运动的兴起和全球绿色新政的推行，为人类善待自然提供了契机。在承认人与自然是生命共同体的基础上，坚持“像对待生命一样对待生态环境”的理念，体现了人们的伦理自觉。改革开放以来，中国的经济发展取得了极大的成就，中国的经济总量位居世界第二，但粗放式的发展方式带来的是雾霾、水污染、土壤污染等严重的环境问题，建设美丽中国已经成为举国上下的共同诉求。在中国生态文明建设纵深推进的过程中，我们以“像对待生命一样对待生态环境”理念来要求自己，把自然环境和人的生命放在同等的位置上来保护和珍爱，创造天蓝、地绿、水净的美丽世界，这既彰显了人类对自身与自然同一的天地境界追寻，也符合国际社会的普遍期待。由此可见，这三大理念为人与自然和谐共生方略的中国行动方案赢得国际认同奠定理念基础。

二、行动示范

人与自然和谐共生方略的中国方案的目标指向是行动。马克思说过，“哲学家们只是用不同的方式解释世界，问题在于改变世界。”① 确立先进的人与自然和谐共生理念，改变人类的价值观和内心需要，以满足生态需要为限度。人们的行动总是源自一定的内心需要，有什么样的需要就会有什么样的行动。如果说中国的人与自然和谐共生方案要为国际社会提供行动示范，首先是人们的内心需要合理，能够与国际社会达成共识。十九大报告将中国社会主要矛盾表述为“人们对美好生活的需要和不平衡不充分发展之间的矛盾”，我们现在所要解决的矛盾就是改变传统的发展理念和发展方式，满足人民群众对美好生活的需要。什么是“美好生活需要”，仁者见仁，智者见智。笔者认为，美好生活需要是多方面的，包括物质需要、精神需要和生态需要。生态需要是人类追求人与自然和谐的心理倾向，是人们对优美生态环境的需要。生态需要是美好生活需要的重要内容，在以往重视经济发展的时期被遮蔽。推进人与自然和谐共生，人们要确立生态需要的内在尺度。人是大自然的一部分，自然是人的“无机身体”，对优美生态环境的需要是人们的普遍共识，只有确立生态需要的行动尺度，才能让社会公众普遍参与生态行动。

需要引发劳动，在生态需要的基础上人类的劳动走向生态化，实现了人与自然之间物质、信息和能量的良性交换。满足需要的最基本方式是人们的

---

① 《马克思恩格斯文集》第1卷，人民出版社2009年版，第502页。

劳动活动。生态需要的行动尺度，决定了人们的劳动目的、劳动过程和劳动结果都要具有亲自然性，劳动走向生态化。在马克思看来，劳动是人与自然之间的物质变换过程。现代性劳动以资本逻辑为主导，重在追求经济增长和物质财富需要的满足，重经济发展轻环境保护的现代生产生活方式，导致人与自然之间的物质、信息和能量的变换过程发生了断裂，人类的劳动发生异化，带来人与人、人与自然、人与自己的类本质、劳动者与自己的劳动产品的异化，人与自然之间的物质变换发生断裂，人与自然的关系走向对立。以生态需要为行动目标，扬弃劳动的异化状态，实现劳动的生态化，弥合异化劳动带来的物质变换断裂，让劳动重新成为人与自然和谐共生的中介，成为人与自然相互交换物质、信息和能量的过程，这就是生态劳动。推进人与自然和谐共生，确立生态劳动观，把建设美丽世界作为生态劳动的目的，为人与自然和谐共生方略的中国行动方案赢得国际认同奠定行动基础。

在生态劳动中，人类将自己的本质对象化到自然界的能力就是生产力，一种绿色、先进的生产力。生产力是人类社会发展的基本范畴，生产力先进，才能得到国际社会的普遍认同。什么样的生产力是先进的生产力？传统观念认为，先进的生产力，是人们征服自然、改造自然的能力，是人类创造物质财富的能力，创造物质财富的多寡成为生产力发展水平高低的评判标准。满足人民群众的生态需要，意味着传统的生产力发展观要实现转型，生产力不再表现为人类征服自然、改造自然的能力，而是表现为人与自然和谐共生的能力，生产力的发展要从量的追求转向质的飞跃，实现生产力的高质量发展。生产力的高质量发展指的是人类不仅能够创造物质财富和精神财富，还要能够创造生态财富。人与自然和谐共生的能力成为先进生产力的评判标准。生产力发展从高数量转向高质量，必然带来生产方式的革命性变革。以先进的生产力和先进的生产方式来推动人与自然和谐共生，才能为那些既需要加快发展又希望保持自身独立性的国家提供行动示范。

三、价值共识

人与自然和谐共生方略的中国行动方案中所呈现的价值诉求具有普遍意义，是中西方在人与自然和谐共生上的价值共识，为中国行动方案赢得国际认同奠定价值基础。“我们寻求的共识是指向环保行动的共识，而不是追求理论上的精致、自洽、高远、博大或者看来最具有‘终极的真理性’的共识。”① 人与自然和谐共生方略的中国行动方案所体现的价值共识主要表现为三个方面：人与自然的和谐共生、人与人的平等共享、国与国的合作共赢。这三个层面的价值诉求，是普遍性和特殊性的统一，既是中国公民的共同追求，也是世界人民的共同期待，凝结为国际社会在人与自然和谐共生上的价值共识。

人与自然和谐共生是世界各国的共同价值目标。当今社会，环境危机席卷全球，学界对人与自然的关系进行了深刻的反思，达成的共识是：近现代人与自然的关系走向了对抗，人类成为自然的主人，凌驾于自然之上，人类迫切需要重新审视人与自然的关系，改变对自然的态度，人与自然的和谐共生成为人们的共同价值诉求。发端于西方的生态伦理学拓展了人类道德关怀的对象，将自然纳入人类道德关怀的视野，强调人类不仅要对人类讲道德，还要对自然讲道德。中国传统文化中的天人合一理念，十九大报告提出的人与自然和谐共生方略，与西方生态伦理学的价值追求，在某种意义上来说，是内在一致的，都是为了实现人与自然的和谐，促进人与自然共生共荣，这是人们在人与自然关系问题上的基本共识，为中国赢得国际认同提供价值基础。

人与人平等共享是世界各国人们的共同价值追求。人与自然和谐共生方略的中国行动方案不仅以人与自然和谐共生为价值目标，也以人与人平等共

---

① 何怀宏：《生态伦理——精神资源与哲学基础》，河北大学出版社2002年版，第17页。

享为价值追求。全国各地的自然禀赋不同，生产力发展水平和人民群众的生活水平也各不相同，但人们对美好生活的追求是一致的，即所有人都能够共享人与自然和谐共生的成果，拥有优美的自然环境和幸福生活。近年来，笔者经过多地走访调研发现，江西、贵州等地自然条件较好，山清水秀，但生产力发展水平较为落后，中央和地方政府积极探索人与自然和谐共生新路，努力促进生态产品价值的实现，让绿水青山变成金山银山，让自然环境优美地区的人们也能过上富足的生活。山西岢岚等地自然条件恶劣，属于“一方水土养不活一方人”的地区，当地的老百姓多年来处于贫困境地，中央和地方政府通过异地搬迁等方法，开展生态扶贫，让当地的老百姓改善了居住环境和生活条件，生活得到有效保障。相较于发达地区而言，政府对各地区所采取的政策、措施尽管各不相同，但追求的目标是一致的，就是把人民群众对美好生活的追求作为我们的奋斗目标，实现人与人的平等共享。对平等价值目标的追求，是世界各国人们的共同向往，为中国赢得国际认同提供价值共识。

国与国合作共赢是中国赢得国际认同的重要价值共识。亨廷顿的文明冲突理论问世后，引起了人们的普遍关注和激烈争论。习近平提出的人类命运共同体思想，是对文明冲突理论的超越。中国政府多次强调，中国在世界上绝不称霸。国与国之间绝不是零和博弈关系，而应努力实现合作共赢，尤其是生态治理事关全球，需要各国人们的共同努力和协同合作。在应对全球气候变化方面，中国政府积极参加国际治理，已经成为国际生态文明建设的重要参与者、贡献者和引领者。参与全球生态环境治理，实现国与国的合作共赢，是人类社会的共同福祉。坚持国与国的合作共赢理念，为人与自然和谐共生方略的中国行动方案赢得国际认同提供价值可能。

在全球绿色新政背景下，人与自然和谐共生方略的中国行动方案既是中国解决自身环境和发展之间的悖论，实现经济发展与环境保护共赢的积极探索，也是赢得国际认同，增强自身软实力和国际影响力的有益尝试。中国在推进人与自然和谐共生中提出的重要理念、采取的积极行动和彰显的价值诉求，三者相辅相成，构成人与自然和谐共生中国方略的国际认同机制。

结束语

人与自然和谐共生方略的中国行动方案包括行动理念、行动目标、行动动力、行动基础及赢得国际认同五个方面。人与自然是生命共同体、绿水青山就是金山银山、像对待生命一样对待生态环境，构成了人与自然和谐共生方略的行动理念。在这三大理念的引领下，人与自然和谐共生方略的行动目标包括改善生态环境质量，建设美丽中国、实现人与自然和谐共生的现代化、满足人民群众的生态需要三重维度。人与自然和谐共生的行动基础在劳动。劳动创造了世界，劳动创造了人，这是劳动的真正目的，也是劳动成为世界生成变化的本体和本原的根据。但令人遗憾的是，从古至今人们从来没有将劳动视为目的，而仅仅当作手段，致使劳动所创造的世界始终是一个异化的世界，劳动所创造的人始终是一个异化的人。因此，批判现代性社会及其现代哲学，不是回到现象、存在、他者，而是回到世界产生的原点——劳动，把劳动作为生活的终极目的和第一需要。当劳动成为目的，一种不同于以往的新世界将被开启出来。新世界是对异化世界的超越，实现了真、善、美的统一。以劳动目的为本位，就是扬弃异化劳动，以生态劳动开启新世界，以新世界的真善美来映现人性之美，创造真正意义的人，实现人与自然的和谐共生，促进自然界的复活。生态劳动是满足生态需要的基本手段，是推动人与自然和谐共生的动力基础，实现生产方式的变革是实现人与自然和谐共生的动力指向。人与自然和谐共生方略的国际认同，是指国际社会对中国生态文明建设理念与行动的承认。国际社会在推进绿色新政中形成了政府主导下的多元主体参与、基于技术和自然的人与自然和谐共生行动方案、以提升国家综合实力推进经济发展与环境保护共赢的基本共识，但也面临资本逻辑主导、污染风险转嫁和责任意识淡薄的困境。建构人与自然和谐共生方略的国际认同机制，需要遵循“绿水青山就是金山银山”“人与自然是生命共同体”“像对待生命一样对待生态环境”三大理念，以生态需要为行动目标，推进劳动生态化和生产力高质量发展，促进人与自然和谐共生、人与人平等共享、国与国合作共赢，为人与自然和谐共生的中国方略赢得国际认同提供理念基础、行动示范和价值共识。

实践篇

人与自然和谐共生的实践要求

党的十九大报告将“坚持人与自然和谐共生”作为新时代坚持和发展中国特色社会主义的基本方略之一，体现了中国共产党对人与自然关系认识的升华，彰显了对中华民族永续发展和人类未来的责任担当。人与自然和谐共生作为一种思想和方略，意在指导社会主义生态文明建设的伟大实践，并对人类加工改造自然界的实践活动提出了积极性和原则性要求。本篇将以江西生态文明建设试验区为依托，探讨人与自然和谐共生的实践要求，总结江西生态文明建设的成功经验，为人与自然和谐共生的实践活动提出合理化建议。绿色生态是江西省最大的财富、最大的优势、最大的品牌。江西省作为首批国家生态文明试验区，承担打造美丽中国“江西样板”的历史使命，并取得了一定的生态文明建设成就。以江西省生态文明建设为研究样本，图景式地展现人与自然和谐共生在江西省的生动实践，总结人与自然和谐共生实践的做法、经验以及需要突破的难题，是本篇的主要着力点。

第十九章　人与自然和谐共生实践的着力点

人与自然是一个矛盾统一体，人要吃穿住行，必然要向自然界索取自己所需要的东西，但是自然界不会主动奉献出自己的一切，自然界现有的东西并不能满足人类的生存和发展需要，人类必须通过改造自然界的实践活动，才能够创造出自己所需要的一切。由此，人与自然之间必然形成一定的对立和冲突。克服这一矛盾，一方面需要人类认识和改变自然界，变自在之物为“为我之物”，另一方面需要人类适度地加工改造自然界，遵循自然界本身存在的生态规律，不能忘乎所以，胡作非为。否则，人类将受到自然界的报复与惩罚。人与自然和谐共生方略的提出，为解决好人与自然之间的矛盾提供了指导性建议，它使人类加工改造自然界的实践活动保持在一定的伦理限度内，既要保证人类自己生存和发展的福利，又要维持自然界本身的繁荣昌盛，保证人与自然共生共荣和协同进化。

第一节　人与自然和谐共生的实践前提

将人与自然和谐共生方略应用到生态文明建设实践活动之中，必须具有一定前提，这一实践前提就是党的十九大报告中提出的：尊重自然、顺应自然、保护自然。人与自然和谐共生方略的提出，重新定义了人与自然的关系，将人与自然的你死我活的生存竞争关系改变为共生共荣的合作关系，因而人与自然和谐共生方略是关于人与自然关系的崭新学说。正是人与自然和谐共生方略完全不同于现代性社会人与自然二元分裂的立场，其实践前提也必然要由征服自然、掠夺自然、不关心自然死活的现代性实践前提转变为尊重自然、顺应自然和保护自然。党的十八大报告曾指出，面对资源约束趋紧、环境污染严重、生态系统退化的严峻形势，人类要想永续存在和永续发展，必须树立尊重自然、顺应自然、保护自然的生态文明理念，……努力建设美丽中国，实现中华民族永续发展。① 党的十九大报告进一步指出，人与自然是生命共同体，人类必须尊重自然、顺应自然、保护自然。因为要实现人与自然和谐共生，人类要首先尊重自然，即尊重自然的存在，尊重自然万物自己独有的存在方式，让自然万物按照自己的存在方式去存在。尊重自然是人对自然的一种道德态度，这种道德态度规范人们不要妄加干涉自然万物本身的存在，确保自然万物自然而然的存在和生长。要实现人与自然和谐共生还必须要顺应自然存在的规律，不逆自然本身运行法则而动。唯有如此，才能在加工改造自然界的实践活动中做到保护自然，维护自然界本身的美丽与和谐。自然界在人类的呵护下而生机盎然，人与自然就自然而然地和谐统一、共生共荣。也就是说，尊重自然、顺应自然、保护自然是人类无法抗拒的生态规律和伦理法则，人类在加工改造自然界的实践活动中真正做到了尊重自然、顺应自然和保护自然，才能够实现人与自然和谐共生的目的。违背了这一实践前提，人类必将遭到自然界的报复与惩罚，最终无法实现人与自然的和谐共生。

近代以来，随着人对自然规律碎片化认识的深入和对自然的征服，人对自然资源的索取已经超过一定的限度。从理论上来说，人类即便能赋予自然以人的意志与表征，但自然的先在性与规律性决定了人的主观能动性限度。

---

① 胡锦涛：《坚定不移沿着中国特色社会主义道路前进 为全面建成小康社会而奋斗——在中国共产党第十八次全国代表大会上的报告》，人民出版社 2012 年版，第 39 页。

人是自然界的一部分，人与自然共在共生这一属性决定了人不能任意拔高自己的地位，那种要彻底控制自然的想法，其实不过是人类的妄想。人虽然可以在实践中不断改变自然，赋予自然以人类的目的与意志，但作为生态学的人和被生态学规律制约的人，不可能超越生态学规律。“人本身是自然界的产物，是在自己所处的环境中并且和这个环境一起发展起来的。”① 因此，尊重生态学法则并服从生态规律才是做人的科学态度。然而，近现代人将征服自然视为人的能力的体现，将自然作为奴役和征服的对象，这必然不可避免地伤害自然并遭到自然的报复。因为自然界本身存在着恩格斯所谓的报复能力，人对自然任何超越界限的行为或破坏规律的行为都将引来祸害。“人同自然而生，人与自然是一种共生关系，对自然的伤害最终会伤及人类自身。”② 从实践上来看，人与自然和谐共生思想必然要求人的生产方式、生活方式、利益分享等都必须在自然可承载能力基础上进行。“把代价控制在一定的限度之内，不能片面地、一味地追求经济的发展速度而让生态环境和人文环境付出沉重的代价。”③ 也就是说，人与自然和谐共生的实践要求之所以以尊重自然、顺应自然、保护自然为前提，关键在于保持人、资源、环境之间的平衡，保持自然的可持续发展能力与社会需求的相匹配。人类不能贪大求多，不能“杀鸡取卵”“涸泽而渔”，也不能奢侈消费、过度消费，人与人之间在生态利益分享方面要和谐一致。

首先，自然界演化的客观规律性决定了人们的生产方式必须建立在尊重自然、顺应自然规律基础上。人从自然界获得物质财富的方式，从历史发展视域来看主要采取两种生产方式：一是以传统工业为主的“黑色”生产方式，另一是以生态效益引领的“绿色”生产方式。前者受到“资本的逻辑”影响，以生产更多产品为价值取向和根本目的，往往置自然资源的有限性于

---

① 《马克思恩格斯文集》第3卷，人民出版社2009年版，第38—39页。

② 中共中央文献研究室编：《习近平关于社会主义生态文明建设论述摘编》，中央文献出版社2017年版，第11页。

③ 王玲玲、冯皓：《发展伦理探究》，人民出版社2010年版，第19页。

不顾，过度开采自然资源，破坏自然环境。后者受自然生态规律影响，强调人的生产活动应该尊重自然、顺应自然和保护自然，让自然生产出更多有机产品，做到生态效益和经济效益的统一。“黑色”生产方式多采用化石、煤炭等作为能源，其排放的废弃物严重污染自然环境；在消费上倡导一次性使用，导致大量浪费，且用完就很难恢复，对自然环境破坏严重。“绿色”生产方式则使用太阳能、生物能等作为能源，可循环使用，用完还会复来，因而“绿色”生产方式导致较少的外部不良效应，属于低碳排放，具有健康和可持续发展性。

其次，自然资源的有限性决定了人们的消费方式必须建立在尊重自然、节约资源、保护优先基础上。“黑色”生产方式的目的是如何刺激消费，更好地获得利润，如何不断把自己生产的产品推销出去，根本不顾及自然界的存在和死活。而“绿色”生产方式重视产品的循环利用，既重视供给侧，也重视消费侧。绿色生产方式不是简单追求经济的无限制增长，也不可能追求无限制地扩大，而是要保证经济增长符合自然规律，由此就决定了生态产品的有限性，这种有限性要求人们的消费习惯、生活方式进行相应改变。不能以炫富方式来消费，而是以节约方式进行消费，以健康、合理、节制的消费理念进行生活。如果人们的消费方式、生活方式不改变，环境问题仍然很难解决。因此，能循环、可持续的生活方式成为绿色生产提倡的时尚。由于消费理念的转变，物质的消费也不是人们追求的唯一满足目标，而物质产品与精神产品的结合才是真正的消费。人们不一定追求奢侈品，而是追求有机健康、绿色环保的消费品。

最后，人与自然的对立统一关系决定了经济增长的目标并非越快越好，而是越健康越和谐越好。经济增长可以带来财富的增长，但并非必然带来每个人的财富的增加。绿色发展目标不是经济利益的最大化，也不是生态利益的最大化，而是在人与自然的协调契合基础上的社会福利与自然福利共同最大化，是生态效益与经济效益共同最大化。绿色生产以环境、自然生态规律为依据，完成人与自然之间的物质循环。由于各地自然条件和资源禀赋的差异，绿色生产也呈现不同的地域色彩，它以当地生态承载力和生态容积为底线，做到绿色生产的多样化。

总之，贯彻执行人与自然和谐共生方略就是要在遵循人和自然生态平衡规律基础上，通过自然系统与社会系统的有机耦合，创造出高度协调的人与自然协同发展系统。在这里，人们必须要注意社会系统与自然系统之间相互作用，相互配合，形成相互促进的良性互动关系，社会系统的发展不能抑制自然系统的发展，不能以牺牲自然系统的发展为代价。当然，社会系统和自然系统在结构上还要做到功能互补，功能契合，进程上协调一致。如此，才能维护人与自然之间的物质能量交换平衡，实现人与自然和谐共生。

第二节　人和自然和谐共生的实践路径

人与自然和谐共生的实践路径是绿色、低碳、循环发展。处理好人与自然和谐共生的关系，就是要变革生产生活方式，推进绿色、低碳、循环发展。正如习近平总书记所说，生态环境问题归根到底是经济发展方式问题。①推动绿色、低碳、循环发展新方式，就是以自然生态系统的承载力和活力为基础，在自然规律或自然承载力范围内进行有效地利用资源，合理地配置资源，使经济发展方式符合自然系统的生态功能，使自然资源单位使用效率最大化。基本途径有三条，一是用较少的代价发展经济，强调发展与保护的协调的“绿色”发展道路。二是用较少的碳排放强度发展经济，提高能源利用效率的“低碳”发展道路。三是用较少的资源消耗支持经济社会的可持续发展的“循环”发展道路。这三者目标一致，都是为了走出一条新的“绿色”发展道路，改变不可持续的“黑色”发展模式，保持生态功能的永续活力。

---

① 中共中央文献研究室编：《习近平关于社会主义生态文明建设论述摘编》，中央文献出版社2017年版，第25页。

一、遵循生态生成规律，实现生态产业化、产业生态化

人类与自然进行物质能量交换存在的最大矛盾就是人类对物质财富生产的无限性和自然资源的生长循环之间的矛盾。“自然资源的给定性和有限性决定了人在开发它的同时必须考虑它的再生长问题。”① 遵循自然生长规律，按照生态生成原理安排生产活动。生态系统以其自身固有的规律演替运动，它为人类提供了必要的基础条件和资源，也为人类生产确立了边界与程度。自然资源的生长规律启示人们，不能超越自然生长规律而进行生产。“天育物有时，地生财有限。”尊重生命本身的规律，尊重生物之间的规律，不随意破坏生物链。“天育物有时”要求“时间上继起”，即要求尊重生物自身的生命历程，不随意破坏或改变其生长时间，使其繁衍生息。“地生财有限”要求“空间上并存”，即在一定区域内做好空间规划，协同发展，维护生态平衡。“发展是一个社会中各个要素之间相互关系、相互作用的结果”。“把改造自然的行为严格限制在生态运动的规律之内，使人类活动与自然规律相协调。”② 遵循自然规律，对自然取之有道，取之以时，取之有度。工业文明摆脱了自然规律的限制，可以创造出不受自然规律约束的工业产品，加快生物生长速度，缩短其成熟时间，生成速食产品，用以满足人们的需要，但这也极容易违背时间规律，带来食品、健康等安全风险。

大自然规律告诫人们，保护资源，还要减少污染与碳排放。减少污染也就是保护环境。传统“黑色”工业破坏自然平衡，因为这些工业企业所使用的能源大多为化石能源，排放出大量的二氧化碳和有害气体、废物等。全球气候变暖主要是二氧化碳过多导致的，并最终导致气温上升，冰雪融化加速。因此，降低碳排放，实现低碳、无碳排放，维护好生态平衡至关重要。“环境问题通常是指人类向环境索取资源的速度超过了自然资源再生的速度，

---

① 唐代兴：《公正伦理与制度道德》，人民出版社2003年版，第188页。
② 王玲玲、冯皓：《发展伦理探究》，人民出版社2010年版，第254页。

以及向环境排放废弃物的数量超过了环境自我净化、自我修复的能力。”①使用清洁能源，实现生产方式的低碳、无碳化转型，成为绿色发展的重中之重。

使用新能源，减少化石能源的使用是降低碳排放、实现绿色发展的主要路径。传统工业以物质的原子结构为基础，进行化合分解，从而产生出能源。这种拆分方式的能源结构虽然见效快，但存在潜在风险，其排放出来的有害气体或有害废物不能被自然界有效化解或吸收，这样不仅会改变生物多样性，土壤营养结构单一，还会带来其他生物链条的破坏。生物学规律告诉人们，动植物的基因符号都是基于天地之间物种信息均衡的结果，任何人为破坏必然会遭到自然界的报复。当前人们普遍使用化石能源的现象并没有得到根本性扭转，而二氧化碳排放并没有到达峰值时，或者在新能源没有成为主导时，“必须坚持节约优先、保护优先、自然恢复为主的基本方针”②，“只有优先发展自然，恢复自然的机能，平衡生态系统，丰富自然资源，人类发展才有赖以生存的物质基础，才有滋养下一代的环境。”③ 当前我国大力实施节能环保产业、清洁能源产业，鼓励清洁生产，从根本上为实现绿色发展奠定基础，创造了条件。

减少碳排放，实现绿色发展，还应重视生产中的节约节能，简单地说，就是尽量减少能源消耗量，缩短产业链条中生产到消费的距离。利用互联网、物联网等信息技术，优化生产过程，减少资源损耗，做到统筹兼顾。当生产与消费集中在一起，这有利于减少污染，节约能源。而传统工业生产与消费是分开的，生产集中在城市，消费是分散的，这导致生产与消费之间距离耗费大量的能源。当然，减少能源消耗需要大力开发绿色技术，在绿色技

① 王玲玲、冯皓：《发展伦理探究》，人民出版社 2010 年版，第 242 页。

② 中共中央文献研究室编：《习近平关于社会主义生态文明建设论述摘编》，中央文献出版社 2017 年版，第 9 页。

③ 中共中央文献研究室编：《习近平关于社会主义生态文明建设论述摘编》，中央文献出版社 2017 年版，第 267 页。

术的支持下，才能够建立起生产与消费之间的能源消耗新模式。开发绿色新技术和提高生产工艺，降低太阳能、风能等开发成本，将太阳能、风能等无碳资源转换成二次能源或终端能源，还需要政府财政大力支持。

二、秉持绿色消费理念，践行勤俭节约的低碳生活

人类与自然进行物质能量交换存在的第二大矛盾是人类对物质财富无节制非理性的消费方式和自然资源保存量的有限性之间的矛盾。资本主义工业文明带来了物质财富的巨大进步，但也容易导致人们对奢靡消费的崇尚。人们对消费的无限制追求与自然资源有限性约束形成了尖锐对立和冲突。当前，人们不理性的消费方式是导致环境问题产生的另一个重要原因。

消费的本来意义在于为人类提供一种更舒服、更幸福的生活。然而，消费在当前被赋予了各种“符号”和身份意义。消费对象和目的都被异化，消费不是为了满足人们日常生活的需要，而是成为炫耀的标志。也就是说，人们消费的不再是商品的使用价值，而是符号价值。一些资源被大量挖掘出来，结果是被短期使用后就被废弃，或者被使用一小部分就丢掉，仅仅是因为不时尚或款式过时，从而导致大量使用价值被无视。马克思曾指出，“古代国家灭亡的标志不是生产过剩，而是达到骇人听闻和荒诞无稽的程度的消费过度和疯狂的消费。”① 消费的无节制促使商品生产的扩张，同时也带来废弃物排放的大量增加。在工业生产过程中，人类不仅从自然界获得资源，还向自然界排泄废物。当人类废弃物超过一定限度时，超出了自然转换、净化、吸收人类废弃物的能力时，就会导致环境问题的产生。人类在排放废弃物中，应该考虑“自然环境的自我还原能力是有限的”，“自我净化、修复回原来的大致面貌，恢复应有的功能”② 也是有限的。从人类历史的发展过程来看，农业社会基本上没有引起大的环境问题，因为他们在改造自然过程

① 《马克思恩格斯全集》第46卷上，人民出版社1979年版，第225—226页。

② 王玲玲、冯皓：《发展伦理探究》，人民出版社2010年版，第240页。

中，所产生大量的废弃物，基本上都能在自然范围内被吸收、净化干净。只有到了工业社会，特别是近百年来，各种废弃塑料、化工原料等不降解物质的出现，超出了自然界的分解能力，从而导致大量无法分解的污染物滞留在地面，影响环境乃至人类健康。当人类大量排放污染废弃物的时候，自然自我净化能力却是有限的，它只能净化一定程度一定数量的污染物，如果超过其本身的限度与范围，就会对人类自身造成影响。“把排污量控制在自然界自净能力之内，促进污染物排放与自然生态系统自净能力相协调。”“促进自然资源开发利用与自然再生产能力相协调，以保证在较长时期内物种灭绝不超过物种进化，土壤侵蚀不超过土壤形成，森林破坏不超过森林再造，捕鱼量不超过渔场再生能力等，使人类与自然能够和谐相处，为人类的持续发展留下充足空间。”① 工业革命以来，人类向自然界肆意排放垃圾，污染的排放已经远远超过了大自然自身转换、净化、吸收的能力，环境问题变得日益严重。因此，减少大消费带来的大排放，保护自然自身的转换、净化、吸收能力，成为绿色发展的重要任务。减少排放，必须从人们自身消费理念与生活方式开始，树立健康消费理念，反对“符号”消费。摒弃大消费、奢侈性消费理念，倡导适度消费，合理消费习惯。树立节约为荣，浪费为耻的道德观，将人与自然关系和谐共生视为内在要求，自觉倡导简约适度、绿色低碳的生活。“只有当人类能够自觉控制自己的生态道德行为，并理智而友善地对待自然界时，人类与自然的关系才会走向和谐，从而实现生态伦理的真正价值”。②

概而言之，遵循自然规律，根据生物的不同功能进行生产，从而恢复和改善自然造血功能，依赖自然本身的净化能力，净化环境，降低污染，走可持续发展道路，成为人与自然和谐共生的生活基础。

---

① 王玲玲、冯皓：《发展伦理探究》，人民出版社 2010 年版，第 254 页。
② 王玲玲、冯皓：《发展伦理探究》，人民出版社 2010 年版，第 254—255 页。

三、发挥政府和市场两种手段，做好生态利益的公平分配

人类与自然进行物质能量交换存在的第三大矛盾是人与人在生态权益分配方面的不公平。马克思、恩格斯认为，人与自然总是以社会的形式发生关系的，一切对自然的加工都是在一定社会形式中并借这种社会形式来实现的。在资本主义社会，社会性生产活动主要受到资本逻辑的影响，人们在资本逻辑支配下干预和改造自然生态，以达到增进少数人财富的目的，而占人口大多数的无产阶级并没有享受到相应的社会发展进步成果，反而生活更加贫穷，遭受环境恶化带来的危害。这种不公平不平等的情况必然影响到广大劳动人民的身体健康，受到广大劳动者的抵制或反抗。例如，在资本家那里，资本家关心生产农药化肥的利润，而不关心它们对生态系统造成什么样的破坏；关心生产塑料产品能带来多少财富，却不关心塑料制品如何才能被自然分解吸收。恩格斯曾经指出，“西班牙的种植场主曾在古巴焚烧山坡上的森林，以为木灰作为肥料足够最能赢利的咖啡树利用一个世代之久，至于后来热带的倾盆大雨竟冲毁毫无保护的沃土而只留下赤裸裸的岩石，这同他们又有什么相干呢?”① 在资本主义生产组织方式下，人与自然之间的关系都被资本所支配，自然界成了资本家盘剥和掠夺的对象，而劳动人民成为资本家获得财富的工具。因此，要解决人与自然的关系，必须要先解决人与人在生态权益分配方面的公平公正，在限制资本对自然利益掠夺的同时，也要重视生态权益在不同群体、不同地区之间的合理分配。

当然，生态利益不同于经济利益，它具有公共性、系统有机性等特点，这些特点要求发挥政府的公共职能，如政府应采取降低税收、财政补贴等手段给予人们消费绿色产品一定的支持或帮助；政府应为有机农业生产提供一定的资金支持，鼓励企业进行绿色技术改造和工艺创新；政府应为人们提供

---

①《马克思恩格斯文集》第9卷，人民出版社2009年版，第562页。

一定的公共服务，满足不同群体的绿色出行需求；政府应当给予生态贡献者一定的补偿，维护公平正义等。如此，才能够避免“公有地悲剧”的发生。

自然系统是一个开放的系统，无论是植物、动物还是人类都必须在这个开放的系统中生产和发展，都在这个系统中相互关联，相互制约，这是共生的关键之处。但由于主体的多元化和人们利用资源的趋利性，导致人们的“搭便车行为”和“公地悲剧”现象产生，针对这种负面影响，必须通过制度建构予以有效消除，从而保证人与自然的关系和谐稳定。从解决外部性的经济学视角来看，可以通过进一步明确所有产权，进一步加强各行为主体承担生态维护和生态治理的责任，加强代管者政府的职责来实现，并辅之以奖励或惩罚等措施。当然，对于可以开发性自然资源和可再生资源引入市场机制，形成价格和成本补偿等，这样也可以降低“外部性”行为发生。①

第三节　人和自然和谐共生的实践制度

生态保护、绿色发展、生态共享是人和自然和谐共生的实践制度。在推进人与自然和谐共生的过程中，必须重新定义人与自然的关系，树立顺应自然，尊重自然的理念，适度进行开发利用自然资源。但是，对自然资源的开发利用不能离开一定的组织方式，不能离开一定的经济、政治、文化和社会制度安排。由于生态利益不同于经济利益，生态利益具有公共性，非物质性等特点，它表现出不同于物质生产所需要的经济、政治、文化、社会制度方式，而具有新的特点和要求。因此，还必须考虑人们对生态福祉的共建共享。

首先，要确定一个合理的发展速度，实现绿色发展。人类生存发展离不开自然界为人们提供的生产资料和生活资料。然而，自然界提供的资源不是

---

① 钟茂初：《“人与自然和谐共生”的学理内涵与发展准则》，《学习与实践》2018 年第 3 期。

由人类任意决定的，资本逻辑下人们不断提高生产技术，提高生产效率，导致产品不断积累，超过人们的消费能力和自然承载力。“自 20 世纪 80 年代以来，人类活动已经超出了生物圈的生产能力。”“自然资源的再生能力无法满足人类前进进程中能量的需要，其速度与人类的强烈欲望无法同步。”①合理确定发展速度，控制人们对自然的过度掠夺，成为制度必须解决好的问题。否则，一味地追求高速度必将大量消耗资源能源，最终会影响人类可持续性发展。

确定发展目标与发展速度的合理性，必须处理好资本的关系。绿色发展不能离开资本，但资本并不能横行霸道、为所欲为。限制私人资本唯利是图的本性，这需要对资本进入的范围进行有效限制。不符合生态规律的资本投资都应立法加以禁止，对因地制宜适度开发当地资源的资本可以适当扩大。为此，政策应引领、监督、支持资本向保护生态、实现可持续方向发展，如出台能效标准引领新能源的利用，监督资本不能偏离生态利益，支持传统产业升级改造等。

其次，要用全面的、联系的观点做好顶层设计，做好生态保护。人类在利用自然资源过程中遵循自然规律，维护自然的循环与可持续发展，即不能超越自然系统的再生能力，否则生态弱化，难以为继；不能超越自然生态系统的自净能力，否则功能下降，导致自然灾害的加剧发生；按照自然系统的整体性、有机性、循环性等特点进行保护、开发利用自然。这些特征要求在体制机制设置方面，应符合自然系统性要求，在空气治理方面，考虑空气流动的特征，实施区域协调、联动发展战略。在水流治理方面，考虑水的流动性与从高往低流的特征，制定“河长制”“湖长制”等治理模式与省市之间合理高效的协商合作机制，不搞大开发，共抓大保护，跨过不同地方政府部门的行政级别，按照生态规律保护水域生态，克服了“九龙治水”困境。在治理效果上来看，着眼于整个自然界的影响考虑，而不是局部利益的考量。

① 王玲玲、冯皓：《发展伦理探究》，人民出版社 2010 年版，第 240 页。

当前，人们仍然存在为了获得利润，往往重视农药、化肥等的短期效果，而忽视了它对整个生物链的影响，忽视了生态的长期性特点等等现象。

在消费领域来看，应根据资源的可循环与不可再生等类型制定制度引导人们理性消费，尽量消费可循环、能替代的产品，减少或禁止不可再生资源的消耗或消费。在“人类经济活动可消耗资源可损耗环境的额度”与“维护自然生态系统资源再生能力和环境自净化能力”之间，尽量在遵循可再生资源利用速度不超过资源再生速度，不可再生资源利用速度不超过替代资源替代能力，污染排放量不超过生态系统自净化能力。由此，形成自然资源可消耗额度、污染物以及废弃物排放额度，从而规划指标，提高约束。①

再次，做好生态文明育化功能，为生态文明建设培养具有生态素质的公民。绿色生活方式的养成需要文化的熏陶。儒家思想中就有“天人合一”、离地三尺有神灵之说，道教中有“万物根源于道”“道法自然”等思想，佛教对自然也表现高度的关注，一切皆有佛性，每个自然事物当中都包含着佛性，这都是较好的教材。这些尊重自然，重视事物之间的整体性、有机性联系的传统优秀文化，为人与自然和谐相处提供了有益的思想资源，已经深入渗透到中国人的生产方式、生活方式、治理模式之中。我们应积极提倡这种文化，引领人们的日常行为习惯，培养好具有生态素质的公民，更好地建设生态文明。

中国文化中包含的尊重自然、尊重生命的思想，走向天人和谐避免二元对立思维，是超越局部的大空间、系统整体的思想。这种重整体的思维方式为世界的生态文明提供了智慧。“强调既要尊重自然的客体价值，又要保护人类的主体价值，实现二者的辩证统一……一改过去单纯追求当下利益的传统发展模式，转向注重发展质量和后代人幸福的可持续的科学发展模式，以促进社会与自然共同的和谐发展。”②“天下太平、大同世界”是中国人的理

① 钟茂初：《“人与自然和谐共生”的学理内涵与发展准则》，《学习与实践》2018年第3期。

② 王玲玲、冯皓：《发展伦理探究》，人民出版社2010年版，第266页。

想追求，以天下之忧而忧的天下情怀，仍是今天生态文明的大空间思维；以天下为己任的责任感，系统性的思维，仍是全球命运共同体思想的渊源。

最后，让每个人都能获得公平的生态利益，做到生态资源共享。人与自然的矛盾归根结底还是人与人之间的矛盾。人与自然和谐共生，还应体现为"人与人之间的生态利益"的公平分配以及责任的公平分担上，因为人类经济活动形成的群体间的经济差距和不公平，往往会转化为生态环境利益分享的不公平、承受生态环境影响的不公平以及承担维护治理生态环境责任的不公平。[①] 如何让每个人都能享受到生态环境带来的好处，获得公平的生态利益？习近平提出"生态扶贫"的理念，他强调，"良好生态环境是最普惠的民生福祉，坚持生态惠民、生态利民，生态为民。"[②] 为了让贫困者能获得相应的生态利益，政府秉承"既要金山银山、更要绿水青山"的发展理念，坚持"在发展中保护，在保护中发展"，把生态优势转化为经济优势，把扶贫开发和生态环境保护有机结合，实现二者的良性循环。

总之，要实现人与自然和谐共生，必须要尊重自然、顺应自然、保护自然。只有建立起自然界中的生物与环境、人与环境之间的相互适应与相互协调的良性循环关系，才能不断满足人民群众对清新空气、清澈水质、清洁环境等生态产品的需求，真正满足人民对优质产品、优美环境的需要。

---

① 钟茂初、闫文娟：《环境公平问题既有研究述评及研究框架思考》，《中国人口环境与资源》2012 年第 6 期。

② 《开创美丽中国建设新局面——习近平总书记在全国生态环境保护大会上的重要讲话引起热烈反响》，《人民日报》第 1 版，2018-05-21。

第二十章　人与自然和谐共生实践的制度建设

制度建设是生态文明建设中的短板。习近平总书记指出，保护生态环境必须依靠制度、依靠法治。只有实行最严格的制度、最严密的法治，才能为生态文明建设提供可靠保障。① 实现人与自然的和谐共生，关键在于通过建立严格的制度、严密的法治来加以落实。江西省把制度建设作为国家生态文明试验区建设的核心内容，深入开展生态文明体制改革综合试验，已完成中央部署的38项改革制度，初步形成了“源头严防、过程严管、后果严责”的生态文明“四梁八柱”制度框架，为推进人与自然和谐共生实践提供制度保障。

第一节　建立健全“源头严防”制度体系

江西省强化源头治理，基本建立起资源管理与空间管控制度，编制完成了省域空间规划，全面划定了生态保护红线，开展水流、森林、山岭等自然要素统一确权登记试点，严格把好人与自然和谐共生的第一道关口。

---

① 中共中央文献研究室：《习近平关于社会主义生态文明建设论述摘编》，中央文献出版社2017年版，第99页。

一、构建国土空间开发保护体系

国土空间规划是国家空间发展的指南，是各类开发保护建设活动的基本依据。习近平总书记指出，“要按照人口资源环境相均衡、经济社会生态效益相统一的原则，整体谋划国土空间开发，统筹人口分布、经济布局、国土利用、生态环境保护，科学布局生产空间、生活空间、生态空间，给自然留下更多修复空间，给农业留下更多良田，给子孙后代留下天蓝、地绿、水净的美好家园”。[①] 国土空间规划属于主体功能区战略，即按照不同的空间主体划分不同的功能，按照不同的主体功能确立保护制度。因此，国土空间主体功能区划分是加强生态环境保护的有效途径，必须坚定不移加快实施。

一是落实主体功能区制度。江西省在32个重点生态功能区全面实行产业准入“负面清单”制度，出台《关于建立粮食生产功能区和重要农产品生产保护区的实施意见》和《江西省粮食生产功能区和重要农产品生产保护区划定工作方案》。二是建立资源环境承载监测预警机制。以江西省区市为单元编制“生态保护红线、环境质量底线、资源利用上线和环境准入负面清单”（“三线一单”），加快推进水利、矿产资源规划环评，赣江、信江、抚河等主要河流的流域综合规划。三是完成省级空间规划试点任务。江西省政府形成一套规划成果，在统一不同坐标系的空间规划数据前提下，有效解决各类规划之间的矛盾冲突问题，编制形成省级空间规划总图和空间规划文本；研究提出适用于全国的省级空间规划编制办法，以及空间规划用地、用海、用岛分类标准，综合管控措施等基本规范；提出一套改革建议，研究提出规划管理体制机制改革创新和相关法律法规立改废释的具体建议。江西省正式发布《江西省生态保护红线》，划定红线面积46876平方公里，占全省国土面积的28.06%；出台《关于加强耕地保护和改进占补平衡的实施意

① 中共中央文献研究室：《习近平关于社会主义生态文明建设论述摘编》，中央文献出版社2017年版，第44页。

见》，完成永久基本农田划定 3693.77 万亩；印发《江西省自然生态空间用途管制试点实施方案》，试点地区取得积极成效。

二、开展自然资源确权登记

开展自然资源确权登记是建立健全自然资源资产产权制度的核心内容。2018 年，江西省出台《江西省自然资源统一确权登记办法（试行）》，按照建立系统完整的生态文明制度体系的要求，在不动产登记的基础上，构建自然资源统一确权登记制度体系，逐步实现对水流、森林、山岭、草原、荒地、滩涂等所有自然生态空间统一进行确权登记，探索国家所有权和代表行使国家所有权登记的途径和方式。以登记单元为边界，明确自然资源的数量、质量、面积、公共管制等基本信息，在此基础上进一步查清单元内各类自然资源的所有权、用益物权等权属信息，将水流、森林、山岭、草原、荒地、滩涂等自然资源的基本信息、权属信息进行登记附图和建立数据库信息，最终以不动产信息平台为基础，达到不动产登记与自然资源登记的融合，实现相关部门资源信息互通互享。以国家公园、自然保护区范围线为依据，划定国家公园、自然保护区登记单元，以林业部门湿地斑块划定湿地登记单元，以水域、岸线边界划定水流登记单元。按照生态功能完整性和集中连片等原则，划分其他自然资源登记单元。结合登记单元内自然资源的所有权、使用权等权属边界对初步划定的自然资源登记单元边界进行修正，将登记单元内自然资源的坐落、空间范围、面积、数量、质量等基本信息登记入簿。将森林、林木所有权，耕地、林地、草地等土地承包经营权等信息登记入库，进行自然资源用益物权登记。按照物权法定原则，结合相关改革成果，明确自然资源统一确权登记的权利内容，推动健全自然资源资产权利体系、明晰自然资源资产产权主体和行使代表。在自然资源确权登记过程中，探索了自然资源确权登记相关技术规程、标准和工作方法方面试点工作，制定了江西省自然资源统一确权登记试点实施方案、确权登记工作领导小组工作规则、确权登记工作领导小组办公室工作规则、确权登记试点实施方案报批审查工作流程、统一确权登记试点工作经费测算方法，形成了自然资源调查技术指引和自然资源统一确权资源类型归类细则（试行），试点地区形成了数据成果、文字成果、报表成果。

三、划定“三条红线”

一是划定生态保护红线。2017 年出台《江西省关于划定并严守生态保护红线的若干意见》，高标准制定实施意见，实现一条红线管控重要生态空间，确保生态功能不降低、面积不减少、性质不改变，全方位保护生态环境，生态产品供给能力和生态系统服务功能有效提高，生态安全格局更加巩固。江西划定保护范围 5.52 万平方公里，占全省国土面积的 33.1%，成为全国第三个正式发布生态保护红线的省份。二是划定水资源红线，制定“十四五”水资源消耗总量和强度双控行动工作方案，下达全省水资源管理红线控制指标。三是划定土地资源红线，全面划定城市周边永久基本农田 3693 万亩，出台开发区节约集约利用土地考核办法。

第二节　建立健全“过程严管”制度体系

江西完善生态保护与环境监管制度，全面推进五级河长、林长制，打造生态补偿“扩大版”；全面推进环境监管体制改革，健全生态环保行政执法和刑事司法衔接机制。

一、全面推行河长制、林长制

一是打造河长制“升级版”。江西省政府出台《江西省全面推行河长制工作方案（修订）》，在全国率先建立了党政同责、区域和流域相结合，覆盖全省所有河流，实现省、市、县、乡、村全覆盖的五级河长制组织体系。

江西省通过“党政齐抓、上下共管”破除体制顽疾，推动上下游、左右岸“共治”已初显成效，社区城市集中式生活饮用水水源地质达标率为100%。江西省坚持问题导向开展以“清洁河流水质、清除河道违建、清理违法行为”为重点的“清河行动”和流域生态综合治理，河湖保护理念日益深入人心，群众环境保护意识和责任意识明显增强，实现了从“见河长”“见行动”到“见成效”的转变，河湖管护取得积极成效。中央深改组专题介绍江西省河长制改革经验，《焦点访谈》先后两次报道江西省河长制工作。2020年，江西省政府印发《江西省流域综合管理暂行办法》，明确将赣江、抚河、信江、饶河、修河的干流、支流和鄱阳湖，以及长江、东江等在江西境内的集水区域纳入流域综合管理，实行流域统一管理与区域分级管理、统筹协调和各部门分工负责相结合的流域综合体制，为开展河湖保护管理提供了法制保障。

二是全面推行林长制。江西省出台《关于全面推行林长制的意见》，建立覆盖省、市、县、乡、村五级以林长负责制为基础的林长制管理体系。自林长制实施以来，江西省各市、县（市、区）按照“党政同责、分级负责”原则，明确了林长和责任区域。江西省共设立省级林长10人、市级林长93人、县级林长1727人、乡级林长6402人、村级林长21790人。① 通过实施林长制，江西实现森林资源“三保、三增、三防”，即：保森林覆盖率稳定、保林地面积稳定、保林区秩序稳定；增森林蓄积量、增森林面积、增林业效益；防控森林火灾、防治林业有害生物、防范破坏森林资源行为。在此基础上，江西推深做实林长制，出台《江西省林长制巡林工作制度》，建立健全“一长两员”森林资源源头管理体系，实现森林资源源头网格化管理全覆盖。江西稳步推进以国家公园为主体的自然保护地体系建设，出台《关于建立以国家公园为主体的自然保护地体系的实施意见》，着力构建统一、规范、高

---

① 《江西林长制成为国家生态文明实验区建设的亮点》，《江西日报》第1版，2019-03-21。

效兼具江西省特色的自然保护地体系。江西省实施森林质量提升工程，在崇义等20个县（市、林场）启动了省级森林经营样板基地建设，出台《关于在重点区域开展森林美化彩化珍贵化建设的意见》，推进江西省由“绿起来”向“美起来”转变。江西省在全国率先出台《天然林保护修复制度实施方案》，建立了全面保护、系统恢复、用途管控、权责明确的天然林保护修复制度体系。

二、构建全流域的生态补偿机制

江西省按照责任共担、区别对待、水质优先、多方兼顾的原则，探索跨省上下游横向生态补偿、省内区域性上下游生态补偿、鄱阳湖国际重要湿地生态补偿等试点，在全省范围推进流域补偿，实现了“保护者受益、受益者补偿”，生态补偿取得阶段性成果。一是覆盖范围广。江西省在全省100个县市区全面实施流域生态补偿，鄱阳湖和赣江、抚河、信江、饶河、修河等五大河流以及长江九江段和东江流域等全部纳入补偿范围。二是投入补偿力度大。江西通过采取整合国家重点生态功能区转移支付资金和省级专项资金，省级财政新设全省流域生态补偿专项预算资金，地方政府共同出资，社会、市场筹措等方式，筹集流域生态补偿资金。2016年，江西省首期筹集生态补偿资金超过20亿元，之后生态补偿资金逐年增加，近5年累计发放134.95亿元。① 三是建立的制度全面。江西省不断地建立健全流域生态补偿机制，2019年以来，推动全省60%以上相关上下游县（市、区）之间签订了横向生态保护补偿协议，建立起流域上下游横向生态保护补偿机制。与此同时，江西还出台《关于健全生态保护补偿机制的实施意见》，将生态补偿领域从水流域补偿扩大到在森林、湿地、水流、耕地四个重点领域。

---

① http：//k. sina. com. cn/article_ 1664462585_ 6335aef9020010oza. html.

三、健全生态保护与修复制度

江西省出台《江西省长江经济带“共抓大保护”攻坚行动工作方案》，围绕水资源保护、水污染治理、生态修复与保护、城乡环境综合治理、岸线资源保护利用、绿色产业发展等六大领域，开展十大攻坚行动；出台《鄱阳湖生态环境综合整治三年行动计划（2018—2020年）》，重点推进工业污染防治、水污染治理、饮用水水源地保护、城乡环境综合整治、农业面源污染治理、岸线综合整治、生态保护和修复7个方面主要工作；出台《江西省关于推进生态鄱阳湖流域建设行动计划的实施意见》，推进空间规划引领行动、绿色产业发展行动、国家节水行动、入河排污防控行动、最美岸线建设行动、河湖水域保护行动等10项行动；研究制定《江西省山水林田湖草生命共同体建设行动计划（2018—2020）》，努力打造成全国山水林田湖草综合治理样板区。江西省积极推动赣州、南昌、吉安（千烟洲）山水林田湖草生命共同体示范区建设，积极探索城市滨湖地区综合治理新路径、小流域综合治理新模式，形成废弃稀土矿山治理“三同治”模式、崩岗水土流失治理“赣南模式”等一批山水林田湖草综合治理模式。

四、构建生态监管体系

江西省强化生态监管，建立健全从综合执法到环保机构监测监察执法垂直管理的相关制度，形成了强有力的监管体系。

一是实施综合执法改革。江西省在全国率先出台《深化全省生态环境保护综合行政执法改革的实施意见》，从农业、林业、水利、环保、国土、公安、法院、检察院等部门抽调执法队员成立生态综合执法大队，实行“集中办公、统一指挥、统一管理、综合执法”，探索建立跨部门生态环境保护综合执法协调机制。二是建立督察体系。江西省在全国率先出台《江西省生态环境保护督察工作实施办法》，设立省生态环境保护督察办公室及五个区域环境监察专员办公室，实施省级生态环境保护督察制度。同时，建立举报奖励制度，构建全民参与的生态环境保护监管体系。三是强化环保机构监测监察执法垂直管理。江西省在全国率先出台《江西省环保机构监测监察执法垂直管理制度改革实施方案》，建立健全条块结合、各司其职、权责明确、保障有力、权威高效、具有江西省特色的环境保护管理体制。江西省在全国率先探索推进在赣江流域按流域设置环境监管和行政执法机构试点工作，探索建立统一的赣江流域生态环境保护机制体制，确定赣江流域生态环境保护方针政策、重大规划计划、统筹协调处理重大水生态环境保护问题指导、推动、督促有关重大政策措施的落实。江西省垂改工作位居全国第七，列非试点省份第一，并在全国率先作出11个设区市纪委向市环保局单派纪检组的做法，获得生态环境部充分肯定，垂改举措为其他地区提供借鉴。

五、建立生态司法保护机制

习近平总书记指出，只有实行最严格的制度、最严明的法治，才能为生态文明建设提供可靠保障。① 在加强生态文明建设过程中，江西省初步构建起立体化、联动式生态环境资源保护立法、司法和执法体制机制。一是立法部门发挥重要引领作用。江西省加强环境资源地方立法，出台大气污染防治等10余部条例，率先由省级人民代表大会审议生态环境报告，创全国先例。江西省人大常委会审议“河长制”报告、生态环境资源审判报告、生态检察报告，连续25年开展环保赣江行活动。二是公安部门发挥重要保障作用。江西省公安机关率先在全国成立长江大保护办公室、率先创立大湖治理的鄱阳湖联谊联防工作机制、率先开展部门驻点联合巡逻执法，先后开展了打击食品药品环境犯罪、打击涉危险废物污染环境违法犯罪、打击长江流域非法采砂违法犯罪等专项行动，有力地促进了江西生态文明建设。三是法院审判

① 中共中央文献研究室：《习近平关于社会主义生态文明建设论述摘编》，中央文献出版社2017年版，第106页。

发挥重要惩治作用。江西省出台《关于为我省深入推进国家生态文明试验区建设提供司法服务和保障的指导意见》，为全省法院把生态文明建设新理念、新思想、新战略落实到司法实践，服务保障江西国家生态文明试验区建设，打造生态环境司法“升级版”提供遵循。江西省积极推进环境资源民事、行政、刑事案件归口审理模式，建成地域管辖与流域（区域）管辖相结合的环境资源审判体系。江西省境内鄱阳湖、长江干流江西段、五大河流（修河、赣江、抚河、饶河、信江）等七个流域环境资源法庭全部建成，实行涉流域生态保护案件跨行政区划集中管辖，一批案件指定到流域法庭管辖，初步形成“五河两岸一湖一江”全流域生态环境司法保护格局。四是检察机关发挥公益诉讼作用。江西省出台《关于深入推进生态检察工作的指导意见》，加大力度查办生态环境资源领域职务犯罪，强化对生态环境资源民事行政案件的法律监督，在林业、环保、水利等部门派驻检察室。同时，部署开展“守护鄱阳湖”检察公益诉讼专项监督活动，重点围绕鄱阳湖和“五河一江”流域水环境、岸线资源、矿产资源等领域开展监督，取得了良好的效果。

第三节　建立健全“后果严责”制度体系

江西省建立健全考核评价与责任追究制度，出台了生态文明建设目标评价考核办法，在全国率先开展绿色发展评价和生态文明建设目标考核，全面实施自然资源资产离任审计制度，出台实施党政领导干部生态环境损害责任追究实施细则，落实“后果严责”的理念，树立制度的威信。

一、完善生态文明建设评价考核制度

江西省完善考核评价机制，出台《江西省生态文明建设目标评价考核办法（试行）》和《江西省绿色发展指标体系》，在资源利用、生态环境保护、年度评价结果、公众满意度、生态文明制度改革创新情况等方面，对 11

个设区市和100个县（市、区）党委和政府生态文明建设目标进行差别化分类考核，根据主体功能区规划和发展类型不同，对县（市、区）设置不同的权重，重点生态功能区不考核GDP。这一评价考核实行“党政同责”，市、县（市、区）党委和政府领导成员生态文明建设“一岗双责”。考核结果作为地方党政领导班子和领导干部综合考核评价、干部奖惩任免的重要依据。这套不唯GDP、不以数字论英雄的绿色考核体系，成为江西省委、省政府在新时代引领全省上下开展生态文明试验区建设的指挥棒。这是对单纯以经济增长速度评定政绩偏向的进一步纠正，体现的不只是观念的转变，更是执政理念的转变。

二、开展领导干部自然资源资产离任审计

习近平总书记指出，要落实领导干部任期生态文明建设责任制，实行自然资源资产离任审计，认真贯彻依法依规、客观公正、科学认定、权责一致、终身追究的原则。① 对此，2017年，江西省就出台了《关于开展领导干部自然资源资产离任审计的实施意见》，制定《江西省2018年度领导干部自然资源资产离任审计工作方案》等相关文件，按照“统一组织领导、统一审计工作方案、统一标准口径、统一审计报告和统一处理原则”的模式，坚持以领导干部自然资源资产离任审计为主、离任审计与任中审计相结合，离任审计与经济责任审计及其他专项审计相结合，地方党政主要领导干部审计和部门主要领导干部审计相结合，党政同责同审等多种方式，多渠道探索审计组织方式、方法，完成萍乡市、资溪县、遂川县领导干部自然资源资产离任审计试点，有效地促进生态文明建设。一是通过审计（试点）和落实审计整改，形成了审计震慑力，扩大了社会影响，警醒了领导干部依法依规履行自然资源资产管理和生态环境保护责任意识，有效推动了当地生态文明建设和

① 中共中央文献研究室：《习近平关于社会主义生态文明建设论述摘编》，中央文献出版社2017年版，第110—111页。

环境保护工作。二是基本摸清了被审计领导干部任职期间所在地区重点自然资源资产实物量和生态环境质量状况变化情况，客观评价了领导干部履职情况，促进了领导干部守法、守纪、守规、尽责，推动当地防范和消除生态环境风险隐患，切实维护了人民群众利益。实践证明，生态环境保护能否落到实处，关键在领导干部。[①] 2019 年，在全国尚未建立指标体系的情况下，江西省审计厅率先出台《江西省领导干部自然资源资产离任审计评价指标体系（试行）》，该指标评价体系突出江西山水林田湖草俱全的地域特色，评价对象涉及了市（厅）、县（区）、乡镇三级党政主要领导，具有非常好的指导作用。开展领导干部自然资源资产离任审计，有效地推动了领导干部切实履行自然资源资产管理和生态环境保护责任，促进了江西省自然资源资产节约集约利用和生态环境安全，助力了美丽中国“江西样板”的打造。

三、建立生态环境损害责任终身追究制度

习近平总书记指出，对造成生态环境损害负有责任的领导干部，不论是否已调离、提拔或者退休，都必须严肃追责。……一旦发现需要追责的情形，必须追责到底，决不能让制度规定成为没有牙齿的老虎。[②] 江西省出台《江西省党政领导干部生态环境损害责任追究实施细则（试行）》，正式建立自然资源损害责任追究制度，明确各级党委政府及有关部门生态环境保护工作职责，确定各类生态环境损害的分类调查权限，实现精准追责。该规定明确将坚持党政同责、一岗双责、联动追责、主体追责、终身追究的原则。一是明确关键规定。规定启动生态环境和资源损害责任追究的具体情形，将生态环境损害分为特别重大生态环境损害（Ⅰ级）、重大生态环境损害（Ⅱ级）、较大生态环境损害（Ⅲ级）和一般生态环境损害（Ⅳ级）四级；制定

① 中共中央文献研究室：《习近平关于社会主义生态文明建设论述摘编》，中央文献出版社 2017 年版，第 110 页。

② 中共中央文献研究室：《习近平关于社会主义生态文明建设论述摘编》，中央文献出版社 2017 年版，第 111 页。

责任追究的不同形式，将资源消耗、生态环境和资源保护、生态效益等情况作为考核评价的重要内容。二是落实主体责任。各级党委和政府及有关承担生态环境保护职责的部门，要认真履行生态环境保护职责。明确省、市、县三级政府、纪检监察机关或者组织人事部门损害调查职责，党委组织部门会同负有生态环境和资源保护监管职责的工作部门、纪检监察机关负责责任追究。

党的十八大以来，习近平总书记充分肯定江西省良好的生态环境，对江西省生态文明建设寄予厚望，从打造生态文明建设“江西样板”到打造美丽中国“江西样板”，嘱咐要把生态环境保护好，走出一条经济发展和生态文明水平提高相辅相成、相得益彰的路子。江西省委省政府按照习近平总书记的重要指示，积极探索人与自然和谐共生的江西路径，在推进国家生态文明试验区建设中争当“美丽中国”的领跑者，凝练人与自然和谐共生实践中可复制、可推广的“江西样板”。

第二十一章　“山水林田湖草生命共同体”的江西实践

党的十九大报告把“坚持人与自然和谐共生”作为新时代坚持和发展中国特色社会主义的基本方略之一，体现了中国共产党对人与自然关系认识的升华，彰显了对中华民族永续发展和人类未来的责任担当。人与自然和谐共生作为一种思想和方略，意在指导社会主义生态文明建设的伟大实践。绿色生态是江西省最大的财富、最大的优势、最大的品牌。作为首批国家生态文明试验区的江西省，牢记习近平总书记打造美丽中国“江西样板”的嘱托，将推动长江经济带发展与国家生态文明试验区建设有机结合，坚持共抓大保护、不搞大开发，做好治山理水、显山露水的文章，推动人与自然和谐共生方略在江西省的生动实践，逐步走出一条具有江西特色的生态与经济协调发展之路。这其中最重要的是推动“山水林田湖草生命共同体”的建设，这也是国家生态文明试验区建设赋予江西省的历史重任。

第一节　习近平总书记关于“山水林田湖草生命共同体”的重要论述

党的十八大以来，习近平总书记多次从生态文明建设的宏观视野阐释

“山水林田湖草生命共同体”的重要论述，这是对“山、水、林、田、湖、草”各自然要素内在逻辑关系的精准把脉，深刻阐述这些自然要素和谐共生于自然生态系统之中。“山水林田湖草生命共同体”理念是习近平生态文明思想的重要内容，经历了从“山水林田湖生命共同体”向“山水林田湖草生命共同体”演变的过程。

2013 年 11 月 9 日，习近平总书记在《关于〈中共中央关于全面深化改革若干重大问题的决定〉的说明》提出：我们要认识到山水林田湖是一个生命共同体。人的命脉在田，田的命脉在水，水的命脉在山，山的命脉在土，土的命脉在树。[①] 这是习近平总书记首次提出“山水林田湖生命共同体”理念，从“生命共同体”的战略高度阐释了“山、水、林、田、湖”自然生态系统的重要性。2014 年 3 月 14 日，习近平总书记在《在中央财经领导小组第五次会议上的讲话》中提出，坚持山水林田湖是一个生命共同体的系统思想。生态是统一的自然系统，是各种自然要素相互依存而实现循环的自然链条，水只是其中的一个要素，要统筹山水林田湖治水。要用系统论的思想方法看问题，生态系统是一个有机生命躯体，应该统筹治水和治山、治水和治林、治水和治田、治山和治林等。[②] 从这里可以看出，习近平总书记提出应该系统地治水，而不是就水来治水，体现生态治理的系统观。人类在从事经济生产活动时，要把周围的生态环境（尤其是水环境）视为一个有机生命躯体，视为其行动的天然基础和依托，而不能超越其承载能力与物理极限或造成其严重破坏。[③] 2017 年 7 月 19 日，中央全面深化改革领导小组第三十七次会议通过的《建立国家公园体制总体方案》将“草”纳入山水林田湖生命共同体之中，拓宽了“山水林田湖生命共同体”的内涵与外延。在此基

① 中共中央文献研究室：《习近平关于社会主义生态文明建设论述摘编》，中央文献出版社 2017 年版，第 47 页。

② 中共中央文献研究室：《习近平关于社会主义生态文明建设论述摘编》，中央文献出版社 2017 年版，第 54 页。

③ 郇庆治：《习近平生态文明思想中的传统文化元素》，《福建师范大学》（哲学社会科学版）2019 年第 6 期。

础上，党的十九大正式提出“山水林田湖草生命共同体”的科学论断。“坚持节约资源和保护环境的基本国策，像对待生命一样对待生态环境，统筹山水林田湖草系统治理，……为创造良好生产生活环境，为全球生态安全做出贡献。”① 2018 年 5 月 18 日至 19 日，习近平总书记在全国生态环境保护大会上再次强调，必须坚持“山水林田湖草是生命共同体”的原则，要统筹兼顾、整体施策、多措并举，全方位、全地域、全过程开展生态文明建设。②从“山水林田湖生命共同体”到“山水林田湖草生命共同体”的演变，彰显人类赖以生存的“山、水、林、田、湖、草”这些基本生态要素在整个自然生态系统中重要性，也揭示了“生命共同体”内在生态要素的和谐统一对人类生存与发展的重要意义。

习近平总书记关于“山水林田湖草生命共同体”的科学论断，形象地表述了作为一个自然生态系统而存在的“山水林田湖草共同体”，具有其独特的运行规律和“生命”价值。只有首先满足了“山水林田湖草共同体”这个自然生态系统的生态循环需要，才能维持这个自然生态系统的存在，也才能为人类生存与发展提供良好的生态环境。事实上，人本身也是“栖居”在“山水林田湖草共同体”自然生态系统之中，是这个自然生态系统中的存在物，依赖这个自然生态系统而生存。因此，人类有责任保护好这个自然生态系统。“山水林田湖草共同体”是孕育和延续人类“生命”的“家园”，既塑造了人类“生命”的基本形态，又形成了人类“共同体”基本格局。在这个自然系统中，人依靠自然而生存，人是自然的一部分，不存在谁为“中心”的问题，而是一种相互共生的关系。“人因自然而生，人与自然是一种共生关系。生态是统一的自然系统，是各种自然要素相互依存而实现循环的

---

① 习近平：《决胜全面建成小康社会 夺取新时代中国特色社会主义伟大胜利——在中国共产党第十九次全国代表大会上的报告》，人民出版社 2017 年版，第 3—24 页。

② 习近平：《决打好污染防治攻坚战 推动生态文明建设迈上新台阶》，《光明日报》第 1 版，2018-05-20。

自然链条。良好的生态环境是人类生存与健康的基础。”① 与此同时，习近平总书记使用“命脉”一词生动形象地说明“山、水、林、田、湖、草”这些自然要素之间是相互依靠、相互制约的关系，是唇齿相依的一体性关系，反映了各自然要素之间是和谐共生的。也正是因为“山水林田湖草生命共同体”各要素之间的普遍联系和相互影响，所以必须破解山水林田湖草治理过程中多头管理、九龙治水的现象，要运用系统论的思想方法管理自然资源。因此，我们必须统筹山水林田湖草的综合治理，统筹各自然生态要素，在开发利用“山、水、林、田、湖、草”中的任何一种自然生态要素时，都要考虑是否会对其他自然生态要素和整个生态系统造成影响和破坏，要加强对各自然生态要素和整个生态系统的保护。山水林田湖草是生命共同体，人与自然也是生命共同体。这两个“生命共同体”充分说明人类必须正确处理好人与自然的关系。人类需要自然，但自然不一定需要人类。“人类只有遵循自然规律才能有效防止在开发利用自然上走弯路，人类对大自然的伤害最终会伤及人类自身，这是无法抗拒的规律。”② 保护自然就是保护人类自身，建设生态文明也就是实现民生福祉。

第二节　山水林田湖草生命共同体建设的江西历程

江西的鄱阳湖流域是一个相对独立的自然生态系统，与省域范围基本重合，这种独特的自然禀赋和显著的地貌特征，具备统筹山水林田湖草系统治理的天然优势。改革开放以来，江西省委、省政府先后实施一系列重大战略和举措，积极做好治山理水、显山露水的文章，取得了显著成效。

① 中共中央文献研究室：《习近平关于社会主义生态文明建设论述摘编》，中央文献出版社 2017 年版，第 11 页。

② 习近平：《决胜全面建成小康社会 夺取新时代中国特色社会主义伟大胜利——在中国共产党第十九次全国代表大会上的报告》，人民出版社 2017 年版，第 50 页。

一、20世纪80年代至20世纪末探索阶段——山江湖工程

改革开放以后，党中央把环境保护确定为我国的基本国策，揭开了我国环境保护的新序幕。江西省敏锐地认识到生态建设的重要性，较早确立生态立省发展战略并进行了积极的探索。

江西省委省政府结合江西良好的生态环境，较早地提出“画好山水画，写好田园诗”的战略构想。1983年初，在国家计委、国家科委等部委的大力支持下，江西省启动“鄱阳湖综合考察与治理研究”项目，经过对鄱阳湖及赣江流域进行多学科综合考察后，提出把三面环山、一面临江、覆盖全省辖区面积97%的鄱阳湖流域视为整体，进行系统治理，实施“山江湖”工程。“山江湖”工程把“山水林田湖”作为一个大生态系统进行建设和保护，提出“治湖必须治江，治江必须治山，治山必须治穷”的治理理念。山是源、江是流、湖是库，山、江、湖互相联系，共同构成了相互依存的大流域生态系统。这一治理理念抓住了山、江、湖之间不可分割的内在联系，体现了“山江湖”工程开发治理的系统性和整体性。在此基础上，“山江湖”工程把治理山江湖和发展经济、脱贫致富有机结合起来，明确“治山治水必须治穷脱贫，经济发展与环境保护协调统一”的流域综合治理原则。“山江湖”工程也由单纯的山水治理系统工程上升为治山、治水、治穷相融合的生态经济系统工程。由此，“山江湖”工程成为振兴江西省生态经济的宏伟工程，拉开了全省生态建设大幕，为江西省迈向省级生态经济区奠定坚实基础。“山江湖”工程的成功实践赢得世界的赞誉。1992年6月，在巴西里约热内卢联合国环境与发展大会上，“山江湖”工程作为区域综合开发的典型，列为《中国21世纪议程》首选项目之一，并纳入可持续发展理论的轨道。1997年6月，国家科委和国家计委联合在江西省召开“山江湖”工程经验交流会，向全国推介“山江湖”工程的做法与经验。与会代表一致认为“山江湖”工程为全国特别是中国中西部地区发展生态经济、推进区域可持

续发展做出了示范。“山江湖”工程统筹经济发展与环境保护、统筹治山治水与治穷，开创了我国大湖流域实施“环境与发展”协调战略的先河，是全球生态恢复和扶贫攻坚的典范。

二、21 世纪初至十八大整体推进阶段——鄱阳湖生态经济区建设

进入 21 世纪，随着工业化、城镇化的快速发展，党中央提出可持续发展战略，确立科学发展观指导思想，建设“资源节约型、环境友好型社会”。江西省委省政府深入贯彻落实科学发展观，进一步明确生态立省、绿色发展的理念，大力推进鄱阳湖生态经济区建设，把保护生态环境摆在更加突出的位置。

2001 年，江西省委、省政府提出“生态经济战略是江西 21 世纪发展的必然抉择”，其基本构想是建立在“山江湖”工程治理的基础之上。2003 年，在工业化、城镇化进程不断加速的新形势下，江西省对引进项目不失时机地强调“既要金山银山，更要绿水青山”。2005 年 12 月，江西省委十一届十次全会提出大力推进“五化三江西”① 的建设，首次明确“绿色生态江西”是江西省今后发展的重要目标之一。2006 年 12 月，江西省第十二次党代会确立“生态立省、绿色发展”战略，提出建设一个“充满活力、富裕文明、山清水秀、和谐平安”的江西省发展目标。2007 年 4 月，时任国务院总理温家宝视察江西，嘱托江西省“一定要保护好鄱阳湖的生态环境，使鄱阳湖永远成为一湖清水”。江西省委、省政府积极落实中央领导指示精神，2008 年提出建设鄱阳湖生态经济区的重大战略决策。2009 年 12 月，国务院正式批复《鄱阳湖生态经济区规划》，标志着建设鄱阳湖生态经济区正式上升为国家战略，这也是江西省首个入为国家战略的区域性发展规划。围绕永

---

① “五化”：农业农村现代化、新型工业化、新型城镇化、经济国际化和市场化；“三个江西”：创新创业江西、绿色生态江西、和谐平安江西。

葆鄱阳湖“一湖清水”的生态目标，江西省大力实施“五河一湖”生态环境综合治理、造林绿化、城镇污水处理、生态园区建设、农村垃圾无害化处理等重大生态建设和环境保护工程，鄱阳湖生态经济区生态环境持续优化，江西省的森林覆盖率由60.05%提高到63.1%，绿色发展之路越走越宽。

三、党的十八大以来全面提升发展阶段——山水林田湖草生命共同体建设

党的十八大以来，以习近平同志为核心的党中央高度重视生态文明建设，把生态文明建设提升到“五位一体”总体布局的战略高度，生态文明建设成为治国理政的重要内容。

江西省委省政府坚持以习近平生态文明思想为根本遵循，坚定不移走生态优先、绿色发展之路，争做生态文明建设的排头兵。2013年7月，江西省十三届七次全会确立全省发展的“十六字”① 战略方针，提出建设富裕美丽幸福江西的奋斗目标，“绿色崛起”成为江西省发展战略的核心内容。2014年11月，国家六部委批复《江西省生态文明先行示范区建设实施方案》，江西省成为首批全境列入生态文明先行示范区建设的省份之一，江西生态文明先行示范区建设上升为国家战略，开启江西生态文明建设新征程。2015年1月，江西省十二届人大四次会议通过《关于大力推进生态文明先行示范区建设的决议》，这是江西省首次以代表大会决议案的方式推动国家战略的实施。2016年8月，中央出台《关于设立统一规范的国家生态文明试验区的意见》，江西省获批开展生态文明体制改革综合试验。《国家生态文明试验区（江西）实施方案》将打造山水林田湖草综合治理样板区作为江西省建设国家生态文明试验区的战略定位之一，赋予江西省为全国统筹山水林田湖草系统治理发挥示范作用的新使命。江西省坚持把“五河一湖一江”作为一个整体，强化山水林田湖草生命共同体理念，开展全流域保护和治理，确保长江

---

① “十六字”方针：发展升级、小康提速、绿色崛起、实干兴赣。

中下游生态安全。2016年9月，江西省赣州市入选全国首批山水林田湖草生态保护修复试点，开展先行探索。赣州市紧密结合长江经济带“共抓大保护”攻坚行动、建设国家生态文明试验区和打好污染防治攻坚战要求，探索“山上山下同治、地上地下同治、流域上下游同治”的“三同治”模式，坚持全方位、全地域、全过程推动山水林田湖草试点高质量实施，初步形成以资金运作创新、流域生态补偿、生态环境综合执法先行、矿山环境修复和南方地区崩岗治理为显著特色的山水林田湖草综合治理样板区。在此基础上，江西省生态文明建设领导小组办公室印发《江西省山水林田湖草生命共同体建设行动计划（2018—2020）》，从2018年起全面实施山水林田湖草生命共同体建设三年行动，为国家山水林田湖草综合治理探索路径、总结经验。

纵观江西省“山水林田湖草生命共同体”建设历程，经历从“山江湖”工程到鄱阳湖生态经济建设再到“山水林田湖草生命共同体”建设的演变历程，见证从“治山、治水、治贫”到“既要金山银山，更要绿水青山”理念的转变，承担从打造生态文明建设“江西样板”到打造美丽中国“江西样板”战略任务的提升，充分体现了江西省委、省政府始终坚持生态优先、绿色崛起的发展思路，在切实巩固和提升江西生态优势的同时，形成可复制、可推广的“江西经验”。

第三节　山水林田湖草生命共同体建设的江西做法

江西省在深入总结30多年“山江湖工程”综合治理经验的基础上，把握江西山水林田湖草自然生态系统特征与规律，以水为脉、以山为源、以林为本、以田为要，统筹“山水林田湖草”开发、保护与治理，探索大湖流域生态、经济、社会协调发展新模式。

一、创新水生态治理，增强水涵养能力

一是落实最严格水资源管理制度。严守水资源管理“三条红线”，推进水资源总量和强度双控。加强水功能区管理，建立水功能区水质达标评价体系，实现省级水功能区监测全覆盖。加强取水许可管理，规范建设项目水资源论证，全面开展省管取水户延续取水评估。加强水资源管理考核，水资源国家考核连续多年获得良好等次。二是打好水污染防治攻坚战。把打赢消灭劣Ⅴ类水歼灭战作为水污染防治的主抓手，综合开展黑臭水体整治、清河行动、化工企业污染整治等专项行动。目前，已划定禁养区5.1万平方公里，全省规模畜禽养殖场粪污处理装备配套率达到90.2%。全省地表水国考断面水质优良比例达92%，高于年度考核目标9.3个百分点，全国排名前列。三是打造百里长江“最美岸线”。围绕“水美”，全面推进“三水共治”，分门别类对“散乱污”企业、水污染物排放重点企业、化工污染企业、畜禽养殖企业进行处置，累计关停整改沿江各类“小散乱”企业1000余家、畜禽禁养区养殖场443家，长江九江段和鄱阳湖出口断面水质全部达到Ⅲ类标准。围绕“岸美”，把水安全、防洪、治污、港岸、交通、景观等融为一体，对非法码头、非法矿山、非法排污、非法采砂等严厉打击，累计取缔非法码头74座85个泊位，腾出岸线7467米。围绕“产业美”，以创建长江经济带九江绿色发展示范区为龙头，大力发展新型电子、新材料、新能源等新型临港产业，实施一批石化、轻纺等传统产业技改升级项目，努力建设“百里风光带、万亿产业带”。四是推进水生态文明建设。推进南昌、新余、萍乡三个全国水生态文明城市建设试点，全面开展会昌、莲花、共青城三个省级水生态文明试点县建设，先后遴选确定两批68个乡镇、383个村，开展省级水生态文明试点乡（镇）和村建设，3年共下达试点和自主创建补助资金1.255亿元，不断构建市、县、乡、村四级联动的水生态文明建设格局。

二、加强森林资源保护，建设质量更优的森林生态系统

一是以实施森林“绿化美化彩化珍贵化”为抓手，提升森林质量。2018年5月，江西省政府出台了《关于在重点区域开展森林美化彩化珍贵化建设的意见》，着力做优做美森林资源质量和生态环境，推进江西从“绿化江西”到“美化江西”转变。持续推进实施林业重点工程和森林质量精准提升工程，在崇义等20个县（市、林场）启动了省级森林经营样板基地建设。实施森林生态效益补偿，江西最早在全国实施生态公益林补偿制度，补偿资金已从最初的5元/亩·年提升至21.5元/亩·年。二是以全面推行林长制为抓手，构建森林保护体系。通过抓林长制落实，努力构建“统筹在省、组织在市、责任在县、运行在乡、管理在村”的森林资源管理新机制，形成守护绿水青山的强大合力，通过“林长制”实现“林长治”。2018年新增造林面积133.7万亩，封山育林80万亩，森林抚育386.7万亩，退耕还林修复143万亩，协议禁伐天然商品林2146.9万亩。三是以林业机制体制创新为抓手，盘活森林资源。以深化集体林权制度改革和国有林场改革为抓手，建立全省五级联网的林权流转交易服务平台，推动林业规模化、集约化经营，健全林业金融综合服务平台，建立林业要素平台充分激活林业要素，释放发展活力。四是以大力发展林下经济为抓手，着力打通绿水青山和金山银山双向转换通道。2017年12月江西省政府出台《关于加快林下经济发展行动计划》，确定了油茶、竹类、香精香料、森林药材、苗木花卉、森林景观利用六大林下经济产业，以特色产业为主攻方向，全省参与林下经济的农户超过300万人，其中贫困人口超过40万人，林下经济助力脱贫攻坚、乡村振兴的效果逐步显现，生态资源优势逐渐转化为经济优势。

三、推进矿山治理与修复，建设绿色矿山

一是开展矿山生态系统治理与修复。推进矿山土地复垦，重点对排石

（土）场、尾矿库、采矿场及塌陷坑进行复垦。发挥市场机制的主导作用，多渠道筹集治理资金，通过综合治理成为建设用地、复垦还绿、尾矿综合利用等方式，引导和鼓励社会资金投入矿山环境治理。江西全省完成恢复治理矿山2346处，累计恢复治理面积达1.9万公顷。二是推进矿山生态环境监测与污染治理。加强矿山生态环境动态监测和调查评估，在矿产资源开发活动集中区域执行重点污染物特别排放限制，大力推进矿山废气、废水、废渣及扬尘整治，重点加强矿山周边农用地生态环境质量调查和污染农田生态修复、矿山造林绿化、生物多样性保护和水土流失防治以及矿山环评方案监督检查力度，不断改善矿山生态环境状况。三是推进绿色矿山建设。联合有关部门出台了《江西省全面推进绿色矿山建设实施意见》及相关考核办法。组织赣州市、吉安市、德兴市政府编制了《绿色矿业发展示范区建设方案》。组织对全省20家矿山企业进行核查验收，20家矿山企业均入选全国绿色矿山建设名录。

四、有序推进湿地保护和修复

一是实行资源总量管理，严守湿地红线。江西已划定省内各地湿地面积保有量和全省湿地生态保护红线，成为全国首个建立全省湿地资源综合数据库省份。在总结南昌“圈层式”湿地保护的基础上，江西在全省推广“圈层式”湿地保护模式，有效衔接了城市发展空间和自然生态空间，守护湿地红线。二是构建湿地保护体系。以重要湿地、湿地自然保护区、湿地公园、湿地保护小区为主体，实施湿地修复工程，省级以上湿地公园达到93个，全省湿地保护面积1365万亩；建立湿地生态补偿体系，江西省财政安排专项资金5900万元，在全省17个县开展湿地保护补偿补贴，推动湿地保护与生态恢复。2017年出台《江西省重要湿地确定指标》，标志着江西省重要湿地认定日趋规范化、科学化。2018年11月成立江西省湿地保护专家委员会，开创了江西湿地保护工作新里程碑。三是开展破坏湿地资源的专项整治行动，实施湿地保护与修复工程。自《江西省湿地保护条例》2012年5月施行以来，各市、县（区）集中人力、物力，精心部署开展了打击毁湿开垦等破坏湿地资源的专项整治行动，查处了一批案件，部分重要湿地的生态环境有了一定的改善，生物多样性也有所恢复，取得了良好成效。

五、严格草地保护，发挥草地生态功能

一是保护好草地资源。加强天然草场、高山草甸、草地自然保护区、城市草地等草地资源保护，有效遏制全省草地数量质量下降趋势。采取季节性休牧和用养轮换的方式，改善植物生存环境，促进草地植被生长和发育。充分利用各类草山草坡、空闲隙地以及秋冬闲田等土地资源，大力推广人工种草，建植人工草地。二是实行严格的草地保护制度。开展草地确权登记，开展第二次草地资源普查，将草地纳入自然资源统一登记，解决林、草、耕地交错、界限不清、矛盾突出等问题，以实现资源共享、生态经济效益双赢目标。建设覆盖全省的中高山草地、丘陵岗地草地、州滩草地的监测体系，确保能够开展草地执法及监督、草地监测、草地承包、草地防灾等工作。

第四节　山水林田湖草生命共同体建设的江西经验

党中央、国务院高度重视江西生态文明建设，习近平总书记先后指出江西省既要打造生态文明建设的“江西样板”，更要打造美丽中国的“江西样板”。江西省委省政府牢记习近平总书记的殷殷嘱托，始终坚持鄱阳湖流域综合治理，着力念好“保”“改”“转”三字经、做好水文章，打造山水林田湖草综合治理样板区，为建设“美丽中国”提供“江西经验”。

一、强化顶层设计，突出规划引领

习近平总书记指出，生态治理必须遵循规律，科学规划，因地制宜，统

筹兼顾，打造多元共生的生态系统。江西省高位推动山水林田湖草综合治理，无论是“山江湖”工程的实施，还是鄱阳湖流域的综合治理，都是规划先行，突出顶层设计。

一是设立综合协调管理机构。为进一步强化组织协调，高效推进山水林田湖草生命共同体建设，先后设立了山江湖综合开发治理管理机构、鄱阳湖生态经济区建设协调管理机构、江西省山水林田湖草生命共同体建设领导小组等，全面推进山水林田湖草生命共同体建设。与此同时，江西省成立了省委书记、省长挂帅的高规格生态文明建设领导小组，形成省委牵头抓总、省人大立法监督、省政府谋划实施、省政协积极参与、各地各部门“一把手”负责的总体推进格局。2019 年江西省还专门成立省生态环境保护委员会，由省委书记和省长担任“双主任”，委员会下设自然资源保护、环境污染防治等 10 个专业委员会，分专业分领域协调推进生态环境保护各项工作。制定《江西省生态环境保护委员会工作规则》，自上而下推动市、县两级对应成立生态环境保护委员会和专业委员会，形成党委和政府主要领导抓统筹、分管领导抓协调、部门领导抓落实，省市县三级上下联动、齐抓共管生态环境保护的工作格局。

二是编制强有力的规划体系。先后编制并实施《江西省山江湖开发治理总体规划纲要》《鄱阳湖生态经济区规划》《关于推进生态鄱阳湖流域建设行动计划的实施意见》《江西省山水林田湖草生命共同体建设行动计划（2019—2020）》，做好治山理水、显山露水的文章。在此基础上，编制并实施《江西省主体功能区规划》，提出“一群两带三区”的城镇化战略格局、“四区二十四基地”的农业战略格局及“一湖三屏”为主体的生态安全战略格局。制定《江西省生态保护红线》，科学划定“一湖五河三屏”生态保护红线基本格局。出台《江西省耕地草地河湖休养生息规划（2016—2030年》，有序推进耕地草地河湖休养生息。出台《江西省长江经济带“共抓大保护”攻坚行动工作方案》，围绕水资源保护、水污染治理、生态修复与保护、城乡环境综合治理、岸线资源保护利用、绿色产业发展等六大领域，打造百里“最美长江岸线”。另外，还编制并实施“五河”流域治理规划及生态环境保护规划及水利、国土、林业、环保等各生态要素保护的专项规划。

二、实施生态工程，突出载体建设

习近平总书记指出，良好生态环境是人和社会持续发展的根本基础。要实施重大生态修复工程，增强生态产品生产能力，推进荒漠化、石漠化综合治理，扩大湖泊、湿地面积，保护生物多样性。① 江西省牢牢把握自然生态规律，把山水林田湖草作为一个整体，实施重点生态工程建设。

一是实施流域生态修复工程。全面实施湖长制，协调“山上山下”“地上地下”“上游下游”，进行整体保护、系统修复，确保湖泊水质不下降；全面开展河湖划界工作，划定湖泊水库禁养区 152.1 万亩、限养区 144.6 万亩，划定河流管护范围 5042 公里，严格空间用途管制；加强河湖岸线保护，推进退田还湖、退养还滩、退耕还湿，全省湿地保护率提升至 53.75%。强化江河源头和水源涵养区生态保护，加强水土流失综合防治，每年完成水土流失治理面积 840 平方公里。实施矿山生态环境恢复治理，开展长江经济带废弃露天矿山生态修复工作，明确长江江西段、赣江 10 公里范围内废弃露天矿山修复任务，推进赣州市、德兴市绿色矿山发展示范区建设，基本形成节约友好、矿地和谐的绿色矿业发展模式。山区崩岗治理“赣南模式”、废弃矿山修复“寻乌经验”获得国家部委肯定，山水林田湖草综合治理样板区品牌进一步打响。②

二是实施森林质量提升工程。实施“灭荒造林”“山上再造”“森林城乡、绿色通道”建设等一系列林业发展战略，推进天然林资源及生态公益林保护、防护林、退耕还林等林业重点工程，按照“只能增绿、不能减绿”的

---

① 中共中央文献研究室：《习近平关于社会主义生态文明建设论述摘编》，中央文献出版社 2017 年版，第 99 页。

② 张和平：《关于国家生态文明试验区（江西）建设情况的报告——2020 年 1 月 17 日在江西省第十三届人民代表大会第四次会议上》，《江西日报》第 7 版，2020-02-19。

要求，启动长江经济带林业生态保护修复工程，投资6亿元，对152公里长江岸线滩涂进行造林；2019年全省完成造林104.7万亩，低产低效林改造177.9万亩；全省实施封山育林100万亩，森林抚育627万亩，全面提升了国土绿化水平，率先实现国家森林城市、国家园林城市设区市全覆盖（同上报纸）。出台《关于实施低产低效林改造提升森林资源质量的意见》，开展“森林质量提升活动”，在崇义等20个县（市、林场）启动了省级森林经营样板基地建设，加大林木良种繁育与推广力度，加强中幼林抚育，全面提升林地产出率和森林生态系统的服务功能。出台《关于在重点区域开展森林美化彩化珍贵化建设的意见》，推进重点区域森林绿化、美化、彩化、珍贵化建设，实现江西由“绿起来”向“美起来”转变。

三是实施农田整治工程。在坚守耕地红线的基础上，全面深化高标准农田建设改革，着力破解过去高标准农田建设多头管理、资金分散、标准不一等难题，每年统筹资金90亿元，累计推进建成高标准农田2249万亩，占耕地总面积48.5%，实现建成高标准农田项目全部上图入库。实施《关于加强和改进永久基本农田保护工作的通知》，切实强化永久基本农田保护监管。组织开展永久基本农田储备区划定工作，共划定储备区面积59.38万亩，完善耕地质量评级和等级检测制度，实施耕地休养生息。出台《江西省节约集约利用土地考核办法》，深入推进“节地增效”行动，消化批而未用土地32.43万亩，全省土地开发复垦超过20万亩。出台规模化养殖粪便有机肥转化补贴试点办法，实施农药化肥零增长行动，农药化肥使用量连续三年负增长。

四是实施生物多样性保护工程。先后出台《江西省生物多样性保护战略与行动计划》《江西省自然保护区建设与发展规划》《江西省生物多样性保护优先区域规划》《江西省湿地保护条例》等政策法规，初步建成门类齐全功能完善的自然保护网络。全省建立各类自然保护区191个，创建森林公园182个、湿地公园93个，全省自然保护区、森林公园、湿地公园的总面积达到 2551 万亩，占国土面积的 10.2%，数据位居全国前列。[①] 组织开展“绿卫 2019”“护绿提质 2019 行动”“鄱阳湖区越冬候鸟和湿地保护”等系列专项行动，严厉打击破坏林业资源违法犯罪行为。推进由江西省高级人民法院、九江市中级人民法院、永修县人民法院共同组建的全国首家生物多样性司法保护基地建设。

三、着力先行探索，突出模式创新

习近平总书记指出，要正确处理经济发展和生态环境保护的关系，在生态文明建设体制机制改革方面先行先试，把提出的行动计划扎扎实实落实到行动上，实现发展和生态环境保护协同推进。[②] 江西在开展山水林田湖草综合治理过程中，把顶层设计和基层探索结合起来，先行先试，创新治理模式。

一是创新治山、治水模式。探索红壤综合开发治理的新途径，创建了驰名中外的“丘上林草丘间塘，河谷滩地果与粮，畜牧水产相促进，加工流通更兴旺”的“千烟洲模式”和“顶林—腰园—谷农”的“刘家站模式”。开展小流域综合治理示范，采取系统规划工程与生物措施相结合，上下游相结合，先坡面后沟道，先支沟后干沟，山、水、田、林、路统一布局的方法，创建“赣南山区小流域综合治理模式”。开展平原湖区开发治理示范，建立新建县厚田乡“亚热带风沙化土地综合治理试验站”和南昌岗上乡“沙荒开发治理试验场”，建立都昌退田还湖区“单退区湿地恢复”模式和“双退区湿地恢复”模式，形成了既改善湖区生态环境又充分挖掘湖区潜力的保护修复模式。开展水土保持示范，兴国县、修水县成为国家级水土保持生态文明县，江西水土保持科技示范园和南昌水土保持生态科技园被水利部、教育

---

① 张和平：《关于国家生态文明试验区（江西）建设情况的报告——2020 年 1 月 17 日在江西省第十三届人民代表大会第四次会议上》，《江西日报》第 7 版，2020-02-19。

② 《习近平在贵州考察工作时的讲话》，《人民日报》第 1 版，2015-06-19。

部确定为中小学水土保持社会实践基地，赣州市成为国家水土保持改革试验区。

二是创新生态经济建设模式。在山区生态经济建设方面，立足当地资源，以优势特色产业为纽带，资源开发和环境保护并举，探索了“南丰蜜橘”“井冈蜜橘”“赣南脐橙”等特色果业模式和赣南“猪—沼—果”生态农业模式。在湖区生态经济建设方面，采用治湖、治穷与治虫相结合等方法，创建了丰城农林复合生态系统及余干大水面自然养殖等模式。在乡村旅游建设方面，大力发展生态旅游、森林康养、健康养老等产业，依托全省乡村旅游资源优势大力发展踏青游、观花游、采摘游、摄影游、美食游、养老游、民俗游等丰富多彩的乡村旅游产品，培育了婺源、靖安、资溪等一批乡村旅游发展典型县。2019 年旅游接待总人次、总收入分别增长 15.65%和 18.55%，服务业增加值占 GDP 比重达 47.5%，首次超过第二产业。①

四、强化绿色惠民，突出民生福祉

习近平总书记指出，良好生态环境是最公平的公共产品，是最普惠的民生福祉。江西省政府始终聚焦群众关心关切、反应强烈的突出环境问题，增加生态产品供给，提升人民群众在生态文明建设中的获得感。

一是持续改善城乡生态环境质量。在加强山水林田湖草生命共同体建设过程中，以城乡环境综合整治为抓手，深入实施城市功能与品质提升行动。治理设区市城市黑臭水体 29 个，全省中心城区道路机扫率达 86.49%。实施城镇生活污水处理提质增效三年行动，推进饮用水源地保护、入河排污口整治工程，国家考核断面水质优良率达 93.3%，高于国家考核目标 9.3 个百分点。2019 年启动农村垃圾分类减量和资源化利用试点，累计关闭、搬迁畜禽养殖场 3.8 万个，全省规模猪场配套粪污处理设施完成比例达 76%，畜禽粪

① 张和平：《关于国家生态文明试验区（江西）建设情况的报告——2020 年 1 月 17 日在江西省第十三届人民代表大会第四次会议上》，《江西日报》第 7 版，2020-02-19。

污资源化利用率达 87.5%以上。深入开展农村人居环境整治行动，统筹 63 亿元资金推进 2 万个村组整治和 36 个美丽宜居试点县建设，59 个县实施城乡环卫“全域一体化”第三方治理，完成农户改厕 56.09 万户。农村人居环境整治工作获国务院肯定，成为中部地区首个通过国检验收的省份。[①] 坚持“共抓大保护，不搞大开发”，实施长江经济带“十大攻坚行动”，推进“三水共治”，整改工作新机制获得国家长江办肯定并推广，努力打造水美、岸美、产业美的长江“最美岸线”。

二是推动生态扶贫。江西省生态重要区域与经济欠发达区域高度重合，面临保护生态与脱贫攻坚的双重任务。江西省高度重视生态扶贫工作，把生态保护扶贫列入全省十大扶贫工程之一，先后出台《江西省生态保护扶贫实施方案》《上犹县、遂川县、乐安县、莲花县生态扶贫试验区实施方案》，全面推进生态扶贫。念好“保”字经，加强天然林、湿地和重点区域保护，将“五河”及东江源头、饮用水源保护地、自然保护区等特殊生态功能区域纳入生态保护红线。念好“补”字经，全面落实对贫困地区的生态补偿，不让贫困群众守着绿水青山过穷日子，建立省内上下游横向生态保护补偿机制，启动新一轮东江流域生态补偿，建立赣湘渌水流域横向生态保护补偿制度，加快构建市场化多元化生态补偿机制。新增生态护林员补助资金 7500 万元，全省生态护林员资金总量达到 2.15 亿元，选聘生态护林员 2.15 万人，帮助一大批贫困户通过在家门口护林实现脱贫。念好“转”字经，积极推动贫困地区的生态价值向经济价值转变，促进绿水青山转变为金山银山。井冈山市在全国革命老区中率先脱贫摘帽，全省贫困发生率下降至 2.37%。

三是推动绿色共享。强化城市规划建设绿地配比要求，加大园林绿化建设力度和改造提升，全省人均公园绿地面积 14.56 平方米，园林绿化三大指标位列中部第一、全国领先。景德镇以“城市双修”为契机，完善城市基础

---

① 张和平：《关于国家生态文明试验区（江西）建设情况的报告——2020 年 1 月 17 日在江西省第十三届人民代表大会第四次会议上》，《江西日报》第 7 版，2020-02-19。

设施及配套设施建设，人居环境得以显著改善，人民群众的获得感，幸福感显著提升。萍乡在海绵城市建设过程中，不断改善人居环境，推进城市近郊风景名胜区免费向公众试点开放。景德镇“城市双修”、萍乡海绵城市建设先后获得国务院通报表扬。全省设区市城区绿化覆盖率、绿地率位居全国前列，新余生态循环农业、鹰潭余江“宅改”经验等向全国推广，宜春“生态+大健康”入选改革年度案例，生态江西的美誉度和影响力不断提升，人民群众生态获得感进一步增强（同上报纸）。

江西把承担国家生态文明试验区建设作为重大的历史使命，秉承独特的生态系统和良好的生态环境，着力打造山水林田湖草综合治理样板区。就此而言，江西是全面贯彻习近平关于“山水林田湖草生命共同体”建设重要论述的典型区域性案例，并初步形成了一定的经验。当然，江西在深入推进“山水林田湖草生命共同体”建设过程中，也面临一些问题。比如：资金投入不足、部门协同性不够等。因此，还需要进一步统筹山、江、湖保护与治理，开展管理模式、修复机制、统筹力量等方面的创新实践，继续为大湖流域山水林田湖草的系统保护和修复提供经验。

文中数据主要来源于江西省发改委（生态文明办）提供的材料：《江西省省直有关部门生态文明建设工作总结材料汇编》（2019 年）、《〈国家生态文明试验区（江西）实施方案〉中期评估报告》《践行“山水林田湖草生命共同体”理念——推进鄱阳湖流域生态系统保护与治理》《江西省推进国家生态文明试验区建设情况汇报》《国家生态文明试验区（江西）实施方案》中期评估报告等，在此表示感谢！

第二十二章　人与自然和谐共生的乡村绿色发展探索

党的十九大报告中首次提出“实施乡村振兴战略”，指出“要坚持农业农村优先发展，按照产业兴旺、生态宜居、乡风文明、治理有效、生活富裕的总要求”①，推进农业农村现代化。绿色发展是新时代乡村振兴的必由之路，为乡村振兴提供新的动力支撑。2018 年公布的《中共中央国务院关于实施乡村振兴战略的意见》提出：“推进乡村绿色发展，打造人与自然和谐共生发展新格局。”② 明确了乡村振兴战略必须坚持走人与自然和谐共生的绿色发展之路。因而，要实现乡村振兴，满足人民日益增长的美好生活需要，解决我国长期存在的城乡发展不平衡、不充分问题，必须坚持走乡村绿色发展道路。基于此，探讨乡村振兴战略大背景下如何实现以乡村生态效益、经济效益、社会效益相统一为目标的绿色发展，形成人与自然和谐共生的美好图景，具有重要的理论和现实价值。

---

① 习近平：《决胜全面建成小康社会 夺取新时代中国特色社会主义伟大胜利——在中国共产党第十九次全国代表大会上的报告》，人民出版社，2017 年版，第 32 页。

② 《中共中央国务院关于实施乡村振兴战略的意见》，人民出版社 2018 年版，第 13 页。

第一节　乡村绿色发展:一项必要而紧迫的课题

随着工业化、城镇化、农业现代化以及经济全球化的日益发展，我国乡村发展面临着诸如生态退化、资源利用低、灾害风险加剧等突出问题，成为制约乡村可持续发展的关键因素。坚持绿色发展是解决我国乡村可持续发展面临的资源环境瓶颈的关键，具有强大的内在动力，是乡村振兴的必然选择。

一、生态文明时代社会发展趋势使然

习近平总书记多次强调要“善于观大势”“谋划大棋局”，这是辩证唯物主义和历史唯物主义思想方法和工作方法的重要体现。回顾人类文明历史发展的长河，进入21世纪以来，人类在历经原始文明、农业文明、工业文明之后，逐渐进入了生态文明时代。从“观大势”而言，绿色发展符合世界发展的趋势，是提升发展质量和效益，实现中华民族永续发展的不二选择。在当今时代，生态环境质量日益成为国家核心竞争力的重要组成部分。从“谋划大棋局”而言，绿色发展是乡村振兴战略的重要内容，是实现农村现代化的必由之路。著名的建设性后现代思想家小约翰·柯布断言，“中国生态文明必须建立在农业村庄的基础之上。”① 生态文明时代，必然要求乡村在实现全面振兴的过程中认真审视人与自然的关系，在实践中进行规划与考量。乡村是生态功能集聚的地区，农村生态环境保护与治理对于农业可持续发展、促进乡村特色生态产业开发、夯实生态屏障以及乡村脱贫致富都有重要的意义。乡村实现全面振兴要协调好农业农村的发展与资源环境保护这个制约经济社会发展的核心问题，通过探索资源集约高效利用、环境友好、人与自然环境良性互动的绿色发展道路引领乡村全面振兴。

---

① 小约翰·柯布:《论生态文明的形式》，董慧译，《马克思主义与现实》2009年第1期。

二、城乡发展不平衡矛盾解决的内在要求

从我国发展历程看，随着工业化的迅猛发展，城市经济发展迅速。同时，随着农村人口向城市流动和工业流动，形成了城乡二元结构。改革开放以来，我国农村面貌发生了显著变化，但由于城乡二元结构长期存在，国家对城乡发展的区别对待，不平衡不协调局势没有根本扭转。城市和工业的快速发展是建立在自然资源的低成本的大量耗费、不计环境成本代价的基础上，因而使本就发展滞后的乡村陷入发展困境。新时代城乡发展的不平衡已成为我国社会主要矛盾中最大的不平衡，而农业农村发展的不充分是我国最大的发展不充分。乡村不平衡不充分发展不仅表现在经济发展水平方面，还体现在生态环境、医疗、教育等方面。仅以城乡环境保护基础设施进行比较，乡村严重缺乏环境保护基础设施，很多乡村未配置垃圾处理设施等，因而导致农村污染严重。城市与乡村有着天然的联系，相互影响，相互制约，城乡发展的不平衡直接关涉我国现代化建设的进程。新时代推进“人与自然和谐共生的现代化格局”迫切要求破解城乡不平衡发展难题。破解发展不平衡问题的根本方法唯有靠发展，“发展仍是解决我国所有问题的关键”①，问题的关键在于采取什么样的发展模式。新时代乡村振兴要把握生态文明时代的发展特征，坚决摒弃“先污染后治理”的发展模式，走出一条适合乡村发展的绿色发展新道路。

三、乡村资源环境双重约束的困境突围

良好的自然生态环境是人类生存和发展的基础，乡村的可持续发展离不开良好的自然生态环境。“中国乡村的传统农业生产方式和传统的乡村生活模式本身是生态化的，达到了一种天人合一的状态，根本不存在人与自然关

① 中共中央文献研究室：《习近平关于协调推进“四个全面”战略布局论述摘编》，中央文献出版社2015年版，第26页。

系的紧张和自然环境的破坏。”① 自古以来，中国传统社会的乡村始终向往并追求“天人合一”的理想状态，然而，随着我国改革开放和现代化建设的推进，现代乡村的生产方式和生活模式逐渐背离了这一理想状态，现代乡村在经济发展取得进步的同时也累积了大量的资源环境问题。一是乡村环境污染问题严峻。当前，我国农村生态环境“不再源于单一的不当行为，而是逐渐演化为生活、生产、生态三种不当行为的叠加。”② 此外，乡村环境的污染不仅面临内源污染还有外源污染，有发展带来的消费污染也有因希望发展而引入工业所产生的污染。《1995 年中国环境状况公报》首次提到，“以城市为中心的环境污染仍在发展，并向农村蔓延”，“随着乡镇工业的迅猛发展，环境污染呈现由城市向农村急剧蔓延的趋势。”③ 乡镇企业因设备简陋、技术落后等多方面的原因，污染物未经净化处理而直接排污造成严重的污染。2010 年 2 月公布的《第一次全国污染源普查公报》显示，中国农业已经超过工业和生活污染，成为污染水资源的最大来源。④ 中国在大规模使用农业化学品短短的三四十年内，已然造成了如此严重的环境破坏。二是生态系统退化严重。我国乡村面临着土地质量退化、森林资源减少、生物多样性锐减等突出问题，生态系统退化严重。耕地质量呈现下降趋势，2016 年，我国耕地平均质量等别为 9.96 等。其中优等地面积为 2.9%，高等地面积占 26.59%，中等地占 52.72%，低等地比例为 17.79%。⑤ 耕地的质量直接关涉农产品的数量及质量的双重安全，对人们的身体健康构成直接威胁。乡村生态环境为我国现代化的发展付出了沉重的代价，如果再不弥补乡村生态环境

---

① 曹孟勤：《对中国乡村环境伦理建设的哲学思考》，《中州学刊》2017 年第 6 期。

② 于法稳：《农村生态文明建设中的生态环境问题及其综合整治的政策性建议》，《鄱阳湖学刊》2014 年第 3 期。

③ 中华人民共和国生态环境部：《1995 年中国环境状况公报》2016 年 6 月 4 日，http://www.mee.gov.cn/hjzl/zghjzkgb/lnzghjzkgb/201605/P020160526549598481474.pdf。

④ 中华人民共和国生态环境部：《第一次全国污染源普查公报》2010 年 2 月 10 日。www.mee.gov.cn/gkml/hbb/bgg/201002/t20100210_185698.htm。

⑤ 中华人民共和国自然资源部：《2017 年中国土地矿产海洋资源统计公报》2018 年 5 月 18 日，http://gi.mnr.gov.cn/201805/t20180518_1776792.html。

欠债，不仅关系到农民的生存发展，还将关系到国人的切身利益。乡村生态环境问题不仅影响乡村风貌，还使乡村发展陷入困境，呈现恶性循环趋势。乡村环境质量直接影响空气、土壤、水的质量、损害人的身心健康，还影响我国农业和农村的可持续发展，迫切需要实现绿色发展转型以突破困境。一言以蔽之，乡村绿色发展主张人们尊重自然，遵循自然规律，实现人与自然和谐共生共存共荣，为资源环境双重约束下的乡村发展提供了解决思路。

第二节　我国乡村绿色发展存在的突出问题

新时代，我国乡村绿色发展取得的成效有目共睹，但是囿于主客观条件，我国乡村在发展理念、生态环境质量、生产方式转型、制度保障等方面呈现出多重困境。

一、乡村绿色发展理念薄弱

科学的发展理念是推进乡村绿色发展道路的指引。绿色发展相关主体的理念直接决定了绿色发展的成效。马克思指出，“理论一经掌握群众，也会变成物质力量。”[①] 新时代，坚持乡村绿色发展道路首要从思想上进行引领，牢固树立绿色发展理念。对乡村绿色发展的认识将直接关涉到主体参与绿色发展的积极性、主动性以及有效性。唯有人们真正理解乡村绿色发展是什么，搞清楚为什么要坚持走乡村绿色发展道路、真正实现发展理念的绿色转型，才能把握绿色发展道路的根本。囿于我国乡村干部绿色发展理念的薄弱，当前我国很多乡村未能及时制订出符合自身发展实际的绿色发展前瞻性规划，由此导致发展中陷入地域空间管理散乱无序、资源利用毫无章法等窘境。有的地方政府在乡村发展和生态环境保护面临矛盾进行选择时往往优先

① 《马克思恩格斯文集》第1卷，人民出版社2009年版，第11页。

选择经济效益，而忽视了生态效益和社会效益。如在乡村旅游开发项目中，不顾乡村自然人文环境，盲目建造西式风格的农场、别墅等，罔顾当地自然生态和谐，盲目移植水土不服的景观植物等，不一而足。农民是乡村建设的主体，是乡村绿色发展的内生动力，只有农民真正意识到自己就是乡村发展的主体，才有可能主动践行绿色生产和绿色生活。农民对环境保护方面的政策法规和环境保护知识缺乏了解，对环境污染威胁健康的严重性缺乏认识，导致在乡村环境保护实践方面参与度并不高。在很多乡镇，农村环境整治俨然是“政府的事”“干部的事”，作为主体的农民成了旁观者。部分农民尚未养成绿色节约健康的生态理念，乡村社会中功利性占用甚至滥用乡村资源、攀比消费、铺张浪费等问题层出不穷，甚至愈演愈烈。可以预见的是，乡村发展理念能否实现绿色化转型将直接关乎乡村绿色发展道路的成败。

二、乡村生态环境问题凸显

良好的生态环境是人类赖以生存的自然空间，亦是人类发展所需物质资源的补给源泉。质言之，生态环境为乡村推进绿色发展道路提供了不可或缺的自然前提和基础。从某种程度上说，“保护生态环境就是保护生产力，改善生态环境就是发展生产力。”① 当前我国“农村环境和生态问题比较突出，”② 资源承载受限、资源保护不足、环境污染等问题对乡村绿色发展道路的推进构成严重挑战。很长一段时间内，我国农业农村发展考虑更多的是产量问题，大量施用化肥农药、围湖造田、开垦陡坡耕地，基本沿袭了“先污染、后治理”的工业化思维方式，积累了严峻的生态环境问题。虽然经过社会主义新农村建设、美丽乡村建设的展开，在乡村生态环境治理方面也取得了一定的成绩，但生态环境问题没有得到根本扭转。调研发现，基层政府

① 中共中央文献研究室：《习近平关于社会主义生态文明建设论述摘编》，中央文献出版社 2017 年版，第 23 页。

② 《中共中央国务院关于实施乡村振兴战略的意见》，人民出版社 2018 年版，第 3 页。

对农村的生态环境保护重视不够，大部分乡村存在着生态环境边缘化现象，有些乡村的环境污染风险呈现日益加大趋势。首先，农村环境污染问题突出。农村面临着外源性和内源性的双重污染，成为制约我国农村农业可持续发展的突出矛盾。第三次全国农业普查数据显示，2016 年末我国只有“17.4%的村生活污水集中处理或部分集中处理。”① 截至 2017 年农村污水排放量目前已经高达 214 万吨，且呈现逐年增加趋势。由于农村生活污水未经有效处理直接排放，致使农村水质污染严重，严重影响农村人居环境和农业生产。《全国土壤污染状况调查公报》数据显示，全国土壤总的超标率达 16.1%，其中耕地土壤的超标率高达 19.4%。② 农业生产中由于长期大量施用化肥和农药，大量使用地膜却缺乏有效治理，导致农业面源污染形势严峻。据统计数据显示，我国化肥施用强度 2016 年达 359.1 千克/公顷，比国际警戒线高出 59.6%。化肥、农药等农业化学品长期过量使用，导致农村土壤和水环境污染问题日益突出，农产品和环境安全受到严重威胁。其次，农村生态系统退化严重。2016 年我国耕地平均质量等级为 9.96 等，其中优等地面积为 2.9%，高等地面积占 26.59%，中等地占 52.72%，低等地比例为 17.79%。③ 长期以来过度开发土地资源，造成土地质量总体退化的局势。草原超载放牧，湖泊、湿地面积萎缩，生物多样性减少，濒危物种增多等对乡村生态系统的平衡构成严重威胁。再者，农村资源约束日趋紧张。在农业快速增长、工业化城镇化推进加快的背景下，我国农业农村发展资源要素趋紧，农村实现可持续发展压力骤增。存在的一个基本事实是，农村的自然资本是高度稀缺的，且又在不断流失。如土地和水资源的滥用，在某种程度上而言，是我国生态安全问题的根源。中国的人均水资源占有量仅为世界平均

---

① 国家统计局：《第三次全国农业普查主要数据公报（第三号）》2017 年 12 月 15 日，http：//www. stats. gov. cn/tjsj/tjgb/nypcgb/qgnypcgb/201712/t20171215_ 1563589. html。

② 全国土壤污染状况调查公报，《中国环保产业》2014 年第 5 期，第 10—11 页。

③ 中华人民共和国自然资源部：《2017 年中国土地矿产海洋资源统计公报》2018 年 5 月 18 日，http：//gi. mlr. gov. cn/201805/t20180518_ 1776792. html。

水平的25%，且水资源分布极其不均衡，北方干旱地区因缺水严重，导致粮食生产严重受损，在水资源短缺的同时还存在农业不合理用水及浪费现象。2017年，我国农田灌溉用水有效利用系数仅为0.536①，离世界先进水平0.7相差较远。一言以蔽之，我国农业农村存在的突出的生态资源环境问题不仅直接关涉乡村的可持续发展，还已然成为我国经济社会可持续发展的制约因素。

三、农业生产方式绿色化转型滞后

生产方式的绿色化转型是推进乡村绿色发展道路的重要途径。社会进步的决定动力之一就是生产方式，生产方式在根本上决定了社会发展的进程与方向。② 要突破我国乡村发展面临资源和环境的瓶颈制约，就必须提高生产的绿色化程度，促使我国农业农村发展从过度依赖资源消耗、主要满足量的需求，转向追求绿色生态可持续、更加注重满足质的需求，实现生产方式绿色化转型。目前我国偏远的传统农区，“还呈现向自给性生产方式退化的逆向调整特征。”③ 传统的生产方式导致生产效率不高、产量偏低、生产周边环境受损等严重问题。改革开放以来，工业文明主导下的农业生产方式为解决中国的温饱问题提供了总量供给和结构性保障。然而，化肥化、农药化、机械化的农业工业化生产方式给中国带来了严峻的乡村生态危机以及食品安全隐患。《2018年中国生态环境状况公报》数据显示，我国农田灌溉水有效利用系数为0.536，水稻、玉米和小麦三大粮食作物化肥利用率为37.8%，农药利用率为38.8%。农林废弃物资源利用率偏低，据原农业部统计数据显示，我国每年畜禽养殖废弃物的综合利用率不到60%。马克思指出，“把生

---

① 中华人民共和国生态环境部：《2018中国生态环境状况公报》2019年6月19日，http://www.mee.gov.cn/hjzl/zghjzkgb/lnzghjzkgb/201905/P020190619587632630618.pdf。

② 杨博、赵建军：《生产方式绿色化的哲学意蕴与时代价值》，《自然辩证法研究》2018年第2期。

③ 郭晓鸣：《乡村振兴战略的若干维度观察》，《改革》2018年第3期。

产过程和消费过程中的废料投回到再生产过程的循环中去，从而无须预先支出资本，就能创造新的资本材料。”① 废弃物循环再利用不但可以产生新的生产要素，还能减少环境污染。虽然目前我国农业科技进步贡献率已由2012年的53.5%提高到2017年的57.5%，但我国农业技术研发与扩散的状况不容乐观。可见，我国农村发展从本质上而言，主要靠的是大量消耗资源实现农业增产的传统生产方式。尽管当前中国农业生产机械化程度提高，但农业绿色生产水平却不高。这种传统的农业生产方式加剧了资源与环境保护之间的矛盾，导致了一系列的生态环境问题。而且这种传统的农业生产经营方式还带来了另外一个问题，即农产品质量不高，优质农产品供给严重不足。

四、乡村绿色发展制度不健全

制度是生产关系调整的基本遵循，健全的绿色发展制度是新时代绿色发展道路推进的可靠保障。当前我国乡村现有的资源环境管理制度严重滞后于我国农业农村的发展，因而对于生态环境污染、资源滥用等外部性问题难以进行有效规约。具体体现为：一是乡村绿色发展制度较为宏观，不够具体，实践中缺乏可操作性。虽然我国将绿色发展已经上升到了国家政策层面，但从乡村发展看，还未形成一部针对乡村绿色发展的整体性、全局性的综合性法律或针对农业农村绿色生产和生活的专门性法律。2018年出台的中央一号文件虽然对我国乡村绿色发展做了全局性、战略性、系统性的制度顶层设计，然而具体实际操作有待进一步探索。二是乡村绿色发展制度不健全或者缺位。当前农村在资源要素、产业发展、农业废弃物资源化利用方面等相关制度不健全甚至缺位，难以有效激励相关主体积极参与绿色发展，因而，亟待加强利于乡村绿色发展的制度供给。三是现有乡村绿色发展制度执行不力。以耕地保护为例，虽然国家出台了永久基本农田保护制度，但由于执行中缺乏有效的评价、监督机制，普遍存在着“划远不划近”“划劣不划优”

① 《马克思恩格斯全集》第44卷，人民出版社2001年版，第699页。

等严重问题，在山地丘陵地区，基本农田“上山”“下河”、公益林地与基本农田重合，在社会经济发展落后地区，存在违规占用耕地现象等问题。① 虽然我国各级的农业部门均设置农业环境保护监测点，囿于评估、评价方法的有效性，以至于相关监测数据和信息的应用效果不甚理想。

第三节　我国乡村绿色发展的动力机制

虽然当前我国乡村发展中存在着诸如资源环境约束、生态意识薄弱等突出问题，但是审视我国乡村传统和社会发展现实，也蕴含着乡村绿色发展的潜力和动力，因而要充分挖掘乡村发展所蕴含的潜力和动力以推进乡村绿色发展。随着新时代社会主要矛盾的转化，人民群众对“美好生活需要”的增加，为乡村绿色发展提供了持续的现实动力，必然倒逼乡村选择绿色发展道路。在长期的农业文明中，中国积淀了丰富的生态智慧，为新时代乡村绿色发展提供文化动力。随着我国科技的迅猛发展，尤其是绿色科技的发展，必然为我国乡村绿色发展提供科技支撑。

一、人民群众日益增长的美好生活需要为乡村绿色发展提供现实动力

进入新时代，社会主要矛盾也随之发生了重要的转化，从社会主要矛盾的供给方看，从“落后的社会生产”转化为“不平衡不充分的发展”，从需求方看，人们的“物质文化需要”已朝“美好生活需要”转化。随着中国进入“强起来”的阶段，意味着人民群众美好生活的品质要求将得到全方位的提升。人民群众的“美好生活需要”包括优美生态环境在内的需要，是全面的、更高层次的需要。在传统发展模式带来严重环境问题的当下，优质的

① 于法稳：《新时代农业绿色发展动因、核心及对策研究》，《中国农村经济》2018 年第 5 期。

生态产品、宜居的人居环境等已然成为稀缺资源。乡村在整个人类社会的生存和发展中具有独特的地位，是人类基本的生存环境之一。如果没有良好的乡村环境就没有洁净的水源、清新的空气、安全的粮食、可供休闲享受的优美自然环境，也就不可能满足人民的“美好生活需要”。随着我国城镇化进程的加快，2012 年我国城镇人口首次超过农村人口，城乡结构发生深刻变化。随着城市的迅猛扩张，相伴的却是空气污浊、环境恶化、交通堵塞、精神压抑等“城市病”。基于此背景，城市的人们越来越向往乡村的自然美景、向往乡村恬淡宁静的生活，选择到乡村体验生活已成为一种趋势，如引发广泛关注的“乡愁”正是鲜活的体现。面对新时代人民群众需要的新变化、乡村绿色发展逐渐成为发展共识，乡村发展必然朝向生态宜居、产业兴旺的目标前进。“让良好生态环境成为人民生活的增长点、成为经济社会持续健康发展的支撑点、成为我国良好形象的发力点”,① 新时代乡村振兴必然选择走生态优先的绿色发展道路，追求生态、经济、社会效益的统一，希冀不断满足人民群众日益增长的包括优美生态环境等在内的“美好生活需要”。

二、传统的生态智慧为乡村绿色发展提供文化动力

在历经了五千多年而不衰的漫长的农耕文明中，中华民族积累了丰富的生态智慧。正如习近平指出：“文化自信，是更基础、更广泛、更深厚的自信”,② 中华民族长期以来孕育发展的农耕文明构成了文化自信的根基和源泉。农业文明时期，人对自然高度依赖，对自然有着天然的亲近关系。“天人关系”是我国农业文明时期的核心问题，由此形成了“天人合一”的思想，为我国乡村绿色发展提供了文化基础和动力。与西方传统文化中强调人对自然的征服、控制的观念迥然不同的是，“天人合一”思想主张把天、地、

① 中共中央文献研究室：《习近平关于社会主义生态文明建设论述摘编》，中央文献出版社 2017 年版，第 6 页。

② 习近平：《在庆祝中国共产党成立 95 周年大会上的讲话》，《人民日报》第 2 版，2016-07-02。

人作为一个整体进行看待，认为人与自然是相互关联的有机体，相互作用，相互影响。在“天人合一”的原则下，中国传统文化积淀了系统而丰富的生态智慧。如“仁者以天地万物为一体”的尊重生命的理念，认为要以仁爱之心对待自然，尊重爱护自然界一切生命的价值；“寡欲节用”、珍爱资源的美德，崇尚勤俭节约，反对浪费资源；“辅相天地之宜”的价值目标，追求人与自然的和谐共存，为此人首先要“知常”，即认识自然界的根本规律，还要注重发挥人的主观能动性，“赞天地之化育”。正如习近平所总结的，“我们中华文明传承五千多年，积淀了丰富的生态智慧。‘天人合一’‘道法自然’的哲理思想，……这些质朴睿智的自然观，至今仍给人以深刻警示和启迪。”[①] 中国传统生态文化资源依然具有宝贵的现实价值，为新时代乡村绿色发展奠定了深厚的生态文化基础。

三、绿色科技创新为乡村绿色发展提供技术支撑

如何对待和运用科学技术是人类在探索人与自然和谐发展的过程中不可回避的一个问题。科技应用与生态环境之间的辩证关系是什么？马克思认为：“自然科学却通过工业日益在实践上进入人的生活，改造人的生活，并为人的解放作准备。”[②] 对自然科学在人类发展中的作用予以肯定。当然，片面利用和发展科学技术会产生负面的影响，即科技的异化。诚如美国生态学家所揭示，“当一项新技术破坏了人们大量需要的和不可再生的、人类的非人类的资源时，那么所谓进步实际就是一项拙劣交易。”[③] 当应用科学技术时不考虑资源环境因素，不考虑对人类健康的影响，人类就要承受这种拙劣交易带来的灾难性后果。因而，人类要审慎对待科学技术，理性使用科学

① 中共中央文献研究室：《习近平关于社会主义生态文明建设论述摘编》，中央文献出版社 2017 年版，第 6 页。

② 《马克思恩格斯全集》第 3 卷，人民出版社 2002 年版，第 307 页。

③ ［美］N. J. 格林伍德、J. M. B. 爱德华滋：《人类环境和自然系统》，刘之光译，化学工业出版社 1987 年版，第 490 页。

技术。在传统的发展中农村经济增长主要靠高消耗资源，造成资源日益枯竭，而绿色技术能够减少污染、提高资源利用率，这种改善生态环境的技术成为乡村绿色发展的助推剂。当前我国绿色科学技术取得了长足的进步，此外，在推进农业现代化进程中，国家对农业科技的重视和投入日益提升，这为乡村绿色发展提供了必不可少的技术支撑。

第四节　我国乡村绿色发展的实践指向

针对新时代我国乡村绿色发展道路推进过程中存在的现实困境，迫切需要超越片面的、孤立的发展思维。乡村绿色发展是一项庞杂的系统工程，涉及乡村政治、经济、文化、社会、生态建设等各方面。新时代，我们需要从乡村绿色发展理念引导、生态环境改善、绿色产业发展壮大、生活方式绿色化转型、绿色发展制度创新等多方面协同发力，重新构建新时代我国乡村绿色发展推进路径。

一、牢固树立绿色发展理念

理念引导人们的行动，绿色发展道路的推进有赖于人们价值观的深层次变革，变革的取向便是要牢固树立人与自然和谐共生的绿色发展理念。乡村绿色发展道路是寻求生态效益、经济效益、社会效益三者有机统一的发展道路。坚持走乡村绿色发展道路需要从源头上改变观念，引导人们正确认识人与自然的关系，让人们从内心确立对自然的敬畏感、保护环境的责任感。树立“人与自然是生命共同体”的有机整体意识，树立“绿水青山就是金山银山”的经济发展与环境保护协调发展理念，“改善环境就是发展生产力”的生态生产力理念。乡村绿色发展道路的推进不能忽略乡村深厚的文化底蕴，要深入挖掘传统的农耕文化中蕴藏的深厚的注重人与自然和谐统一，追求节用节俭等绿色发展思想，以避免“走向人类中心主义思维下人与自然失衡的行为”。[①] 引导人们主动改变不利于绿色发展的生活方式，使绿色发展理念深入人心，潜移默化为人们的日常生活行为。在乡村绿色发展的布局上要坚持规划先行，目前中国有 58.8 万个行政村，各地的地理条件和资源禀赋不尽相同，因而，各个乡村在制订绿色发展规划时，在综合考量乡村建设规律和自然规律的基础上，优化乡村发展空间，推动形成资源环境承载阈值内，且生产、生活、生态协调发展的乡村发展格局。

二、改善乡村生态环境

良好生态环境是乡村绿色发展的基础，破败不堪的自然环境是难以产生经济效益的。只有修复绿水青山，绿水青山才有能发挥其生态溢出和资源再生功能，“只有恢复绿水青山，才能使绿水青山变成金山银山。”[②] 因而，走乡村绿色发展道路首要解决的是缓解和改善我国农村严峻的生态环境问题。首先要优化农村人居生态环境。加大农村环境整治，加快推进“厕所革命”的普遍化，逐步改善农村的人居生态环境。坚持科学布局村庄规划和建设规划，加强村庄绿化，使农民生活在舒适宜居的环境中，逐步提升农村居民的生态福祉。需要指出的是，乡村布局规划要特别保护好乡村的自然风貌。自古以来，人们就向往桃花源式的生活，回归山水，纵情山水。然而随着不当的城市化扩张对古典乡村的自然风貌破坏甚为严重，因而保护好乡村的自然风貌迫在眉睫。诚如习近平指出，乡村建设要遵循自身发展规律，“注意乡土味道，保留乡村风貌，留得住青山绿水、记得住乡愁。”[③] 其次，合理统筹山水林田湖草系统治理，自然界各要素之间存在着极为复杂的物质变换关系，是一个活的生命躯体。因而，对乡村生态环境的治理必须以系统性思维

---

① 赵建军、赵若玺：《农耕文化的伦理价值与绿色发展》，《自然辩证法研究》2019 年第 1 期。

② 人民日报社经济社会部：《深入学习贯彻中央经济工作会议精神》，人民出版社 2017 年版，第 12 页。

③ 中共中央文献研究室：《习近平关于社会主义生态文明建设论述摘编》，中央文献出版社 2017 年版，第 61 页。

推进，统筹考量各生态要素，避免“九龙治水”弊端。其中当务之急，要尤为重视水土资源的治理和保护，因为水土资源质量是乡村绿色产业兴旺的基础，亦是保证农产品质量安全的核心。全面控制农村污染物，要抓住当前我国污水处理、农业面源污染治理等突出问题，加强农村面源污染防治，促进农药化肥零增长，开展畜禽养殖污染防治。最后，要加强乡村生态设施建设。由于城乡二元结构的影响，长期以来，我国农村生态基础设施极为滞后，要综合考虑生态基础设施在乡村生产空间、生活空间的布局和使用效率，生态基础设施建设要实现“生产性、生活性、生态性”基础设施融合发展。[①] 如改善农村垃圾处理存储以及循环利用设施、饮用水源地保护等生态基础设施。

三、壮大乡村绿色产业

壮大乡村绿色产业是实现乡村生产方式绿色转型的重中之重，是推进绿色发展道路的物质基础。把握新时代乡村面临着的历史机遇，让乡村被工业文明遮蔽的生态价值凸显，立足于人们对绿色、有机、健康、环保的诉求，转变传统的生产方式，大力发展壮大乡村绿色产业，以生态效益优先促进乡村经济的绿色转型与发展。坚持“两山”理论，推动乡村自然资本增值。质言之，就是要“将农村的各种资源要素禀赋转化为产业优势。”[②] 首先，大力发展绿色农业。我国人多地少、农业资源禀赋各异，绝大部分地区处于小农户经营状态，短时期内实现农业规模经营存在实际困难，因而将小农户引入绿色农业发展轨道是当务之急。加强对小农户自身的土地、资金、技术服务等要素的整合，推动面向小农户的社会服务。发展特色绿色农业，如发展中医农业，将中国传统的中医原理以及方法运用到农业领域。诸多研究已经

① 刘志博、严耕、李飞、魏玲玲：《乡村生态振兴的制约因素与对策分析》，《环境保护》2018年第24期。

② 闫坤：《乡村振兴战略的时代意义与实践路径》，《中国社会科学》2018年第9期。

证明，通过现代科技和中国传统农业精华的整合创新，可以有效破解农业生产面源污染的困境，为人们提供优质安全的农产品。其次，发展乡村生态观光旅游、康养业、生态教育、电子商务等新业态。随着人民生活水平的提高，人们从“求温饱”向“求生态”转变，越来越多的城市居民向往宁静的农村，农村向城市居民提供体验、观光、休闲等方面的作用日益受到社会重视。我国乡村地域辽阔，各具特色，应挖掘乡村的自然生态价值，以农业、民俗文化、自然风光等为基础，发展乡村生态旅游、健康疗养等产业。不仅有利于解决当地农民的就业问题，拓宽其增收渠道，还在于充分发掘农业、农村、自然生态环境的资源功能。如浙江安吉等地，通过大力发展乡村旅游实现生态效益、经济效益、社会效益的有机统一。

四、倡导乡村绿色生活方式

推进乡村绿色发展道路是涉及乡村价值观念、生产方式、生活方式等多方面的全面变革。依据马克思主义自然观，自然界对于人类生存和发展具有基础性作用，人类的生活方式须臾不能脱离生态环境。文明、健康、简约的绿色生活方式有利于节约资源、保护环境，为乡村绿色发展道路的推进奠定良好的社会基础。因而，新时代我们迫切需要引导农民生活方式绿色化转型。首先，加强农村生态文化教育，牢固树立绿色发展理念。从当地的生态环境、农民的生活习俗出发，制订适宜的、易被农民所接受的生态文化教育方案，通过开展视频、广播、条幅等形式多样的宣传教育活动，以农民易于接受的载体形式大力传播，使人们真正认识到人是自然界的一部分，因而，我们要像爱护生命一样爱护生态环境。逐步扭转农民过去注重享乐、追求物质的享受、铺张浪费等观念，引导农民形成绿色消费理念。开展绿色发展相关知识讲座，注重加强对绿色发展知识的科学普及认知。其次，引导农民积极践行绿色生活方式。紧密结合农民的生产、生活、消费现实，把握民众的心理需求，采取多种措施进行积极引导，使绿色发展理念在日常化的生活、劳动中内化为农民的日常行为。目前，我国多地乡村设立“垃圾银行”，以奖励的方式引导人们妥善处理垃圾，引导农民实行垃圾分类，有助于农民绿色生活方式的养成。探索建立乡村绿色发展的奖罚机制，对乡村绿色发展做出积极贡献的农民，给予相应的奖励，并发挥其示范效应以影响带动更多的人。使村民从乡村绿色发展中获益，体悟绿色发展理念的重要性并切实从中获得生活幸福感，促使其自觉践行绿色生活方式。

五、加强乡村绿色发展制度创新

“只有实行最严格的制度、最严密的法治，才能为生态文明建设提供可靠保障。”① 乡村绿色发展道路的顺利推进要以科学的绿色发展制度为依托，通过完善绿色发展制度供给强化制度创新，提升持续激发乡村绿色发展的内外动力。当前，我国乡村绿色发展亟待加强制度供给以及创新。我国乡村生态补偿制度、乡村绿色金融制度、乡村生态责任监督考核等制度亟须进一步完善。建立并完善针对生态脆弱型乡村、自然保护地乡村以及重要生态功能区乡村等的乡村生态环境保护补偿，调整乡村生态建设各利益方之间的关系。完善乡村绿色金融制度，以市场化方式提供乡村多元化绿色金融产品，实施诸如乡村绿色信贷、绿色产业税收减免等绿色财政补贴制度，为乡村绿色发展提供金融实惠。使有限的资金配置到乡村经济社会发展的重点领域以及薄弱项目，助推乡村供给侧结构性改革。此外还要创新完善乡村生态责任监督考核制度。制订乡村振兴绿色发展质量标准等监督制度。用科学的考核评价制度监督约束乡村管理的领导干部。当务之急的是要建立健全乡、镇、村级干部的绿色发展考核体系，完善体现绿色发展的目标要求、考核标准、责任措施、奖惩办法，形成“生态立乡”“生态立村”的绿色发展态势。需要指出的是，要注重推进法律制度和相关政策导向的协调统一，只有将农业

---

① 中共中央文献研究室：《习近平关于社会主义生态文明建设论述摘编》，中央文献出版社 2017 年版，第 99 页。

农村的绿色发展以法律形式固化，国家的绿色发展政策才具有稳定性、可操作性。需要指出的是，国家政策转化为法律，真正落实，务必从我国乡村绿色发展实际出发，绝非简单的披上法律外衣。

乡村是中国传统文明的载体，是中华文明的根，乡村的命运关涉中华文明永续传承。新时代乡村振兴战略是我国在实现中华民族伟大复兴中国梦的征程中以改革创新的时代精神推进农业农村现代化发展的必然选择。新时代要立足乡村实际，挖掘乡村发展动力，遵循发展规律，以绿色发展引领乡村振兴，贯穿乡村振兴的全过程和全方面，走出具有中国特色的乡村振兴之路，破解“三农”难题，满足人民日益增长的美好生活需要，推进农业农村现代化。新时代乡村绿色发展道路既是实现乡村振兴的必由之路，破解“三农问题”的重要抓手，也是新时代乡村振兴的重要引擎。“以绿色发展引领乡村振兴是一场深刻的革命”,① 它要求我们必须要正确处理好乡村发展与环境保护的关系，乡村振兴绝不能以牺牲生态环境为代价，要始终坚持将正确处理好乡村经济发展与环境保护的关系贯穿始终。科学审视我国乡村绿色发展道路推进过程中面临的困境，超越简单的发展思维，要从筑牢绿色发展理念、改善生态环境、壮大绿色产业、倡导绿色生活方式、加强绿色发展制度保障等多方面协同发力。使人与自然和谐共生的绿色发展理念融入乡村发展的全过程全领域，不断满足人民群众日益增长的美好生活需要，实现乡村绿色发展。

---

① 中共中央党史和文献研究院：《习近平关于“三农”工作论述摘编》，中央文献出版社2019年版，第112页。

参考书目

一、中文文献

《马克思恩格斯文集》，人民出版社2009年版。

《马克思恩格斯选集》，人民出版社2012年版。

马克思：《1844年经济学哲学手稿》，人民出版社2000年版。

马克思：《资本论》，人民出版社2004年版。

《邓小平文选》，人民出版社1983年版。

《习近平谈治国理政》第1卷，外文出版社2018年第2版。

《习近平谈治国理政》第2卷，外文出版社2017年版。

《习近平谈治国理政》第3卷，外文出版社2020年版。

习近平：《决胜全面建成小康社会 夺取新时代中国特色社会主义伟大胜利——在中国共产党第十九次全国代表大会上的报告》，人民出版社2017年版。

胡锦涛：《坚定不移沿着中国特色社会主义道路前进 为全面建成小康社会而奋斗——在中国共产党第十八次全国代表大会上的报告》，人民出版社2012年版。

中共中央文献研究室编：《习近平关于社会主义生态文明建设论述摘编》，中央文献出版社2017年版。

中共中央宣传部：《习近平总书记系列重要讲话读本》，人民出版社2016年版。

中共中央党史和文献研究院：《习近平关于“三农”工作论述摘编》，中央文献出版社 2019 年版。

中共中央宣传部：《习近平新时代中国特色社会主义思想三十讲》，学习出版社 2018 年版。

中共中央文献研究室：《习近平关于协调推进“四个全面”战略布局论述摘编》，中央文献出版社 2015 年版。

中共中央国务院：《关于全面加强生态环境保护坚决打好污染防治攻坚战的意见》，人民出版社 2018 年版。

中共中央国务院：《关于实施乡村振兴战略的意见》，人民出版社 2018 年版。

汪子嵩等：《希腊哲学史》，人民出版社 1988 年版。

罗国杰、宋希仁：《西方伦理思想史》，中国人民大学出版社 1985 年版。

孙周兴选编：《海德格尔选集》，上海三联书店 1996 年版。

苗力田主编：《古希腊哲学》，中国人民大学出版社 1989 年版。

卢风：《享乐与生存：现代人的生活方式与环境保护》，广东教育出版社 2000 年版。

万俊人：《道德之维：现代经济伦理导论》，广东人民出版社 2000 年版。

韩立新：《环境价值论》，云南出版社 2005 年版。

何怀宏：《公平的正义：解读罗尔斯〈正义论〉》，山东人民出版社 2002 年版。

王治河主编：《后现代主义词典》，中央编译出版社 2003 年版。

牟宗三：《中国哲学的特质》，上海古籍出版社 1997 年版。

陈鼓应：《老子注译及评介》，中华书局 1984 年版。

陈鼓应：《庄子今注今译》，中华书局 1983 年版。

王先谦：《荀子集解》，中华书局 1988 年版。

吴国盛：《让科学回归人文》，江苏人民出版社 2003 年版。

何怀宏：《生态伦理——精神资源与哲学基础》，河北大学出版社 2002 年版。

杨伯峻：《论语译注》，中华书局 1980 年版。

杨伯峻：《孟子译注》，中华书局 2005 年版。

钱穆：《世界局势与中国文化》，九州出版社 2011 年版。

余英时：《论天人之际——中国古代思想起源试探》，联经出版公司 2017 年版。

冯契：《中国古代哲学的逻辑发展》，上海人民出版社 1983 年版。

瞿蜕园：《刘禹锡集笺证》，中华书局 1989 年版。

宋天正：《中庸今注今译》，中国台湾商务印书馆 2009 年版。

苏舆：《春秋繁露义证》，中华书局 1992 年版。

王继如：《汉书今注》，凤凰出版社 2013 年版。

《张载集》，中华书局 1978 年版。

《朱子全书》，上海古籍出版社、安徽教育出版社。

程颢、程颐：《二程集》，中华书局 2004 年版。

陆九渊：《陆九渊集》，中华书局 1980 年版。

王阳明：《王阳明全集》，上海古籍出版社 1992 年版。

王先谦：《荀子集解》，中华书局 1988 年版。

周振甫：《周易译注》，江苏教育出版社 2005 年版。

楼宇烈：《王弼集校释》，中华书局 1980 年版。

王聘珍：《大戴礼记解诂》，中华书局 1983 年版。

黎祖交主编：《生态文明关键词》，中国林业出版社 2018 年版。

夏征农、陈至立：《辞海》，上海辞书出版社 2009 年版。

王玲玲、冯皓：《发展伦理探究》，人民出版社 2010 年版。

唐代兴：《公正伦理与制度道德》，人民出版社 2003 年版。

人民日报社经济社会部：《深入学习贯彻中央经济工作会议精神》，人民出版社 2017 年版。

[德] 恩斯特・卡西尔：《人论》，甘阳译，上海译文出版社 1985 年版。

[英] 罗宾・柯林伍德：《自然的观念》，吴国盛、柯映红译，华夏出版社 1999 年版。

[德] 汉斯・约纳斯：《诺斯替宗教》，张新樟译，上海三联书店 2006 年版。

[法] 吕克・费希：《什么是好生活》，黄迪娜等译，吉林出版集团 2010 年版。

[德] 费尔巴哈：《基督教的本质》，荣震华译，商务印书馆 1984 年版。

[德] 费尔巴哈：《费尔巴哈哲学著作选集》，荣震华等译，商务印书馆 1984

年版。

［法］阿尔贝特·施韦泽：《敬畏生命》，陈泽环译，上海社会科学院出版社2003年版。

［美］阿尔·戈尔：《濒临失衡的地球》，陈嘉映译，中央编译出版社1997年版。

［英］舒马赫：《小的是美好的》，李华夏译，译林出版社2007年版。

［法］霍尔巴赫：《自然的体系》，管士宾译，商务印书馆1999年版。

［美］德尼·古莱：《发展伦理学》，高铦等译，社会科学文献出版社2003年版。

［德］马克斯·韦伯：《新教伦理与资本主义精神》，丁晓、陈维纲等译，陕西师范大学出版社2006年版。

［德］维尔纳·桑巴特：《奢侈与资本主义》，王燕平、侯小河译，上海人民出版社2000年版。

［美］丹尼尔·贝尔：《资本主义文化矛盾》，赵一凡等译，三联书店1989年版。

［法］波德里亚：《消费社会》，刘成福、全志刚译，南京大学出版社2000年版。

［美］罗伯特·弗兰克：《奢侈病：无节制挥霍时代的金钱与幸福》，蔡曙光、张杰译，中国友谊出版公司2002年版。

［美］格雷姆·泰勒：《地球危机》，赵娟娟译，海南出版社2010年版。

［美］艾伦·杜宁：《多少算够——消费社会与地球未来》，毕聿译，吉林人民出版社1997年版。

［美］丹尼斯·米都斯等：《增长的极限：罗马俱乐部关于人类困境的报告》，李宝恒译，吉林人民出版社1997年版。

［意］C. M. 奇波拉：《欧洲经济史》第1卷（中世纪时期），徐璇译，商务印书馆1988年版。

［古希腊］亚里士多德：《尼各马科伦理学》，苗力田译，中国社会科学出版社1999年版。

［古希腊］亚里士多德：《政治学》，吴寿彭译，商务印书馆1965年版。

［古希腊］亚里士多德：《形而上学》，吴寿彭译，商务印书馆1959年版

［加］威廉·莱斯：《自然的控制》，岳长龄、李建华译，重庆出版社1993年版。

［美］默里·布克金：《自由生态学：等级制的出现与消解》，郇庆治译，山东大

学出版社 2012 年版，1982 年版。

［美］约翰·贝拉米·福斯特：《生态危机与资本主义》，耿建新、宋兴无译，上海译文出版社 2006 年版。

［美］A. 施密特：《马克思的自然概念》，欧力同、吴仲昉译，商务印书馆 1988 年版。

［德］黑格尔：《小逻辑》，贺麟译，商务印书馆 1980 年版。

［德］黑格尔：《法哲学原理》，范阳、张启泰译，商务印书馆 1982 年版。

［美］卡洛琳·麦茜特：《自然之死》，吴国盛等译，吉林人民出版社 1999 年版。

［美］詹姆斯·奥康纳：《自然的理由——生态学马克思主义研究》，唐正东、臧佩洪译，南京大学出版社 2003 年版。

［美］弗洛姆：《健全的社会》，孙恺洋译，贵州人民出版社 1994 年版。

［美］赫伯特·马尔库塞：《单向度的人——发达工业社会意识形态研究》，张峰、吕世平译，重庆出版社 1988 年版。

《从文艺复兴到十九世纪资产阶级文学家艺术家有关人道主义人性论言论选辑》，商务印书馆 1971 年版。

［玻］杜尼娅·莫克拉尼编、［德］米里亚姆·兰：《超越发展：拉丁美洲的替代性视角》，郇庆治、孙巍译，中国环境出版社 2018 年版。

［美］汉娜·阿伦特：《人的境况》，王寅丽译，上海人民出版社 2009 年版。

［英］雷蒙·威廉斯：《关键词——文化与社会的词汇》，岳长岭、李建华译，生活·读书·新知三联书店 2005 年版。

［德］康德：《道德形而上学原理》，苗力田译，上海人民出版社 2002 年版。

［德］康德：《历史理性批判文集》，何兆武译，商务印书馆 1990 年版。

［法］塞尔日·莫斯科维奇：《还自然之魅——对生态运动的思考》，庄晨燕、邱寅晨译，生活·读书·新知三联书店 2005 年版。

［英］马丁·阿尔布劳：《全球时代——超越现代性之外的国家和社会》，高湘泽、冯玲译，商务印书馆 2001 年版。

［美］阿尔温·托夫勒：《第三次浪潮》，朱志焱等译，生活·读书·新知三联书店 1983 年版。

［美］R. T. 诺兰：《伦理学与现实生活》，姚新中译，华夏出版社 1988 年版。

［英］阿诺德·汤因比：《人类与大地母亲》，徐波等译，上海人民出版社 1992 年版。

［英］齐格蒙特·鲍曼：《共同体》，欧阳景根译，江苏人民出版社 2003 年版。

［美］巴里·康芒纳：《封闭的循环》，侯文蕙译，吉林人民出版社 1997 年版。

［美］奥尔多·利奥波德：《沙乡年鉴》，侯文蕙译，吉林人民出版社 1997 年版。

［瑞士］克里斯托弗·司徒博：《环境与发展：一种社会伦理学的考量》，邓安庆译，人民出版社 2008 年版。

［德］海德格尔：《路标》，孙周兴译，商务印书馆 2000 年版。

［德］海德格尔：《根据律》，张柯译，商务印书馆 2016 年版。

［捷克］卡莱尔·科西克：《具体的辩证法》，傅小平译，社会科学文献出版社 1989 年版。

［法］居伊·德波：《景观社会》，王昭风译，南京大学出版社 2007 年版。

［英］罗素：《西方哲学史》，马元德译，商务印书馆 2008 年版。

［美］亚历山大·温特：《国际政治的社会理论》，秦亚青译，上海人民出版社 2001 年版。

［美］爱德华·W. 萨义德：《东方学》，王宇根译，北京三联书店 1999 年版。

［美］N. J. 格林伍德、J. M. B. 爱德华滋：《人类环境和自然系统》，刘之光译，化学工业出版社 1987 年版。

习近平：《推动我国生态文明建设迈上新台阶》，《求是》2019 年第 3 期。

习近平：《在庆祝中国共产党成立 95 周年大会上的讲话》，《人民日报》2016 年 7 月 2 日。

夏欣：《留住农业文明的生存智慧》，《光明日报》2015 年 10 月 19 日。

李慧、张颖天、高平：《库布其治沙密码：与沙漠共舞"，《光明日报》2018 年 8 月 7 日。

刘亢、刘诗平、涂洪长、董建国、陈弘毅：《"人水和谐"的生动实践：福建莆田木兰溪治理纪实》，《光明日报》2018 年 9 月 21 日。

扈海鹂：《重建文化与自然的联系——对消费文化的再思考》，《南京林业大学学报》（人文社会科学版）2012年第3期。

王乐文、孔祥武、高炳：《朱鹮再度起飞在秦岭》，《人民日报》2020年9月11日。

陈海波、尚文超：《三大保卫战，让家园拥抱自然》，《人民日报》2020年8月17日。

卢风：《人与自然和谐共生与生态文明建设的关键和根本》，《中国地质大学学报》（社会科学版）2017年第1期。

王南湜：《“自然辩证法”的再理解》，《福建师范大学学报》（哲学社会科学版）2020年第4期。

张盾：《马克思与生态文明的政治哲学基础》，《中国社会科学》2018年第12期。

宫敬才：《诹论马克思的劳动哲学本体论》上，《河北学刊》2012年第5期。

宫敬才：《诹论马克思的劳动哲学本体论》下，《河北学刊》2012年第6期。

徐绍华、蔡春玲、秦成逊：《生态文明建设中的“政企学民”四位一体动力机制研究》，《前沿》2014年第10期。

蔺雪春：《在民生改善中探寻生态文明建设的关键动力》，《鄱阳湖学刊》2013年第3期。

郭斌：《绿色需求视角的企业绿色发展动力机制研究》，《技术经济与管理研究》2014年第8期。

王辉龙、洪银兴：《创新发展与绿色发展的融合：内在逻辑及动力机制》，《江苏行政学院学报》2017年第6期。

黄承梁：《以全面开放合作为中国生态文明建设注入全球动力》，《鄱阳湖学刊》2018年第6期。

刘传春：《中国梦的国际认同——基于国际社会对中国和平发展道路质疑的思考》，《当代世界与社会主义》2015年第2期。

李西杰：《国家认同视野下的公民意识“他者”化问题》，《哲学研究》2015年第12期；

门洪华：《两个大局视野下的中国国家认同变迁（1982—2012）》，《中国社会科学》2013年第9期。

李辽宁：《对外话语体系创新与"中国梦"的国际认同》，《思想教育研究》2016年第11期。

林伯海、易刚：《社会主义核心价值观国际认同的机理和实现路径》，《思想理论教育》2014年第10期。

苏立宁、李放：《全球"绿色新政"与我国"绿色经济"政策改革》，《科技进步与对策》2011年第8期。

中国行政管理学会、环境保护部宣传教育司：《实施中国特色的绿色新政 推动科学发展和生态文明建设》，《中国行政管理》2010年第4期。

庄贵阳、薄凡：《从自然中来，到自然中去——生态文明建设与基于自然的解决方案》，《光明日报》2018年9月12日。

张来春：《西方国家绿色新政及对中国的启示》，《中国发展观察》2009年第12期。

钟茂初：《"人与自然和谐共生"的学理内涵与发展准则》，《学习与实践》2018年第3期。

钟茂初、闫文娟：《环境公平问题既有研究述评及研究框架思考》，《中国人口环境与资源》2012年第6期。

《江西林长制成为国家生态文明实验区建设的亮点》，《江西日报》第1版，2019-03-21。

郇庆治：《习近平生态文明思想中的传统文化元素》，《福建师范大学》（哲学社会科学版）2019年第6期。

张和平：《关于国家生态文明试验区（江西）建设情况的报告——2020年1月17日在江西省第十三届人民代表大会第四次会议上》，《江西日报》第7版，2020-02-19。

曹孟勤：《对中国乡村环境伦理建设的哲学思考》，《中州学刊》2017年第6期。

于法稳：《农村生态文明建设中的生态环境问题及其综合整治的政策性建议》，《鄱阳湖学刊》2014年第3期。

于法稳：《新时代农业绿色发展动因、核心及对策研究》，《中国农村经济》2018年第5期。

中华人民共和国生态环境部：《1995年中国环境状况公报》2016年6月4日。

中华人民共和国生态环境部：《第一次全国污染源普查公报》2010年2月10日。

中华人民共和国生态环境部：《2018中国生态环境状况公报》2019年6月19日。

中华人民共和国自然资源部：《2017年中国土地矿产海洋资源统计公报》2018年5月18日。

国家统计局：《第三次全国农业普查主要数据公报（第三号）》2017年12月15日。

全国土壤污染状况调查公报：《中国环保产业》2014年第5期。

杨博、赵建军：《生产方式绿色化的哲学意蕴与时代价值》，《自然辩证法研究》2018年第2期。

赵建军、赵若玺：《农耕文化的伦理价值与绿色发展》，《自然辩证法研究》2019年第1期。

郭晓鸣：《乡村振兴战略的若干维度观察》，《改革》2018年第3期。

刘志博、严耕、李飞、魏玲玲：《乡村生态振兴的制约因素与对策分析》，《环境保护》2018年第24期。

闫坤：《乡村振兴战略的时代意义与实践路径》，《中国社会科学》2018年第9期。

［美］福特：《电子垃圾：困扰全球的新问题》，《参考消息》2018年7月17日。

［美］小约翰·柯布：《论生态文明的形式》，董慧译，《马克思主义与现实》2009年第1期。

二、 外文文献

Mill J. S . Three Essays on Religion. Henry Holt and Co. 1874.

Himes A., Muraca B. Relational values：the key to pluralistic valuation of ecosystem services. Curr Opin Environ Sustain，2018，35.

Chan KMA，Balvanera P.，Benessaiah K，ed al. Opinion：Why protect nature? Rethinking values and the environment. Proc Natl Acad Sci，2016，113.

Alder Keleman Saxena，Deepti Chatti，Katy Overstreet，ed al. From moral ecology to diverse ontologies：relational values in human ecological research，past and present. Current Opinion in Environmental Sustainability，2018，35.

责任编辑:陈寒节

封面设计:石笑梦

版式设计:胡欣欣

图书在版编目(CIP)数据

人与自然和谐共生:从理论到行动/曹孟勤等著.—人民出版社,
2023.4

ISBN 978-7-01-024442-6

Ⅰ.①人… Ⅱ.①曹… Ⅲ.①生态环境建设-研究-中国
Ⅳ.①X321.2

中国版本图书馆 CIP 数据核字(2022)第 013441 号

人与自然和谐共生:从理论到行动

REN YU ZIRAN HEXIE GONGSHENG CONG LILUN DAO XINGDONG

曹孟勤 等著

人民出版社 出版发行

(100706 北京市东城区隆福寺街 99 号)

北京九州迅驰传媒文化有限公司 新华书店经销

2023 年 4 月第 1 版 2023 年 4 月北京第 1 次印刷

开本:710 毫米×1000 毫米 1/16 印张:22.25

字数:347 千字

ISBN 978-7-01-024442-6 定价:90.00 元

邮购地址:100706 北京市东城区隆福寺街 99 号

人民东方图书销售中心 电话:(010)65250042 65289539